초등수학 영재와 영재교사를 위한 GSP 5.0 활용법 1

류성림 · 이종학 · 윤현철 · 성연빈 · 전봉춘 지음

KM 경문사

GSP(Geometer's Sketchpad)는 펜실베이니아의 Morvian 대학의 Dr. Doris Schattchneider와 Swartmore 대학의 Dr. Eugene Klotz의 주도하에 미국과학재단의 VGP(Visual Geometry Project)로 기획된 작도프로그램이다. 1990년 VGP의 연구원인 Nicholas Jackiw는 프로그램의 초기 버전을 공개하고, 여러 교사들의 의견을 수렴하여 대상을 잡아끌어(drag) 점이나 선을 조작할 수 있는 획기적인 동적 기하프로그램인 GSP를 개발하였다. 이 프로그램을 통하여 기존의 정적이고 고정된 도형에서 동적이고 움직이는 도형을 관찰함으로써 여러 가지 기하학적 관계를 이해할 수 있는 프로그램이다. 즉 이 프로그램에 의한 정확한 도형의 작도는 도형의 각 부분을 끌었을 때에도 그들이 가지고 있는 그들 사이의 기본적인 속성은 변하지 않기 때문에 도형의 성질을 탐구하는데 아주 효과적인 프로그램이다. 기능상으로는 유클리드 기하의 도형을 완벽하게 구현할 수 있으며, 거기에서 더 나아가 애니메이션 기능, Trace 등을 통하여 실제 우리가 머릿속에서 상상하기 힘든 여러 가지 도형을 직접 시각적으로 보여줌으로써 기하의 여러 가지 성질을 발견하는데 아주 좋은 아이디어를 제공해 줄 수 있다.

1992년 미국과학재단의 지원을 받아 KCP(Key Curriculum Press)는 GSP가 학교에서 얼마나 효과적인가를 연구하였고, 교수지침과 교육과정을 바탕으로 변환과 프레젠테이션을 추가한 GSP 2.0을 발표하였다. 특히 이 버전에는 프랙털을 작도할 수 있는 스크립트 기능을 추가하였다. 1993년 3월 측정, 변환, 스크립트 도구, 개선된 수학적 기호, 호, 자취, 그래프 메뉴를 갖춘 GSP 3.0이 출시되었다. 이때 개발된 윈도우용 GSP 3.0은 1994년 처음 한국에 소개되었고, 당시 한성과학고등학교의 장훈 선생님의 주도로 수학사랑에서 처음 영문 버전 GSP 3.0 연수를 시작하였다. 다음 해 수학사랑에서 GSP 3.0 영문 버전을 수입하였고, 그 후 서울사대부속중학교의 송영준 선생님이 GSP 3.0을 한글화 하여 1999년 4월 한글판 GSP 3.0을 수학사랑에서 보급하기 시작하였다. 2001년 9월 GSP 4.0 영문판이 발표되었고, 한국에서는 2002년 숭실대학교 벤처중소기업센터에서 GSP 개발자인 Nicholas Jackiw가 가변색, 매개변수 등 매우 획기적인 기능이 보강된 GSP 4.0을 처음 발표하였다. 물론 GSP 4.0도 송영준 선생님이 한글화하여 지금껏 수학사랑이 보급하고 있다.

한편 2009년 12월 Nicholas Jackiw와 steven Rassmusen이 태릉에 있는 수학사랑 연구원 오피스텔에서 GSP 5.0을 발표하였고 지금껏 송영준 선생님이 프로그램을 장훈, 손대원, 김현구, 이성현, 정재훈, 정순진, 이현녀, 박재희, 정선영 선생님이 사용설명서 등을 한글화하여 현재 사용되고 있다.

GSP를 활용한 평면도형의 학습에 관한 연구(김미경, 2005), 테셀레이션을 가르치는 GSP를 활용하는 방법에 대한 연구(조한준, 2005), 자기 주도적 수학 학습력 신장을 위한 GSP 활용 방안에 관한 연구(이경준, 2005) 등 GSP프로그램을 활용한 기하 학습은 현재까지 많이 진행되어 왔으며, 많은 선행연구들에 의해 이 GSP프로그램을 활용한 학습의 효과는 검증되어왔다.

그러나 영재 교육 진흥법 제2조 1항에 의한 "재능이 뛰어나고 타고난 잠재력을 개발하기 위하여 특별한 교육을 필요로 하는 자"라고 정의되는 영재 학생들에게 이 GSP프로그램을 활용한 사례들은 부족하였다. 단순히 영재 학생들에게 어떤 도형을 편리하게 그리도록 해주는 도구로써 활용에 그치는 예가 많았다.

능동적으로 자유로운 조작을 통하여 도형 사이의 기하학적인 관계를 유지하면서 도형을 탐구할 수 있는 기회를 갖도록 하고, 시각적으로 도형을 인지할 수 있도록 하며, 추론의 폭을 넓게 해주는 등 다양한 장점을 가진 GSP 프로그램을 영재교육 프로그램에 적절히 활용한다면 다양한 탐구활동을 할 수 있는 기회와 환경을 제공해 줌으로써 영재학생들에게 학습 활동이 지필을 통해 머릿속에서만 사고하는 것이 아니라 GSP 화면을 통해 직접 그려보고 탐구해 봄으로써 귀납적 사고를 통한 결론을 얻어낼 수 있을 것이다. 또한 이런 귀납적인 사고가 연역적인 사고로 발달함에 따라 수학적 사고 향상에도 도움을 준다. 또한 영재 학생들의 수학에 대한 흥미와 자신감을 높여 줌으로써 학습에 효과를 줄 수 있다.

실제로 초등 기하학습에서의 GSP를 활용한 영재교육 자료 개발 및 활용 방안(현창석, 2005), GSP 활용이 초등 수학 영재의 기하 학습에 미치는 효과(김주창, 2009)와 같은 연구들에 의해 GSP를 활용한 기하학습이 영재 학생들에게 좋은 효과를 주며, 일반 지필 수업과의 유의미한 차이를 보임을 밝히고 있다.

따라서 본 교재는 현재 활발히 이루어지고 있는 도형 영역의 수학 영재 교수·학습 프로그램 중에서 테셀레이션, 전통문양 디자인, 시어핀스키 삼각형, 멩거 양탄자 등의 주제를 선정하여 GSP로 구현해 보았다.

차례

GSP의 특징

기존의 프로그램들은 자와 컴퍼스만을 이용해서 생생한 기하학적 원리를 담은 그림을 정확히 그리기에는 분명하지 못하고, 여러 가지 한계를 가지고 있었다. 이 Geometer's Sketch Pad(이하 GSP)는 기본적으로 점, 직선, 그리고 원을 이용하여 여러 기하학적 표현을 쉽고 명확히 구현할 수 있으며, 이러한 그림들은 빠르고 엄밀하게 도형들의 본질적인 관련성을 쉽고 명백하게 나타낼 수 있다. 특히 GSP는 각의 이등분선, 선분의 중점, 평행선 그리기, 수직선 그리기 등 기본적인 작도 기능을 한 번에 수행할 수 있다. 또한 평행이동, 대칭이동, 회전이동의 변환도 한 번에 가능하다.

전통적 수업 방법을 넘어서는 수학교육

- GSP는 학생들이 직접 움직이는 도형을 그리고 탐구할 수 있는 프로그램으로 전통적 수업에서는 불가능했던 내용들을 아주 쉽게 이해할 수 있도록 도와준다.
- 초등학교, 중학교, 고등학교는 물론 대학교까지의 수학 교육 과정을 습득하는 데 도움을 주는 매우 강력한 도구이다.

수학의 역동적인 시각화

- 학생들은 GSP로 그림을 그리고 단지 마우스를 끌어오면서 여러 가지 도형의 성질을 탐구할 수 있다.
- 모든 수학적 성질은 유지되며 유사한 성질과 일반화를 자연스럽게 탐구할 수 있다.
- 학생들은 관찰하고, 탐구하면서 문제를 분석하여 증명을 하기 전에 먼저 가설을 세울 수 있다.

여러 가지 문서에서 활용할 수 있는 GSP

- GSP는 빠르게 반응하는 인터페이스로 사용하기가 쉽게 디자인되었다. 따라서 학생들은 기다림 없이 활동에 집중할 수 있다. 1대의 LCD 프로젝터와 컴퓨터 1대 또는 2대로 구성된 수학교실이나 컴퓨터실에서 GSP를 이용한 수업을 할 수 있다.

- ✓ 학생들이 각각 혼자서 독립적으로 또는 협동학습으로 제시된 문제를 탐구하고 해결할 수 있다. 교사들은 GSP를 사용하여 만든 그림들을 한글 문서로 만든 학생들의 활동지나 시험문제 등에 활용할 수 있고, GSP로 그린 그림이나 측정값을 스프레드시트, 워드프로세서, 다른 그림 프로그램에 삽입하거나 웹에 올릴 수도 있다.

교육과정에 따른 학습효과 극대화

- ✓ 초등학교 5학년부터 대학교 학생 모두에게 효과적이다. GSP는 논증기하, 비유클리드기하, 대수, 삼각비, 함수, 미적분 등 교육과정의 전 부분에 대한 역동적 학습 환경을 제공한다.
- ✓ GSP의 움직이는 그림들은 학생들의 학습에 구체적이고 명확한 개념을 가지게 할 뿐 아니라 다음 단계의 수학을 배우는 기초를 확립할 수 있게 한다.

역동적 수학을 위한 강력한 도구

- ✓ 도구상자의 도구들과 작도 메뉴로 논증기하의 모든 움직이는 그림을 그릴 수 있다.
- ✓ 강력한 애니메이션이 제공된다. 예를 들어 삼각함수의 그래프를 점의 애니메이션과 흔적으로 구현할 수 있다.
- ✓ 수학의 시각화 중에서 새로운 영역인 가변색이 구현된다. 초등학교에서의 간단한 색칠하기 활동으로부터 높은 학년에서의 변수의 값에 따라 면의 색을 다르게 칠하는 경우도 가능하다.

웹을 통한 포괄적 지원 체제

- ✓ GSP 홈페이지에서 GSP5를 다운받아 설치하고, 사용할 수 있도록 포괄적인 지원을 한다. GSP 홈페이지에 GSP5 매뉴얼, 학습자료 등이 탑재되어 있고 GSP5를 웹에서 배울 수 있도록 동영상도 제공한다.

GSP5 설치하기

(1) 한글 GSP5 평가판 다운 받기

수학사랑(http://www.mathlove.kr/) ▶ 수학소프트웨어 ▶ GSP ▶ GSP5 평가판 다운로드

평가모드는 사용시간(20분)과 기능의 제한(프린트, 저장, 복사, 붙이기)이 있으며, 그 이외에 기능상에 제한은 없다. 정품 구입은 수학사랑 쇼핑몰(http://shop.mathlove.kr/shop/)에서 구입할 수 있다.

(2) 한글 GSP5 설치하기

평가판 설치파일 InstallSketchpad.exe를 실행하여 화면에 나타나는 지시를 따른다.

GSP 도구 및 메뉴 소개

화살표 도구

화살표 도구는 개체를 끌 때, 개체 선택 및 해제와 그 밖의 화살표 도구의 다른 기능을 위해 사용된다.

✓ **개체 끌기** : 화살표 도구로 개체 끌기는 동적기하의 특징이다. 개체를 끌어 수학적인 관계나 변화를 살펴볼 수 있고, 가설을 확인해보거나 새로운 성질을 발견할 수 있다.

✓ **개체 선택과 해제** : GSP의 메뉴에 있는 많은 명령은 선택된 개체에 대하여 실행된다. 어떤 개체에 명령을 실행할 것인지를 GSP에게 알려주기 위하여 개체를 선택하는 것이다. 예를 들면 변환 메뉴나 측정 메뉴에 있는 명령을 사용할 때 그 변환이나 측정을 할 대상인 개체를 먼저 선택해야 하는데, 그때 주로 화살표 도구를 사용하게 된다.

이동 화살표 도구

선택된 개체를 이동시키려면 이동 화살표 도구를 사용한다. 즉, 크기나 모양을 돌리거나 바꾸지 않고, 임의의 방향이나 거리만큼 미끄러트리기만 할 때 사용한다. 이것이 화살표 도구의 기본값이다.

회전 화살표 도구

선택한 개체를 회전시키려면 회전 화살표 도구를 사용한다. 즉, 회전의 중심까지의 거리나 크기, 모양은 변하지 않고 원하는 각만큼 중심 둘레를 회전시킬 때 사용한다.

 확대/축소 화살표 도구

선택된 개체를 확대하거나 축소할 때 확대/축소 도구를 사용한다. 즉, 닮음의 중심으로부터 방향과 모양은 변화시키지 않고 크기를 원하는 만큼 늘리거나 줄일 때 사용한다.

점 도구

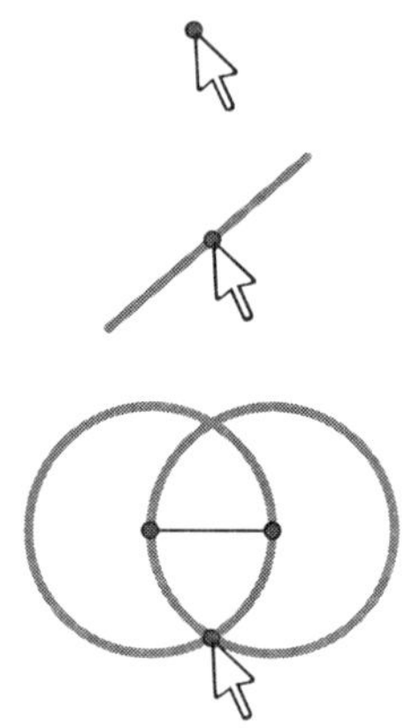

점 도구를 사용하여 독립된 점이나 경로 위의 점, 교점 등을 그리거나 작도할 수 있다.

스케치의 빈 공간을 클릭하면 독립된 점이 찍힌다.

선분, 원, 다각형의 둘레와 같은 경로 개체를 클릭하면 경로 위의 점을 작도 할 수 있다. 점 도구로 경로 위의 점을 작도할 때 마우스를 경로 위에 가져가면 경로가 번쩍이며 굵고 특별한 색으로 바뀐다.

경로 위에 작도된 점은 경로를 따라 어디든 움직일 수 있지만 경로 밖으로는 나갈 수 없다.

두 경로(예를 들어 선분과 원, 직선과 함수의 그래프처럼) 개체가 만나는 곳을 클릭하면 교점을 작도할 수 있다. 점 도구로 교점을 작도할 곳에 마우스를 가져가면 두 경로가 모두 번쩍이며 두껍고 특별한 색으로 바뀐다.

원 도구

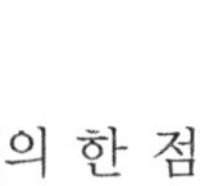

원 도구를 사용하여 두 점(중심과 원주 위의 한 점)에 의해 결정되는 원을 작도할 수 있다. 두 번째 점은 원의 반지름의 크기를 조절하는 원주 위의 점이다.

선 도구

선 도구를 사용하여 선분, 반직선, 직선을 작도할 수 있다. 선 도구는 눈금이 없는 자다. 이것은 측정하는데 사용하는 것이 아니라 곧은 선을 그리는데 사용된다.

선분 도구

선분을 작도할 때 선분 도구를 사용한다.

1. 선분 도구가 활성화되어 있지 않다면 도구 모음에서 선분 도구를 선택한다.
2. 선분의 시점이 될 위치를 클릭한다. (빈 공간이나 이미 존재하는 점, 다른 선분이나 원과 같은 경로 개체, 교점 등을 선택할 수도 있다.)
3. 끝점이 될 위치를 클릭한다.

반직선 도구

선분을 작도할 때 선분 도구를 사용한다.

1. 선분 도구가 활성화되어 있지 않다면 도구 모음에서 선분 도구를 선택한다.
2. 선분의 시점이 될 위치를 클릭한다. (빈 공간이나 이미 존재하는 점, 다른 선분이나 원과 같은 경로 개체, 교점 등을 선택할 수도 있다.)
3. 끝점이 될 위치를 클릭한다.

직선 도구

직선을 작도하기 위하여 직선 도구를 사용한다.

1. 직선 도구가 활성화되어 있지 않으면 도구 모음에서 직선 도구를 선택한다.
2. 직선이 지날 첫 번째 점을 클릭한다. (빈 공간이나 이미 존재하는 점, 다른 선분이나 원과 같은 경로 개체, 교점을 선택할 수도 있다.)
3. 직선이 지날 두 번째 점을 클릭한다.

다각형 도구

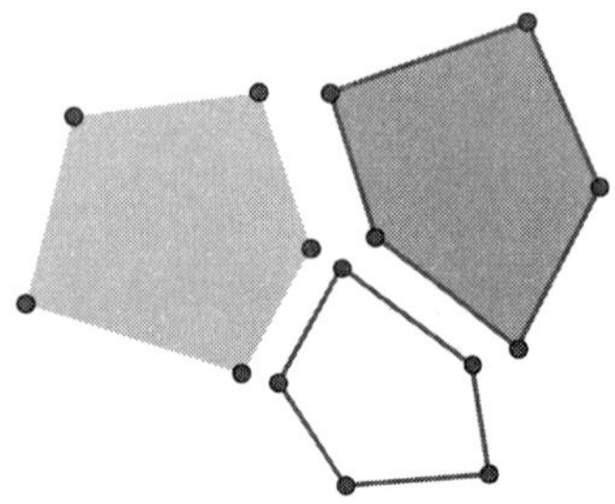

다각형 도구를 사용하면 테두리가 없는 내부 다각형, 테두리가 있는 내부 다각형, 테두리만 있는 다각형을 작도할 수 있다.

다각형 도구에는 다각형 내부 도구, 다각형 내부 및 변 도구, 다각형 변 도구의 세 가지 도구가 있다.

이 세 가지 도구는 다음과 같이 사용된다.

1. 세 개 이상의 점을 선택한다. 이미 있는 점을 선택하거나 새로운 점을 작도한다.
2. 처음 선택한 점을 마지막에 다시 선택한다. (마지막에 선택한 점을 더블 클릭해도 된다.) 도구 모음에서 다각형 도구 아이콘을 누르고 잠시 기다리면 다른 다각형 도구를 선택할 수 있는 팝업 메뉴가 나타난다. 그때 셋 중 하나의 선택이 가능하다.

글 도구

글 도구는 이름표를 만들고 보이거나 숨기고 편집할 때 사용한다. 글상자를 만들거나 편집하고 글상자의 크기를 조절한다.

펜 도구

펜 도구를 이용하여 스케치 화면에 자유롭게 그림을 그릴 수 있고, 각 표시나 선 표시를 할 수 있다.

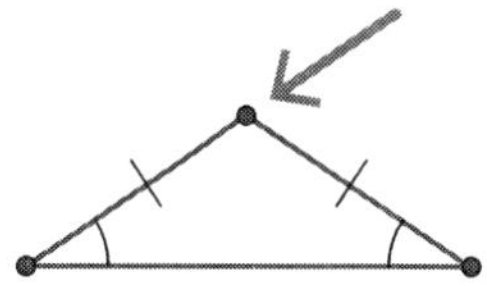

- ✔ 각 표시와 선 표시를 이용하여 각을 나타내거나, 같은 길이 표시, 평행선 표시 등을 할 수 있다.
- ✔ 스케치 안에 있는 수학적 내용을 설명할 때, 중요한 부분들을 강조하기 위해서 밑줄을 긋거나 보충 설명을 위한 그림도 그릴 수 있다.

정보 도구

안내 도구를 사용하면 스케치 안 개체의 수학적 정의에 대한 설명과 개체들 사이의 관계를 알려준다.

- ✔ 개체를 클릭하면 풍선 도움말이 나타난다.
- ✔ 풍선 도움말에 있는 개체의 이름을 클릭하면 그것의 속성 대화상자가 나타난다.
- ✔ 풍선 도움말에 있는 다른 개체(상위 개체와 하위 개체)의 이름을 클릭하면 그 개체에 대한 풍선 도움말이 나타난다.

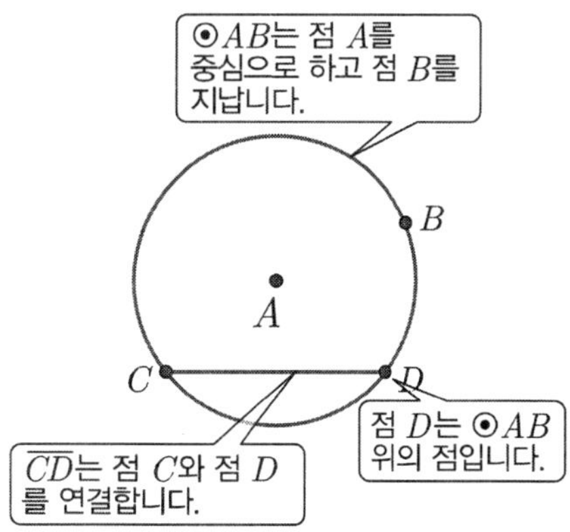

사용자 도구

사용자 도구를 사용하면 사용자 도구를 정의하고 사용할 수 있다. 사용자 도구 아이콘을 누르면 사용자 도구 메뉴가 나타난다.

사용자 도구는 사용자들이 스스로 만들거나 다른 사용자가 만든 것을 가져와서 사용하는 도구를 말한다. 원 도구를 사용하면 중심과 원주 위의 한 점을 클릭하여 원을 그릴 수 있는 것처럼, 사용자 도구를 사용하면 복잡한 과정을 거쳐야 하는 도형을 몇 번의 클릭으로 만들 수 있다. 예를 들어, 주어진 선분의 수직이등분선을 작도하는 사용자 도구라든가, 주어진 세 점을 꼭짓점으로 하는 삼각형의 외접원을 그리는 사용자 도구, 주어진 두 점을 이웃한 꼭짓점으로 하는 정사각형을 그리는 사용자 도구 같은 것을 만들 수 있다.

파일 메뉴

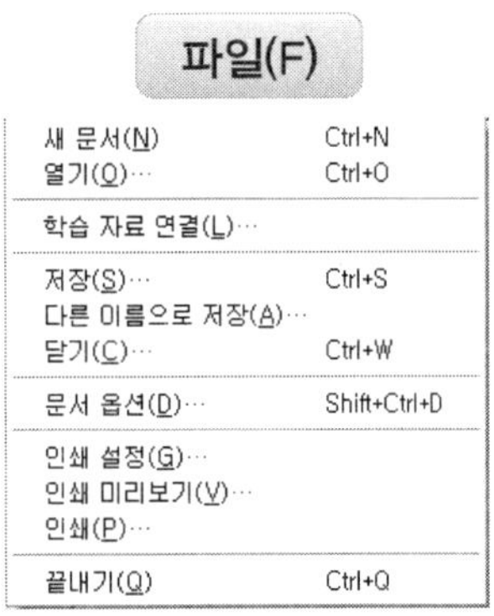

파일 메뉴에는 GSP의 문서를 다루기 위한 명령들이 있다. 다른 대부분의 프로그램에서 볼 수 있는 기본적인 명령들에 대해서는 간단히 살펴보고, GSP의 특별한 기능에 대해서 더 자세히 알아보기로 한다. 기본적인 명령에 익숙하지 않으면 컴퓨터의 사용 설명서를 참고하면 된다.

편집 메뉴

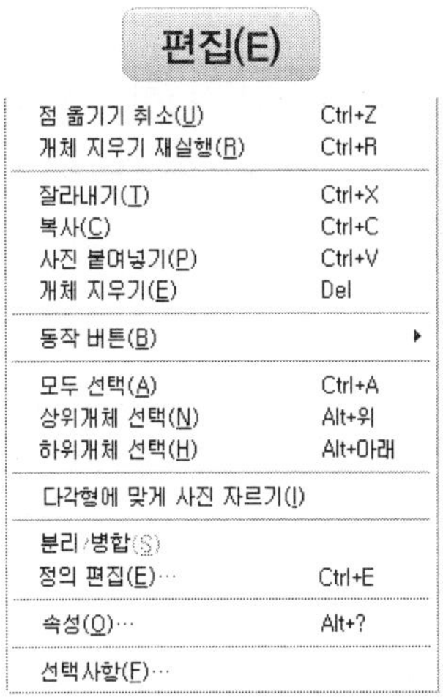

편집 메뉴에는 최근 작업의 취소 또는 재실행, 클립보드를 사용한 작업, 동작 버튼 만들기, 개체의 선택, 개체의 속성 또는 GSP의 선택사항과 관련된 명령이 있다.

보기 메뉴

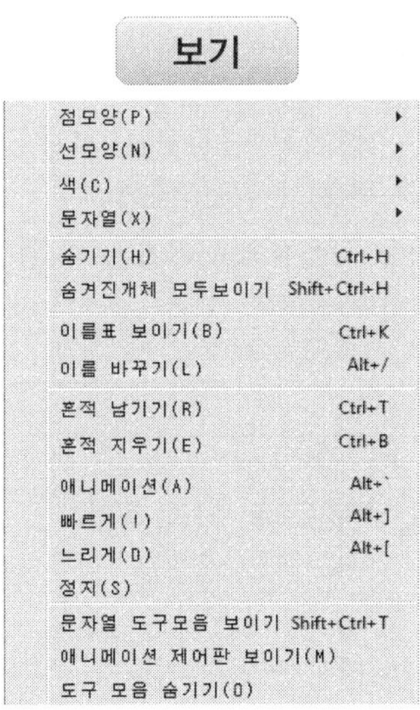

보기 메뉴의 명령으로 스케치에 있는 개체의 모양과 개체를 다룰 도구의 모양을 조절할 수 있다.

이러한 명령으로 스케치의 시각적인 면을 향상시킬 수 있고, 수학적인 내용을 구체화하여 의사소통을 효과적으로 할 수 있다. 적당한 선의 두께와 색을 이용하고 불필요한 개체를 숨겨 스케치의 중요한 부분에 주목하도록 할 수 있다. 이름표, 글상자 등은 스케치의 목적이나 숨겨져 있는 수학적인 내용을 설명하는데 도움을 준다. 흔적 남기기와 애니메니션을 사용하여 원리를 시각적으로 보여주는 동적인 스케치를 만들 수 있다.

작도 메뉴

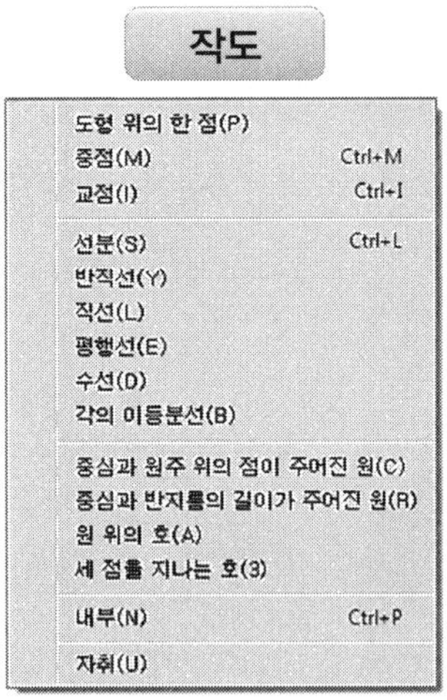

작도 메뉴는 여러 가지 중요한 도형을 작도할 수 있는 명령을 제공한다. 이런 명령들 중 대부분은 GSP의 원 도구와 선 도구를 이용하여 만들 수 있지만, 작도 메뉴에서 제공하는 기능을 사용하면 좀 더 빠르고 간편하게 작도할 수 있다.

명령	실행조건
도형 위의 점	• 하나 또는 두 개 이상의 개체 경로
중점	• 하나 또는 두 개 이상의 선분
교점	• 두 선분, 반직선, 직선, 원, 호 • 하나의 자취 또는 함수의 그래프와 선분, 반직선, 직선, 원, 호 • 두 함수의 그래프 • 하나의 다각형과 반직선(명령어는 첫 번째 교점이 된다.)
선분, 반직선, 직선	• 두 개 이상의 점
평행선	• 한 점과 한 개의 선분, 반직선, 직선 • 여러 개의 점과 한 개의 선분, 반직선, 직선 • 한 개의 점과 여러 개의 선분, 반직선, 직선
수선	• 한 점과 한 개의 선분, 반직선, 직선 • 여러 개의 점과 한 개의 선분, 반직선, 직선 • 한 점과 여러 개의 선분, 반직선, 직선
각의 이등분선	• 두 번째 선택된 점을 꼭짓점으로 가지는 세 점 • 끝 점이 같은 두 반직선 또는 선분
중심과 원주 위의 점이 주어진 점	• 두 점
중심과 반지름의 길이가 주어진 원	• 한 점과 한 선분 또는 측정값 • 여러 개의 점과 한 선분 또는 거리 측정값 • 한 점과 여러 개의 선분 또는 측정값
원 위의 호	• 한 원과 원 위의 두 점 • 한 개의 중심과 중심에서 떨어진 거리가 같은 두 개의 다른 점
세 점을 지나는 호	• 일직선 위에 있지 않은 세 점
다각형의 내부	• 세 점 또는 그 이상의 점들

원 내부	• 하나 이상의 원
부채꼴 내부	• 하나 이상의 호
활꼴 내부	• 하나 이상의 호
자취	• 경로 위의 한 점과 경로 위의 점에 의존하는 하위 개체 • 하나의 매개변수와 매개변수에 의존하는 하나의 하위개체 • 하나의 독립된 점과, 그 점에 의존하지 않는 경로와 독립된 점에 의존하는 개체

변환 메뉴

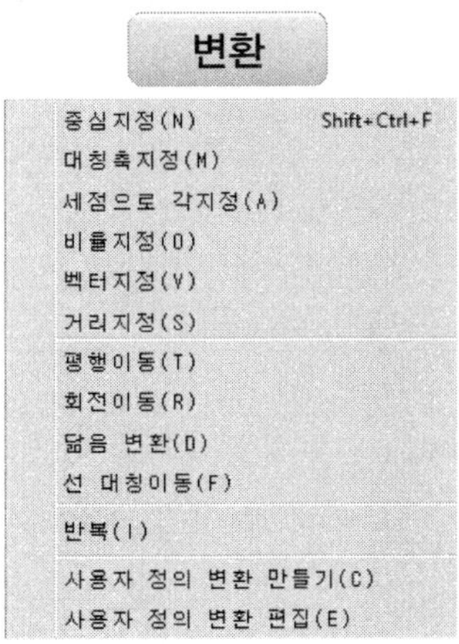

변환 메뉴는 스케치에 있는 도형들을 평행이동, 회전이동, 닮음변환, 선대칭 이동할 수 있다. 이 기본적인 변환을 바탕으로 어떤 기하학적 변환을 적용하면 테셀레이션, 축소 또는 확대 모형, 만화경, 프랙털 등 더 많은 것을 만들 수 있다.

측정 메뉴

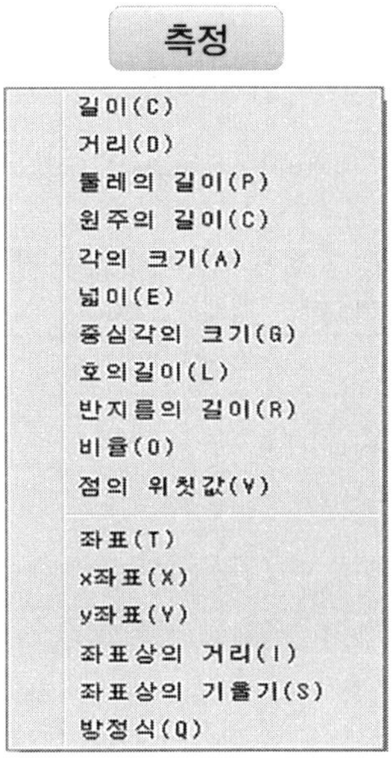

측정 메뉴에 있는 명령들은 선택된 개체에 대한 측정값을 만든다. 메뉴의 위 부분에는 도형에 관계된 양(길이, 각, 비율, 넓이)을 측정하는 명령들이 있고, 메뉴의 아래쪽 부분에는 좌표와 관계된 양(좌표, 방정식, 기울기, 좌표상의 거리)을 측정하는 명령들이 있다. 측정값을 실행할 때, 명령이 활성화되지 않으면 선택의 실행 조건을 다시 정확히 살펴봐야 한다. (실행조건에 해당하는 개체의 선택이 많거나 적으면 명령이 활성화되지 않는다.)

명령	실행조건
길이	• 하나 이상의 선분
거리	• 두 점, 또는 한 점과 하나의 선 개체(선분, 반직선, 직선)
둘레의 길이	• 하나 이상의 다각형, 부채꼴, 활꼴의 내부
원둘레의 길이	• 하나 이상의 원 또는 원의 내부
각	• 세 점(두 번째 선택한 점이 각의 꼭짓점)
넓이	• 하나 이상의 도형의 내부 또는 원
중심각의 크기	• 하나 이상의 호, 한 원과 원 위의 두 점이나 세 점
호의 길이	• 하나 이상의 호, 한 원과 원 위의 두 점이나 세 점
반지름의 길이	• 하나 이상의 원, 원의 내부, 호, 호의 내부
비율	• 두 선분 또는 한 직선 위에 있는 세 점
점의 위칫값	• 경로 개체 위의 하나 이상의 점 또는 하나의 경로, 경로 개체 위의 점이 아닌 한 점
좌표	• 하나 이상의 점
x좌표 또는 원 점에서 떨어진 거리	• 하나 이상의 점
y좌표 또는 방향각	• 하나 이상의 점
좌표상의 거리	• 두 점
좌표상의 기울기	• 하나 이상의 선 개체
방정식	• 하나 이상의 직선 또는 원

수 메뉴

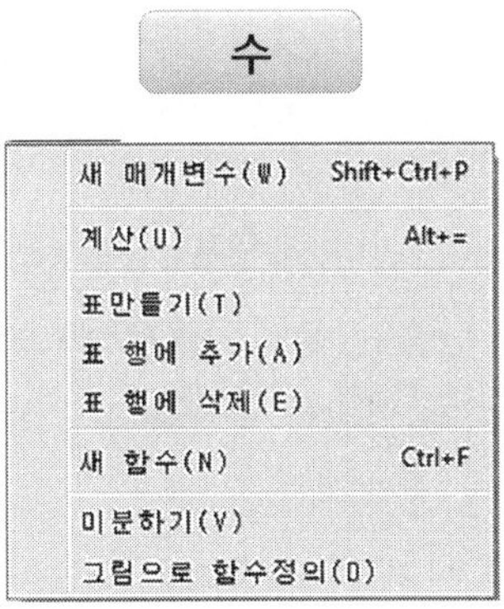

수 메뉴에서는 매개변수를 만들고, 계산식 또는 측정값을 자료로 표 만들기, 그림 등 여러 가지 방법으로 함수를 정의한다.

매개변수를 만들어서 단위를 붙여 다른 값으로 설정할 수 있고, 다시 수정하는 등 함수의 정의역 안에서 움직일 수 있는 값을 만들 수 있다.

측정값들로 새로운 계산식을 만들기 위해 계산기를 사용할 수 있다. 예를 들어, 삼각형의 세 내각의 합을 계산하거나 반지름에 대한 원둘레의 비를 계산하기 위해서 계산기를 사용한다.

끌기 등을 하여 측정값이 바뀌면 표에 들어 있는 값(매개변수, 측정값, 계산값)도 따라서 바뀐다.

함수식을 입력하여 새로운 함수를 정의한다. 함수식은 GSP에 내장된 함수와 사용자가 정의할 수도 있다.

그래프 메뉴

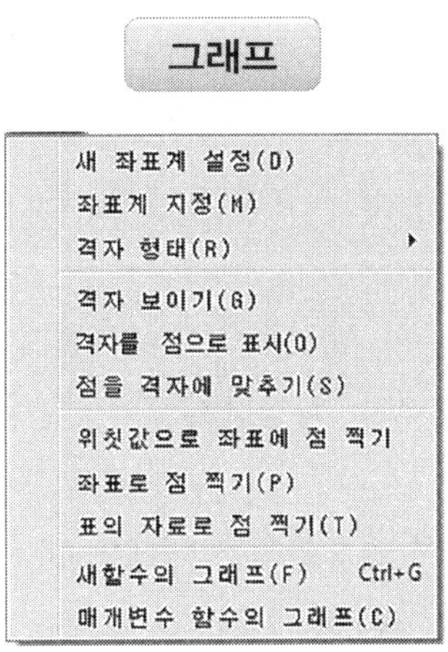

그래프 메뉴로 좌표계를 만들거나, 좌표축 위에서 여러 가지 그래프에 대한 작업을 할 수 있다. 좌표계에 격자를 보이거나 숨기기, 점을 격자에 맞추기, 위치값으로 좌표축이나 경로 위에 점 찍기, 좌표로 점 찍기, 표의 자료로 점 찍기, 함수의 그래프, 매개함수의 그래프 등을 나타내는 작업을 할 수 있다.

주로 해석기하적이거나 대수적인 성질을 탐구하는 데 사용되는 명령들로 이루어져 있다.

측정 메뉴의 명령들을 사용해서 좌표계 위의 다양한 양(점의 좌표, 좌표상의 거리, 선 개체의 기울기, 원과 직선의 방정식) 등을 측정한다.

GSP를 통한 평면기하 지도 의의

기하수업에서는 도형의 성질과 관련된 증명과 추론이 강조되고 있다. 그러나 학생들은 증명과 추론을 하기보다 정리 자체를 외우고 그 정리를 문제풀이에 이용하여 단순한 문제 풀이 정도로 기하공부를 하고 있는 것이 현실이다. 이는 학생들의 수준에 비해 지나치게 엄밀한 추론을 요구함으로써 학생들이 매우 어려워하기 때문이다.

기하 학습이 도형 사이의 여러 가지 관계를 생각해 보고 도형 속에서 여러 가지 정리를 이끌어 내는 과정에서 수학적 개념을 익히고 또한 수학적 사고를 학습하는 것에 수업의 의의를 찾을 수 있다고 가정할 때, 작도 프로그램인 Geometer's SketchPad(GSP)를 이용하여 학생들이 자유롭게 사고하고 실험적인 놀이를 해보면서 개념을 탐구하는 귀납적인 사고를 도와주며 학생 스스로 문제를 찾아나가고 이를 통하여 자연스럽게 기본적인 기본개념을 발견하고 익힐 수 있을 것이다. 뿐만 아니라 평행이동, 회전, 대칭이동, 벡터 등을 이용하면 기존의 유클리드 기하의 정적인 도형에서 움직이는 다양한 그림을 그릴 수 있어 그 그림 자체만으로도 하나의 작품이 되기 때문에 GSP의 활용은 한층 더 생동감 넘치는 수업시간을 가능하게 할 수 있다.

- ✔ 동적인 평면기하의 성질을 정적인 상태의 인쇄 매체, 칠판을 활용한 강의 등을 통하여 지도할 때보다 더욱 확실하게 이해시킬 수 있다.
- ✔ 새로운 멀티미디어 매체로서 GSP는 일반적인 그림 프로그램과 달리 자(직선 또는 선분)와 컴퍼스(원)만을 사용하는 작도(Construction)와 측정(Measurement)을 통하여 학생들의 흥미를 자극할 수 있고, 학생들이 직접 GSP를 사용한다면 더욱 학습욕구를 유발할 수 있을 뿐만 아니라 학습 내용을 확인할 수 있어서 더욱 효과적이다.
- ✔ '평면기하의 어떤 성질이 성립할 것 같은가?' 또는 평면기하의 성질을 발견적으로 찾아낼 수 있도록 자극할 때 GSP를 마치 실험도구로 사용하여 실제로 작도하고, 측정하여 그 성질에 대한 가설을 학습자 스스로 세울 수 있도록 도와 줄 수 있다.
- ✔ 평면기하의 성질이 학습자에게 충분히 이해된 다음 연역적인 증명이 필요한데 이때에도 GSP는 정확한 그림을 제공하여 증명이나 문제 풀이에 필요한 정보를 제공하게 한다.
- ✔ Animation과 Drag를 사용하여 평면기하의 성질을 연속적이면서 역동적으로 관찰할 수 있다. 특히 Animation으로 만들어지며 흔적 남기기는 도형의 자취를 생생하게 보여 준다. 머릿속

으로 아마 '그렇게 될 거야'라는 것보다 더욱 현실감을 갖게 한다. 따라서 많은 도형을 그 정의에 의하여 구현해 봄으로써 확실한 개념을 얻고 그로부터 파생되는 도형의 성질에 자연스럽게 접근할 수 있다.

- ✔ Script의 Loop 기능을 사용하면 같은 작업의 순환(Recursion)을 할 수 있어서 Fractal의 그림을 구현할 수 있다.
- ✔ GSP에서 제공되는 직교좌표계와 극좌표계를 통하여 평면기하의 여러 가지 성질에 대한 해석기하적 접근이 가능하다.

영재 교수학습과정에서 GSP 사용의 효과

초등 기하 영재교육에서 그 학습 내용을 체계화해 줄 이론과 더불어 기하적 추상화의 어려움을 해결해 줄 탐구형 소프트웨어의 학습 매체 활용이 필요하다. GSP를 통해 구체물로부터 도형의 특성을 추상화하는 과정에서 도움을 주며, 더불어 도형의 성질 탐구를 위하여 효과적으로 이용할 수 있다.

✔ 영재학생들은 자신의 아이디어를 구체화시키거나 오류를 수정하기 위하여 GSP를 사용할 수 있고, 아이디어를 스스로 검증하고 확인하는데 사용할 수 있다. 영재학생은 과제를 완벽하게 해결하고 싶어 하기에 문제를 해결하는 것에만 만족하지 않고 근본적인 이유를 밝히고자 하며, 이 노력에 GSP를 도구로써 활용할 수 있다. 왜곡상 그림이 가지는 범위의 한계를 GSP를 사용하여 설명할 수 있고, 어디에 상이 맺혀 관찰자의 눈에 그림이 보이는지, 사영된 그림이 관찰되는 과정 등을 설명하면서 GSP를 활용할 수 있는 등 수학적 구조에 대하여 민감성과 현상을 수학적으로 해석할 수 있다. 문제의 조건을 동시에 고려할 수 있을 때에는 동시에 고려하여 과제를 해결할 수 있으나, 문제의 조건들 중 일부만 활용해서 GSP로 시각화해보고 추가로 아이디어를 발전시킬 수도 있다. 영재학생들이 아이디어를 생산하거나 간단한 확인 등은 종이와 연필로 할 수 있지만 아이디어의 최종적인 확인은 시간적 양적 제약을 극복하도록 돕는 GSP를 사용할 수 있다.

✔ 영재학생들은 GSP를 도구의 위치에 놓고 자신들이 아이디어를 탐색하는데 도움을 주는 아이템으로 바라볼 수 있다. 빠른 시간 내에 다양한 메뉴를 활용하여 결과를 확인할 수 있어 편리하며, 수학적 모델링이라고 할 수 있는 자신의 아이디어를 GSP가 시각적으로 구현해주어 도움을 받을 수 있다. 동적 기하 도구이기 때문에 GSP는 영재학생들에게 왜곡상과 원상과의 관계를 파악하게 도와준다. 종이와 연필이라는 고전적 도구 이상으로 GSP를 활용하여 아이디어의 탐색, 확인, 토의 등의 즐거운 경험을 가능하게 한다. 또한 기하학습에 대한 어려움을 완화시켜주고, 학습에 흥미를 갖게 하여 기하학적 직관력이나 문제응용력 및 증명을 통한 형식적이고 연역적 추론 능력 등 수학적 소용을 기르는데 도움을 받을 수 있다.

- ✔ 작도 문제의 해결과정에서 GSP와 같은 탐구형 기하 소프트웨어를 사용하면, 학생들은 문제 해결 과정에서 도움을 얻을 수 있다. 문제를 해결하는 과정에서 경험적 추론을 통한 정당화와 필요조건 간의 인과관계를 확인하여 추론하는 정당화 과정을 경험할 수 있다. 또한 교사는 학생들의 사고과정을 분석하는데 좋은 자료를 얻을 수 있고, 학생들이 기하문제로 해결해야 하는 교수·학습 자료를 개발하고, 그 자료의 적용을 통해 학생들이 GSP를 활용하는 과정을 분석하는 연구를 진행함으로써 기하문제해결을 위한 도구인 GSP를 교수·학습과정에 적용하는 것에 대한 시사를 얻을 수 있다.

- ✔ GSP는 영재학생들의 추론에 대해 시각적으로 확인할 수 있게 해주며, 집단의 관심을 집중시키고 서로의 의사소통을 도울 수 있다. 또한 GSP의 시각화는 직관적인 추측에 대해 직접 눈으로 확인시켜 줌으로써 추론능력향상에 도움을 줄 수 있으며, 직접 조작과 토론에 의한 증명학습과정은 학생들의 흥미와 자신감을 유발할 수 있다. 지필환경에서는 표현할 수 없는 문제 상황을 GSP로 쉽게 나타내어 귀납적 추론을 통한 일반화를 가능하게 한다.

테셀레이션 그리기

본 절은 수학사랑(www.mathlove.kr)에서 수학소프트웨어의 GSP를 일부 정리한 내용임.

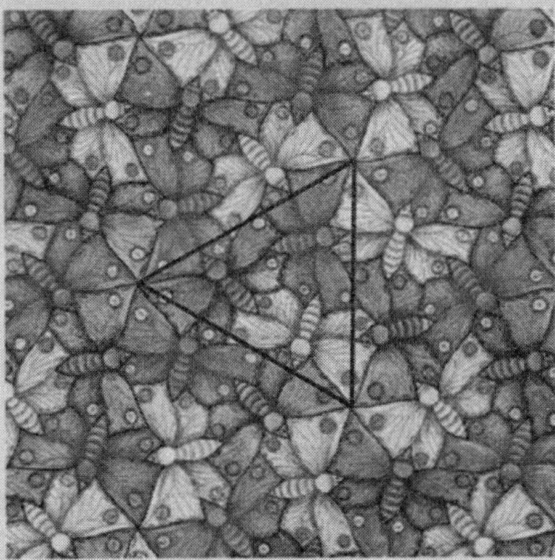

바닥깔기를 수학적으로 다룬 분야를 테셀레이션이라고 한다. 이러한 테셀레이션은 우리들의 실생활과 밀접한 관련을 맺는다. 일정한 무늬를 가지고 일정한 공간을 빈틈없이 채우는 문제를 말하는 것으로, 이에 숨겨져 있는 수학적 의미는 단순하다고 할 수 있다. 하지만 그 단순함이 만들어내는 결과는 무척이나 다양하다.

이번 프로그램을 통하여 우리는 단순한 규칙성과 우연성이 만들어내는 아름다움을 맛보고자 한다. 더불어 테셀레이션에 숨겨져 있는 수학적 의미를 응용하여 자신만의 아름다운 무늬를 만들어 보는 것은 중요할 것이다. 더불어 다른 프로그램보다는 GSP를 통하여 다루려고 하는 것은 평면도형의 학습에 있어서 많은 효과를 보이는 프로그램의 활용 범위를 넓히고자 하는데 있다.

이 주제에서 주로 다를 내용은 선분의 복사, 수직이등분선의 작도, 한 점을 지나고 주어진 선분에 수직인 선분 작도, 각의 이등분선 작도, 크기가 같은 각의 작도 등에 대한 기본 기능을 익히고, 이를 기본으로 한 정다각형의 작도와 넓이가 같은 도형의 작도 그리고 정다각형을 이용한 창의적 디자인하기 등 교실에서 접해보지 못한 활동으로 다양한 모양을 만들어 보고, 그 모양을 만드는 과정에서 수학적 아이디어를 개발하고 수학적 창의성을 기르는데 중점을 둔 활동이다.

또한 기하학적 도형이나 황금 분할 등을 보면 그 절묘함과 정교성을 느낄 수 있으며, 수의 신비한 성질이나 수학의 형식성 등은 그 자체가 곧 아름다움이라 할 수 있다. 그러나 수학의 미적 가치의 문제는 주관적인 요소가 강하기 때문에 수학을 배우는 학생들에게 심미성을 인식시키기는 매우 어렵다고 한다. 따라서 생활 속의 여러 가지 모양이나 전통문양을 직접 작도해 보는 활동을 통해 학생들에게 수학의 아름다움을 직접 느낄 수 있도록 하는데 중점을 둔 활동들이다.

대부분의 수학자들은 수학의 아름다움을 인식하였고, 바로 이 아름다움이 그들의 수학 연구에 커다란 원동력이 되었다고 한다. 본 주제에서 학생들의 창의적 사고를 바탕으로 수학의 아름다움을 체험하는 활동을 통해 학생들의 수학에 대한 긍정적인 태도는 물론 수학을 깊이 있게 연구하는 계기가 되었으면 하는 바람이다.

학습목표

✔ GSP로 여러 가지 선과 도형을 그릴 수 있다.

✔ GSP를 활용하여 도형을 이동시킬 수 있다.

✔ GSP를 활용하여 다양한 모양의 테셀레이션을 그릴 수 있다.

관련 교육과정

학년군	영역	단원	성취기준
3~4학년	도형	원의 구성 요소	[4수02-06] 원의 중심, 반지름, 지름을 알고, 그 관계를 이해한다.
3~4학년	도형	평면도형의 이동	[4수02-04] 구체물이나 평면도형의 밀기, 뒤집기, 돌리기 활동을 통하여 그 변화를 이해한다.
3~4학년	도형	평면도형의 이동	[4수02-05] 평면도형의 이동을 이용하여 규칙적인 무늬를 꾸밀 수 있다.

지도계획

전개단계	활동명	주요 수업활동	주요수업 형태
계획 수립하기	1. 테셀레이션 알기	• 단원 소개 • 테셀레이션의 정의 알기	• 교사 강의
지식 및 기능 습득하기	2. 선분 그려보기	• 작도 메뉴를 이용한 선분 그리기 • 선분 도구를 이용한 선분 그리기 • 변환과 회전이동을 활용해 이등변삼각형 그리기	• 교사 강의 • 개인 실습 • 전체 토론
	3. 다양한 삼각형 그리기	• 변환과 회전이동을 활용해 둔각 삼각형 그리기 • 변환과 회전이동을 활용해 예각 삼각형 그리기 • 변환과 회전이동을 활용해 이등변삼각형 그리기 • 작도 메뉴를 활용한 정삼각형 그리기	
	4. 평행과 평행선 그려보기	• 직선과 점을 이용한 평행선 그리기	
	5. '중심지정'을 이용한 도형 돌리기	• '중심지정'을 이용하여 회전이동하기	
	6. 선분의 중점 작도하기	• '작도' 메뉴를 이용하여 선분의 중점 그리기	
	7. 반복 기능 활용하기	• '반복' 기능을 이용하여 삼각형 그리기	
	8. 선대칭 도형 그리기	• '작도' 메뉴를 이용하여 선대칭 도형 그리기	
	9. 규칙적인 무늬 그리기	• 평행·회전·선대칭이동을 이용하여 규칙적인 무늬 만들기	
수행하기	10. 삼각 테셀레이션	• 배운 기능을 활용하여 삼각 테셀레이션 그리기	• 개인 실습 • 전체 토론
	11. 사각 테셀레이션	• 배운 기능을 활용하여 사각 테셀레이션 그리기	
	12. 물고기 테셀레이션	• 배운 기능을 활용하여 물고기 테셀레이션 그리기	
	13. 도마뱀 테셀레이션	• 배운 기능을 활용하여 도마뱀 테셀레이션 그리기	
	14. 다각형 테셀레이션	• 배운 기능을 활용하여 다각형으로 이루어진 테셀레이션 그리기	

학습목표

GSP 기본기능을 익혀 테셀레이션을 그릴 수 있다.

활동1

선분 그려보기

방법1 작도메뉴를 이용한 선분 그리기

활용 기능

• ↖ 작도(C) 선분(S) A

STEP 01

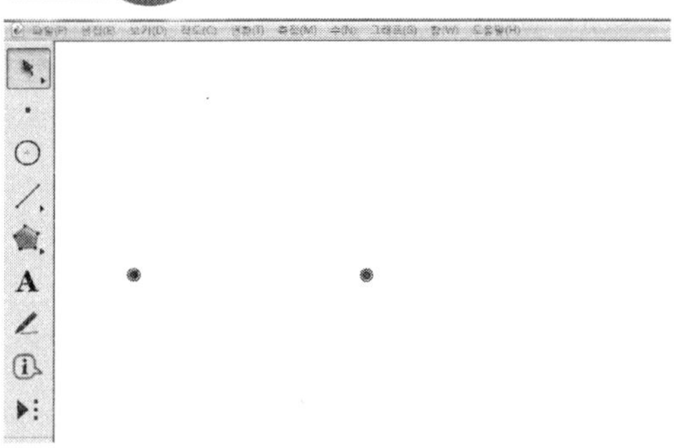

선분을 그리기 위해서는 두 점이 필요하다. • **점 도구**로 두 점을 그린 후, ↖ **화살표 도구**로 두 점을 선택한다.

STEP 02

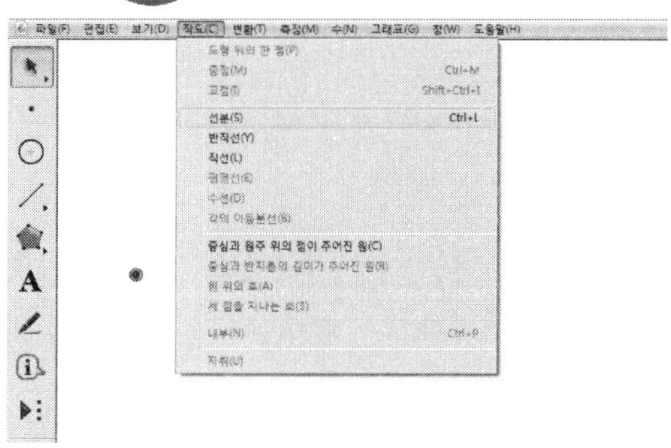

작도(C) 메뉴를 누르면 선분이 활성화되어 있다.

STEP 03

선분(S) 을 클릭한 후, A 글 도구를 사용하여 점에 이름을 붙인다.

STEP 04

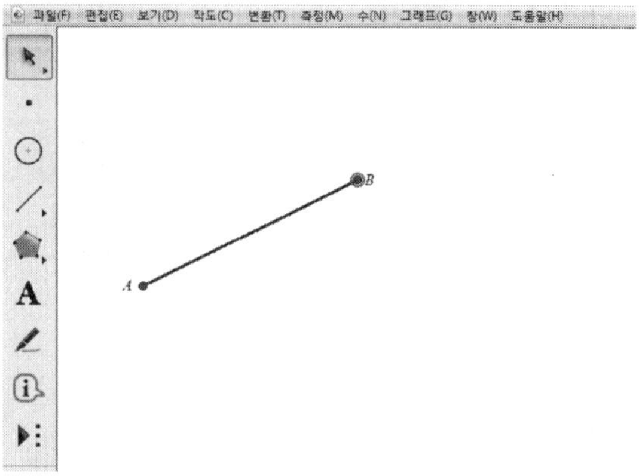

한 점 개체를 끌어서 위치를 변경하면 선분의 길이와 방향이 변하게 된다.

방법2 선분 도구를 이용한 선분 그리기

활용 기능

• A

STEP 01

선분 도구로 선분을 그린다.

STEP 02

A **글 도구**를 사용하여 점에 이름을 붙인다.

STEP 03

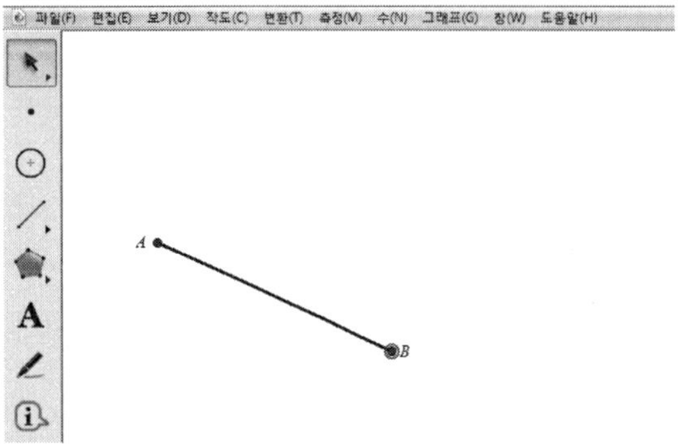

한 점 개체를 끌어서 위치를 변경하면 선분의 길이와 방향이 변한다.

활동2

다양한 삼각형 그려보기

방법1 둔각삼각형 그리기

활용 기능

변환(T) 회전이동(R)

STEP 01

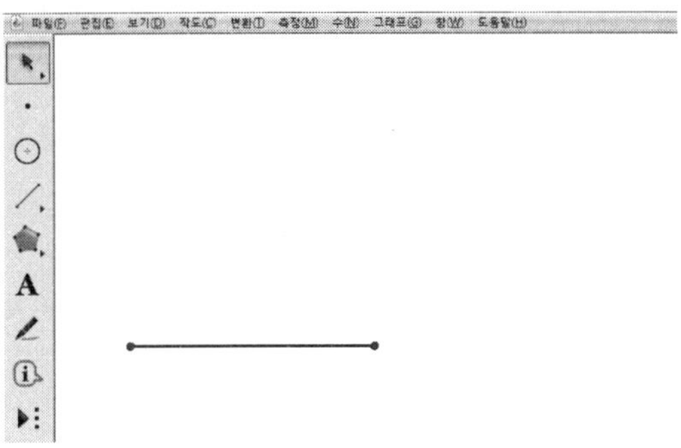

선분 도구를 이용하여 선분을 그린다.

STEP 02

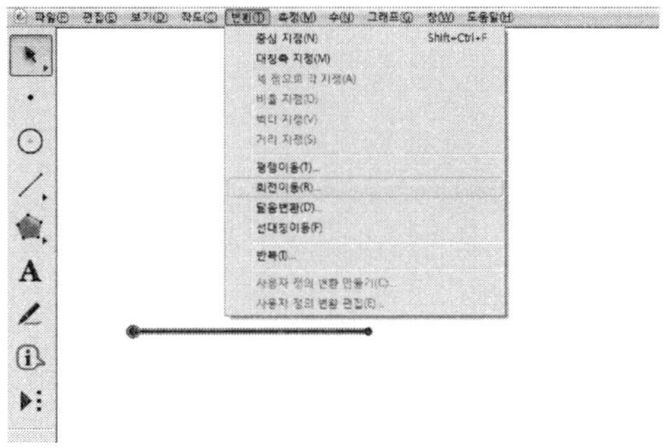

그려진 선분을 활성화한 후, **변환(T)** 메뉴에 있는 **회전이동(R)** 을 클릭한다.

STEP 03

회전각에 90 초과 180 미만의 임의의 수를 입력한다.

STEP 04

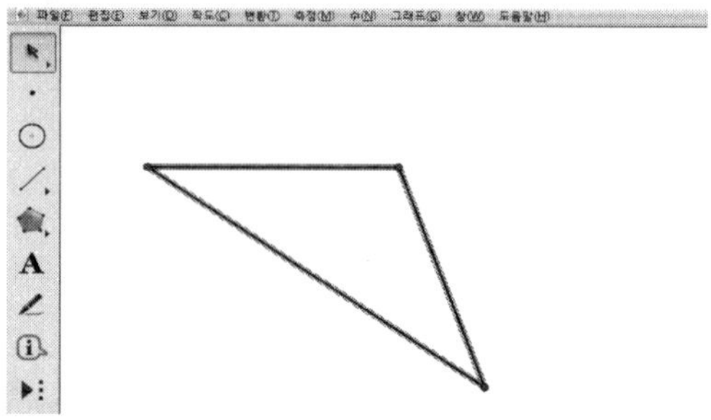

회전이동한 선분이 화면에 나타나면 **선분 도구**를 이용하여 점과 회전이동된 선분을 이어 둔각삼각형을 만든다.

방법2 예각삼각형 그리기

활용 기능

변환(T) 회전이동(R)

STEP 01

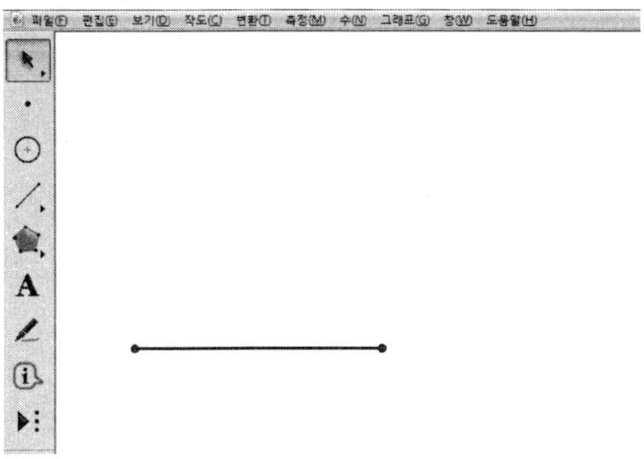

선분 도구를 이용하여 선분을 그린다.

STEP 02

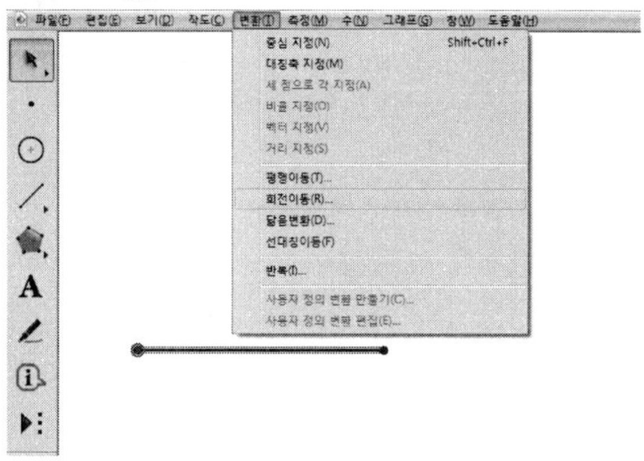

회전이동(R) 을 이용하여 회전각에 1 이상 90 미만의 임의의 수를 입력한다.

STEP 03

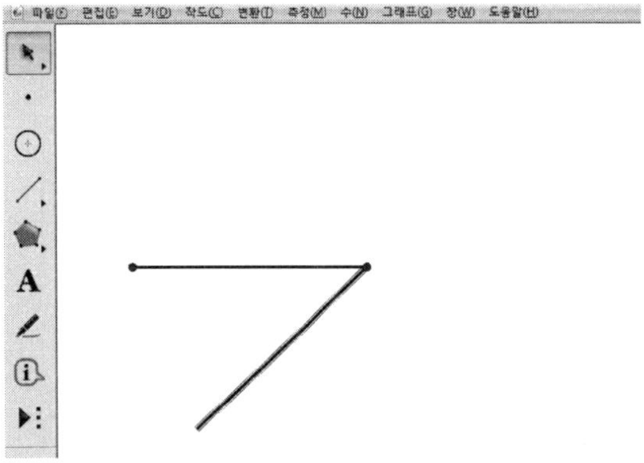

회전각에 1 이상 90 미만의 임의의 수를 입력한다.

STEP 04

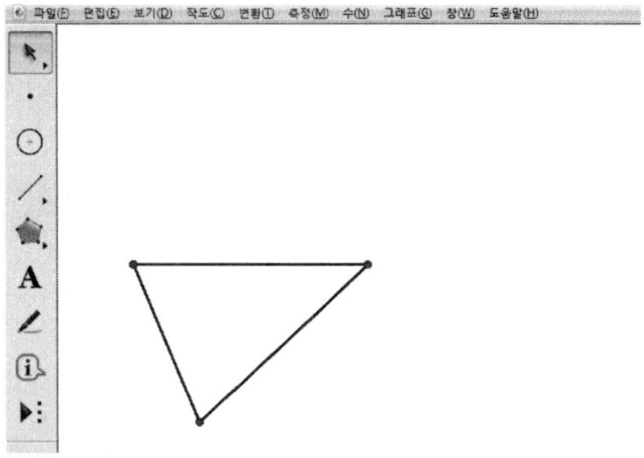

기존에 그려져 있던 선분과 같은 길이의 회전이동한 선분이 화면에 나타나면 **선분 도구**를 이용하여 점과 회전이동된 선분을 이어 예각삼각형을 만든다.

방법3 이등변삼각형 그리기

활용 기능

[선분 도구] 변환(T) 회전이동(R)

STEP 01

[선분 도구] **선분 도구**를 이용하여 선분을 그린다.

STEP 02

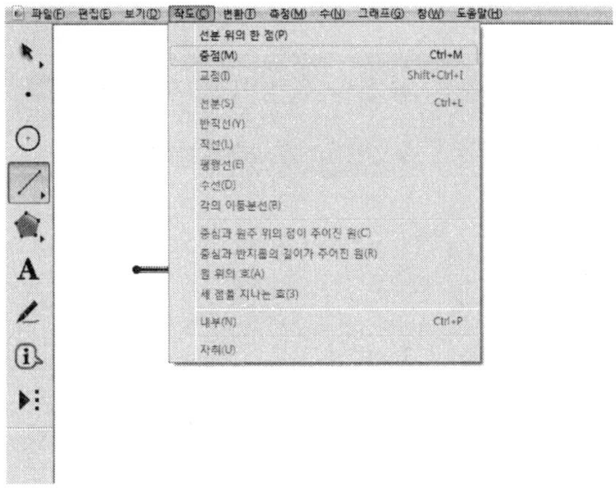

그려진 선분을 활성화한 후, 작도(C) 메뉴에 있는 중점(M) 을 클릭한다.

STEP 03

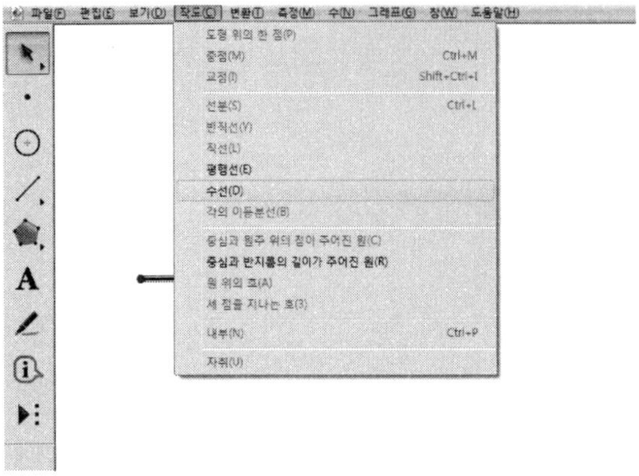

선분과 선분의 중점을 활성화한 후, **작도(C)** 메뉴에 있는 **수선(D)** 을 클릭한다.

STEP 04

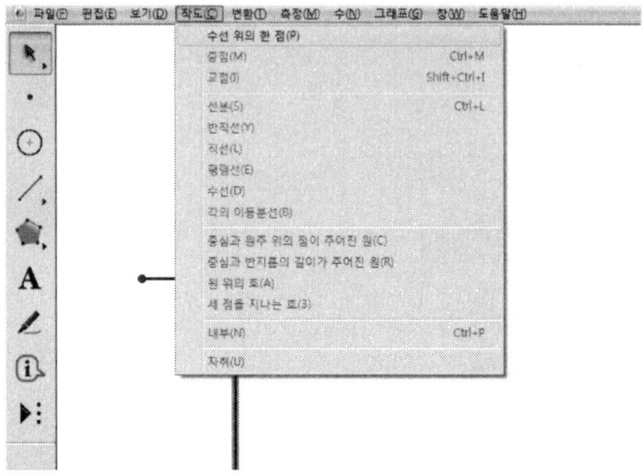

나타난 수선을 활성화한 후, **작도(C)** 메뉴에 있는 **수선 위의 한 점(P)** 을 클릭하고, 수선 위에 나타난 한 점과 선분의 양 끝점을 연결하여 완성한다.

방법4 정삼각형 그리기

활용 기능

작도(C) 중심과 반지름의 길이가 주어진 원(R)

STEP 01

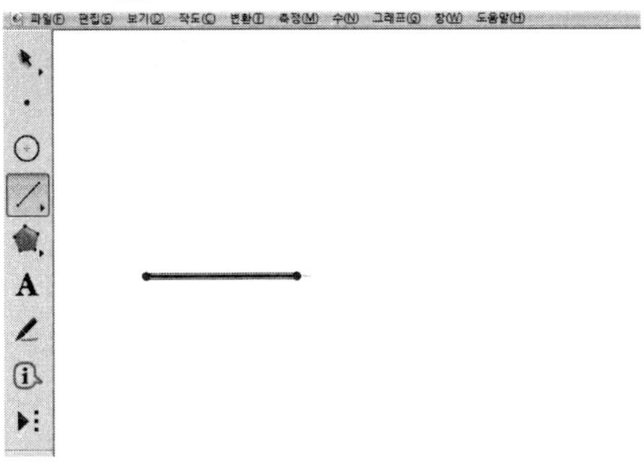

선분 도구를 이용하여 선분을 그린다.

STEP 02

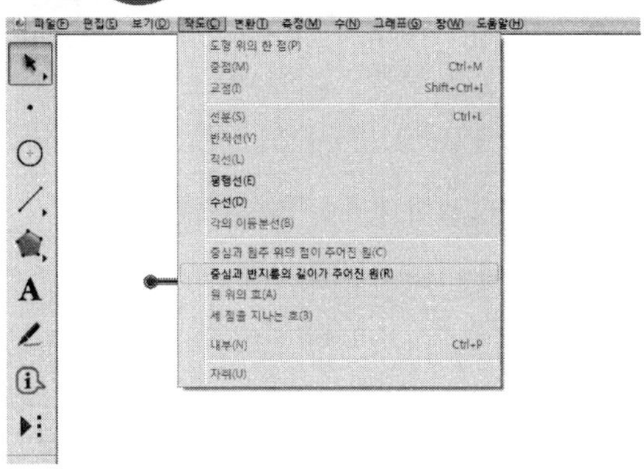

선분과 선분의 다른 끝점을 활성화한 후, 작도(C) 메뉴에 있는 중심과 반지름의 길이가 주어진 원(R) 을 클릭한다.

STEP 03

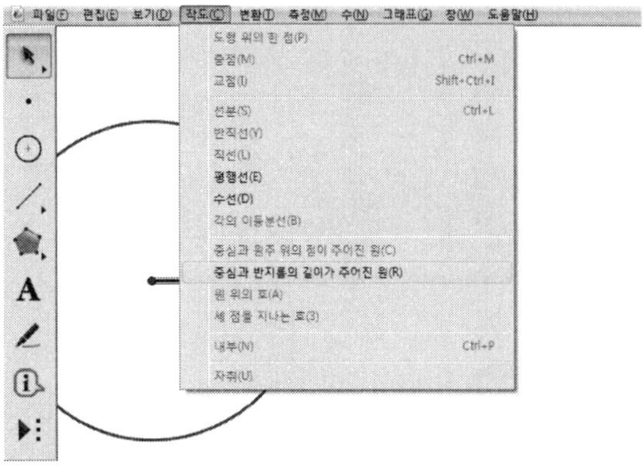

선분과 선분의 다른 끝점을 활성화한 후, **작도(C)** 메뉴에 있는 **중심과 반지름의 길이가 주어진 원(R)** 을 클릭한다.

STEP 04

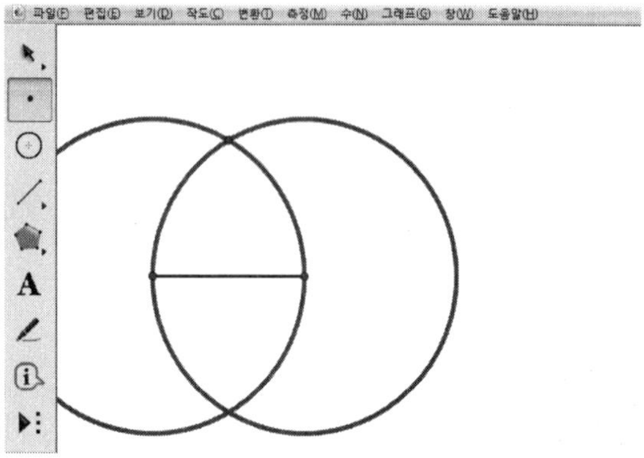

나타난 두 원이 교차하는 곳에 **점 도구**를 이용하여 점을 찍는다.

STEP 05

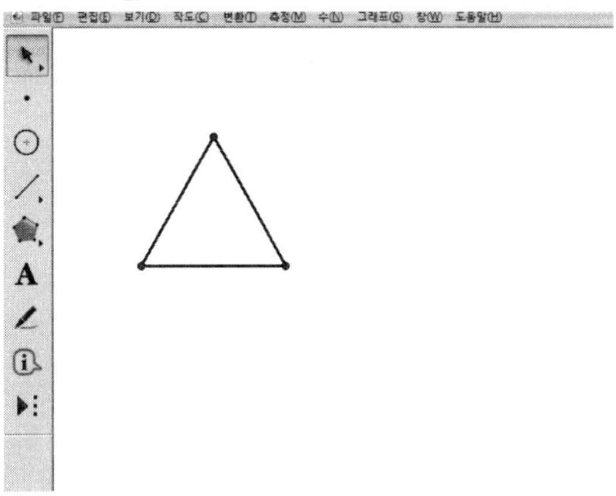

두 원이 교차하는 점과 선분의 양 끝점을 연결하여 정삼각형을 그린다.

활동3

평행과 평행선 그려보기

방법1 직선과 점을 이용하여 평행선 그리기

활용 기능

작도(C) 수선(D) 보기(D) 수선숨기기(D)

STEP 01

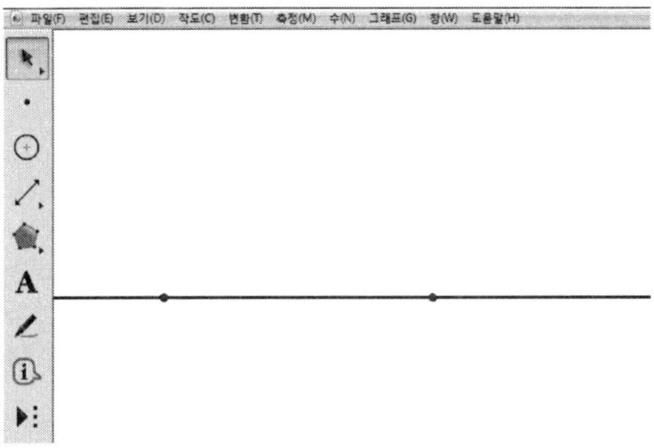

평행선을 그리기 위해서는 한 직선과 한 점이 필요하다.

직선 도구로 한 직선을 그린다.

STEP 02

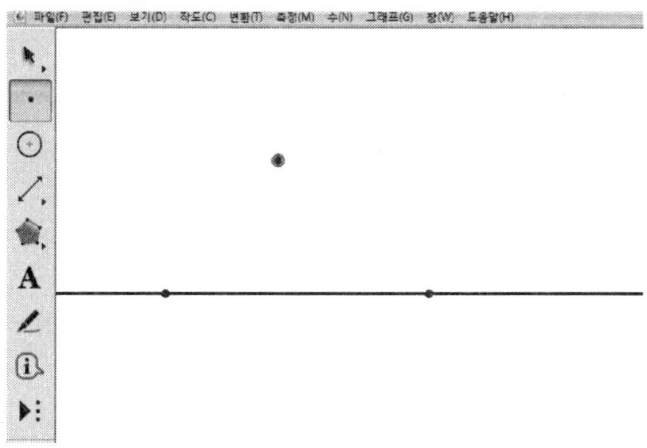

점 도구를 이용하여 직선과 떨어진 임의의 공간에 점을 찍는다.

STEP 03

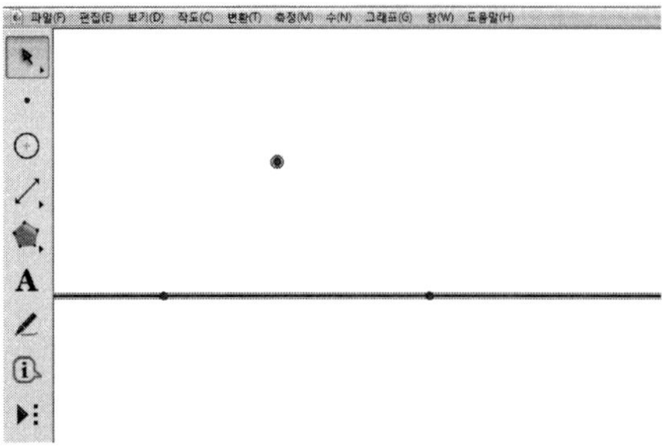

화살표 도구로 직선과 점을 차례로 선택한다.

STEP 04

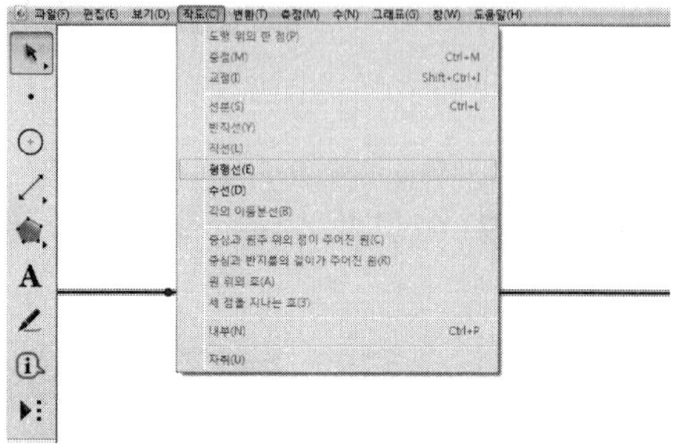

작도(C) 메뉴를 누르면 평행선이 활성화되어 있다. **평행선(E)** 을 클릭한다.

STEP 05

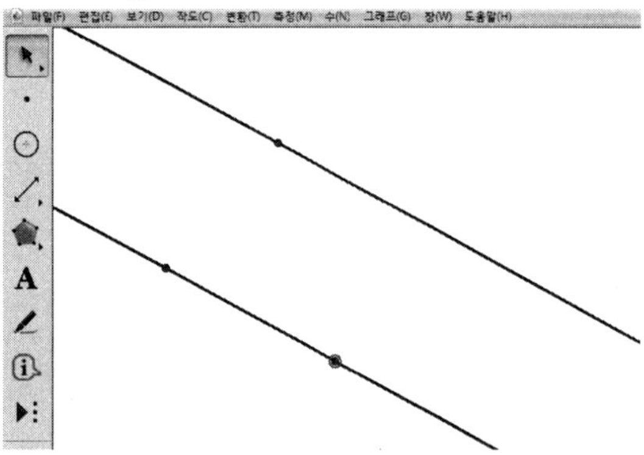

점 개체 중 하나를 끌어서 위치를 변경하면 평행선의 크기와 모양이 변한다.

활동4

'중심지정'을 이용한 도형 돌리기

방법1 '중심지정'을 이용하여 회전이동하기

활용 기능

변환(T) | 중심 지정(N) | 회전이동(R) | 보기(D) | 개체 숨기기(H)

STEP 01

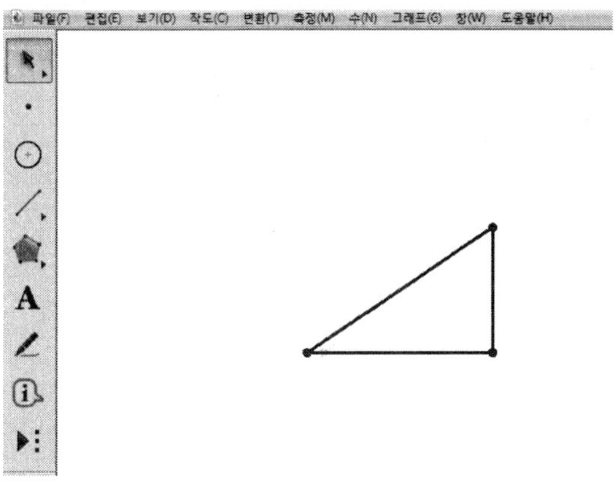

선분 도구로 세 개의 선분을 그려 직각삼각형을 완성한다.

STEP 02

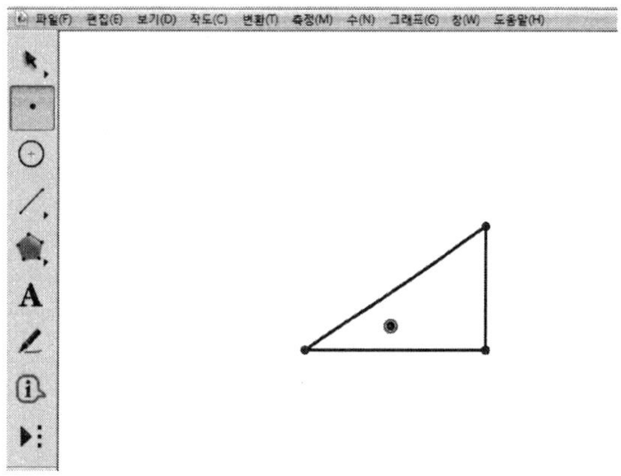

점 도구를 선택하여 삼각형의 안쪽에 점을 그린다.

STEP 03

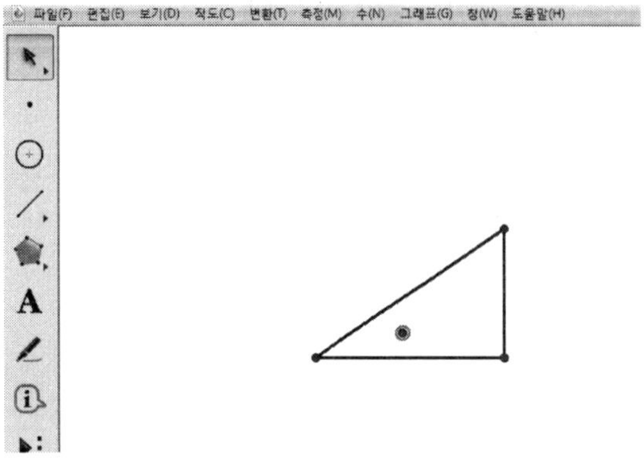

화살표 도구로 점을 선택한다.

STEP 04

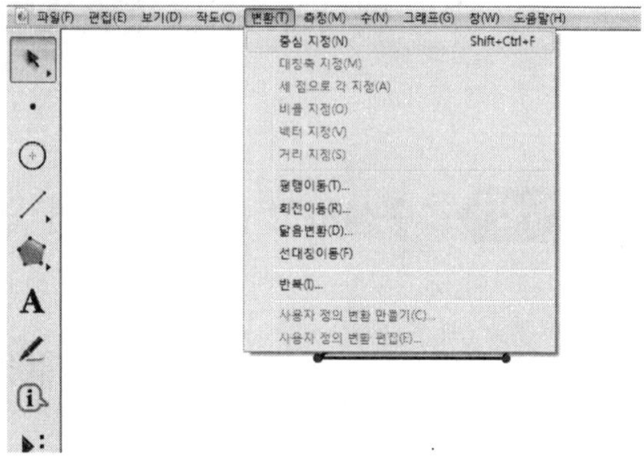

변환(T) 메뉴를 눌러 활성화된 **중심 지정(N)** 을 선택한다.

STEP 05

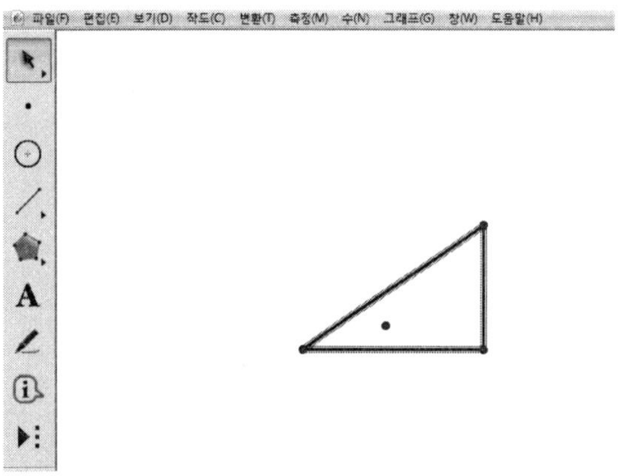

삼각형을 선택한다.

STEP 06

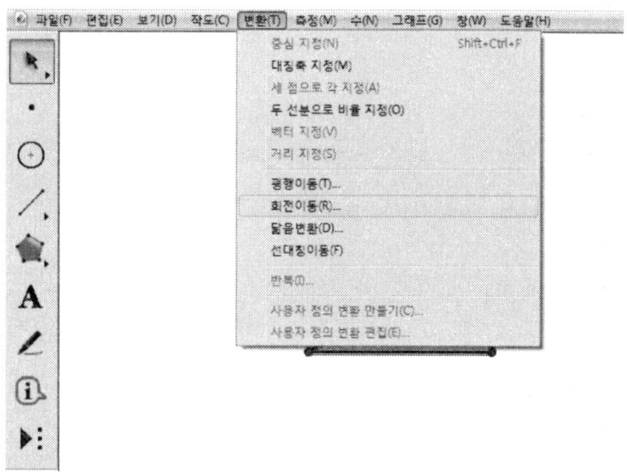

변환(T) 메뉴를 눌러 활성화하고 **회전이동(R)** 을 선택한다.

STEP 07

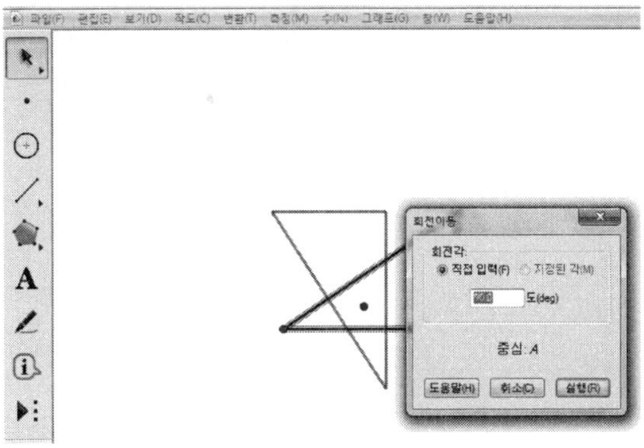

대화창에서 회전각을 **직접 입력(F)** 으로 선택하고 90.0을 입력하고 **실행(R)** 을 눌러 도형을 왼쪽 방향으로 90 ° 만큼 돌린다.

STEP 08

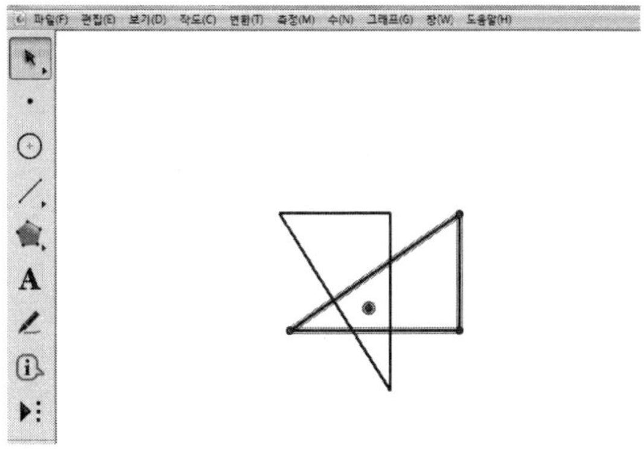

화살표 도구로 기존 삼각형과 중심점을 선택한다.

STEP 09

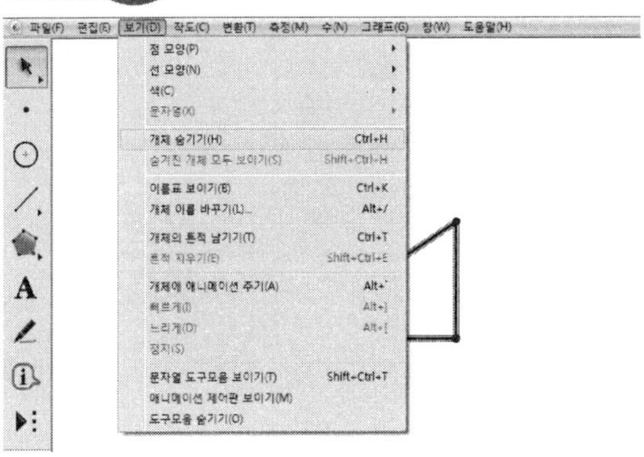

보기(D) 메뉴를 눌러 활성화된 **개체 숨기기(H)** 를 선택한다.

STEP 10

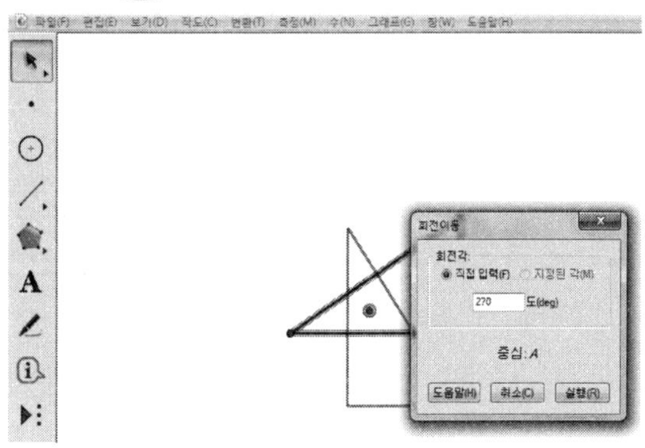

같은 방법으로 회전각을 180 °, 270 °, 360 °로 각각 입력하여 도형을 돌린다.

STEP 11

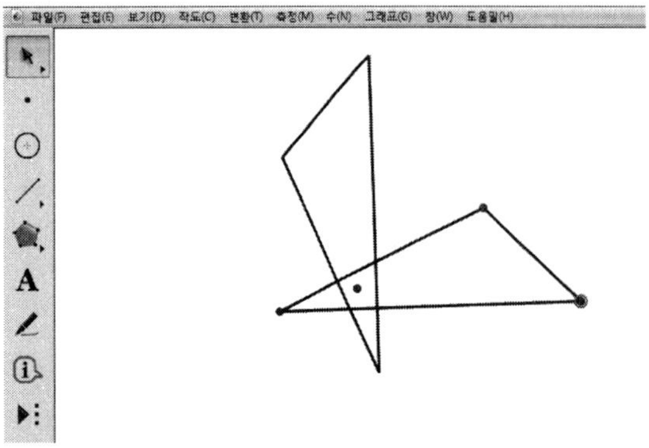

기본 도형의 모양을 변화시키면 회전이동된 도형의 모양도 함께 변한다.

활동5

선분의 중점 작도하기

방법1 '작도' 메뉴를 이용하여 선분의 중점 그리기

활용 기능

작도(C) 중점(M)

STEP 01

선분 도구를 이용하여 선분을 그린다.

STEP 02

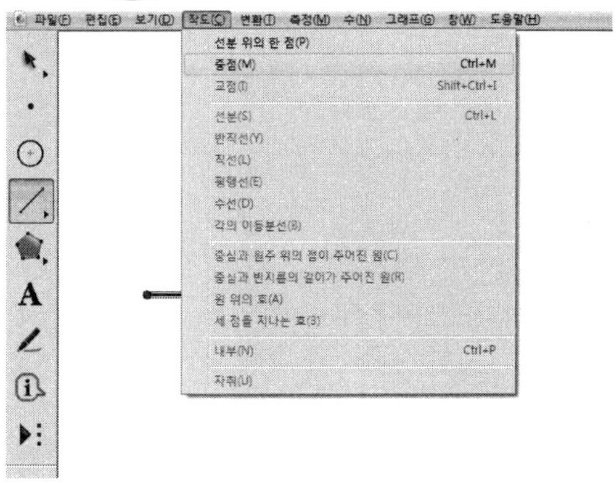

그려진 선분을 활성화한 후, 작도(C) 메뉴에 있는 중점(M) 을 클릭한다.

STEP 03

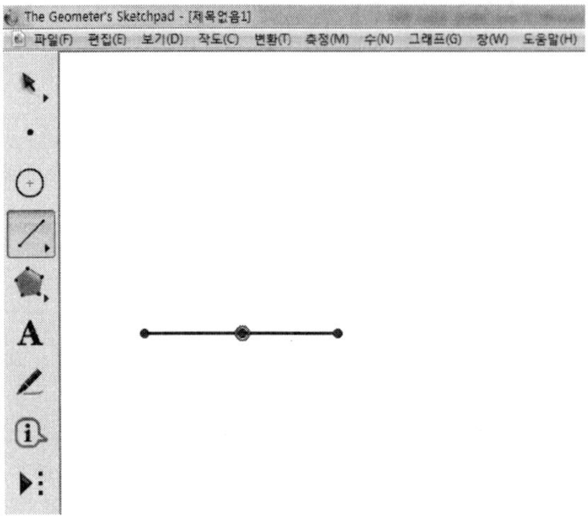

선분의 중점이 작도된 것을 볼 수 있다.

활동6

반복 기능 활용하기

방법1 '반복' 기능을 이용하여 삼각형 그리기

활용 기능

작도(C) 중점(M) 반복(I) 규칙(S)

STEP 01

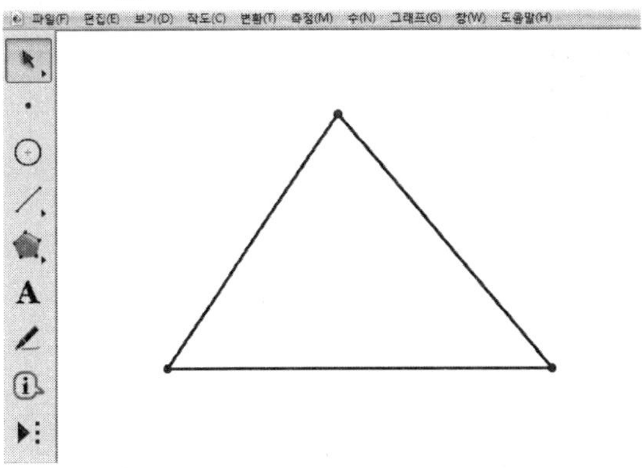

선분 도구를 활용하여 삼각형을 그린다.

STEP 02

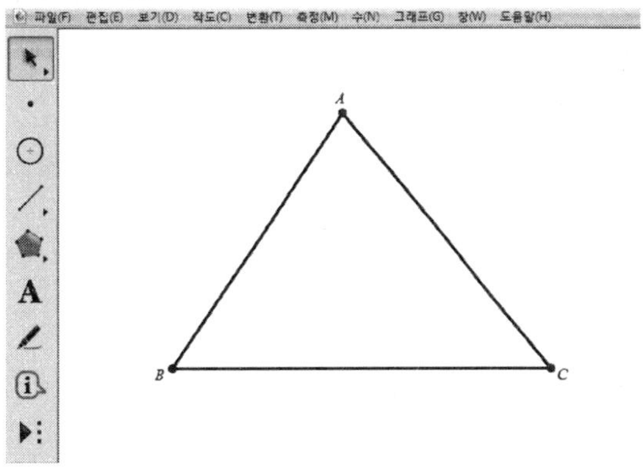

A 글 도구를 이용하여 사각형의 꼭짓점 이름표를 붙인다.

STEP 03

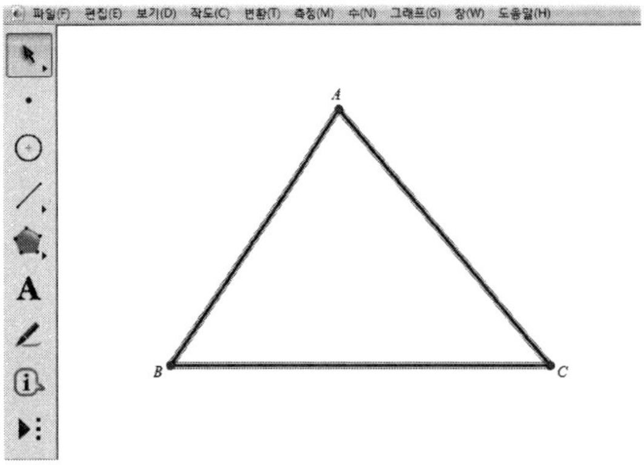

화살표 도구로 삼각형의 세 개의 변을 선택한다.

STEP 04

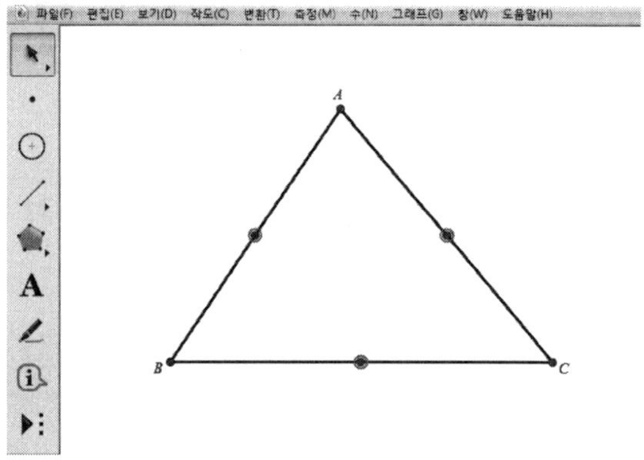

작도(C) 메뉴의 **중점(M)** 을 선택하여 중점을 그린다.

STEP 05

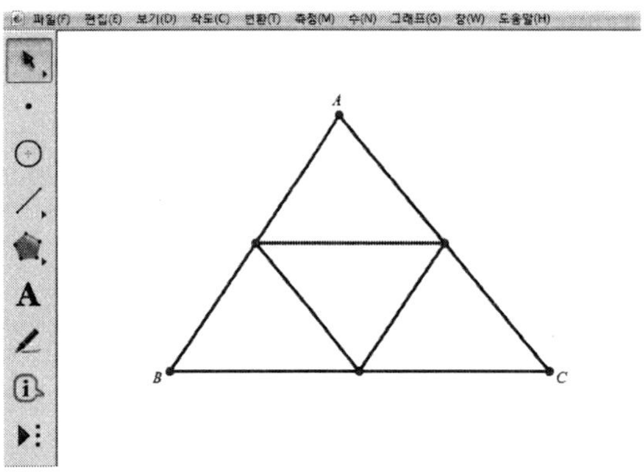

선분 도구를 활용하여 중점들을 선분으로 연결한다.

STEP 06

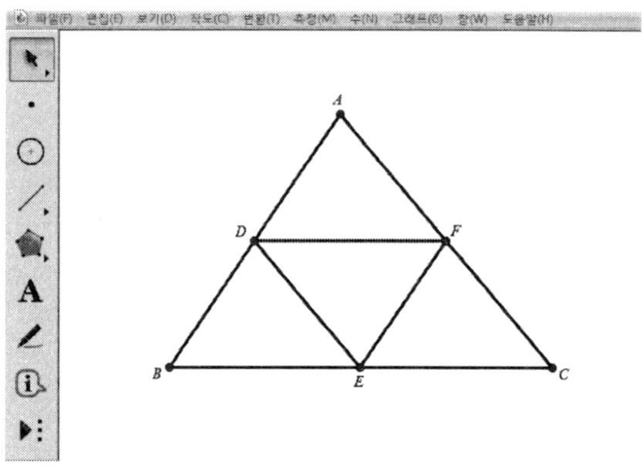

글 도구를 이용하여 그려진 삼각형의 꼭짓점 이름표를 붙인다.

STEP 07

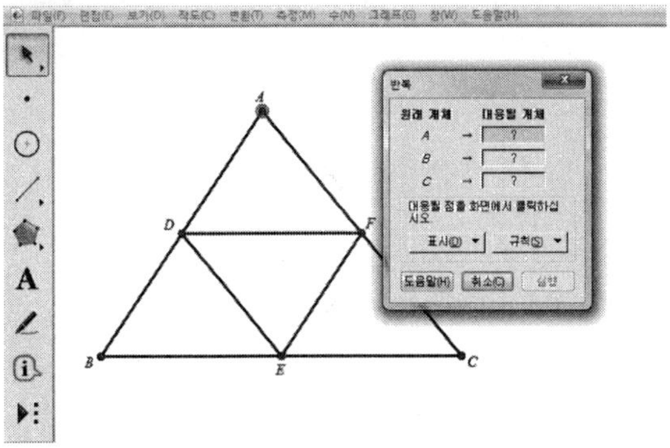

화살표 도구로 점 A, 점 B, 점 C를 선택하고 **변환(T)** 메뉴의 **반복(I)** 을 클릭한다.

STEP 08

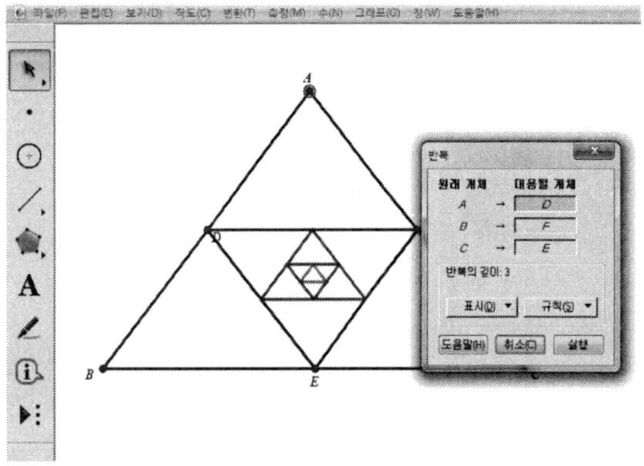

각 개체에 대응될 개체에 선택한다. 점 D, 점 E, 점 F를 순서대로 선택하면 삼각형 DEF 안에 같은 모양의 삼각형이 세 개 더 생긴 것을 볼 수 있다.

STEP 09

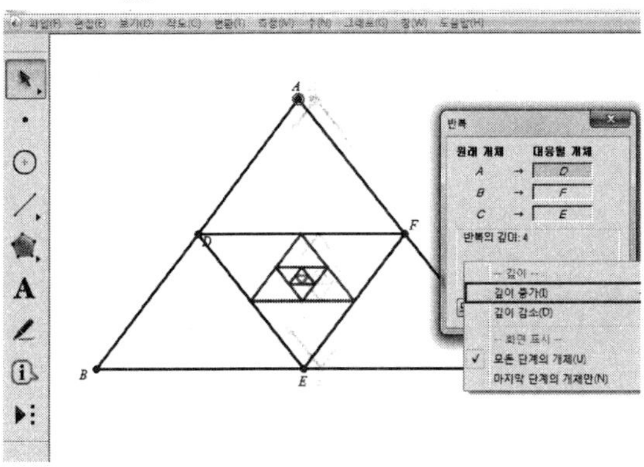

'**표시(D)**'를 클릭하여 '**깊이증가**'를 클릭하면 같은 모양의 삼각형이 네 개 더 생긴 것을 볼 수 있다. '**깊이 증가**', '**깊이 감소**'를 선택하여 반복할 모양의 횟수를 지정할 수 있다.

활동7

선대칭 도형 그리기

방법1 선대칭 도형 그리기

활용 기능

A 변환(T) 보기(D)

STEP 01

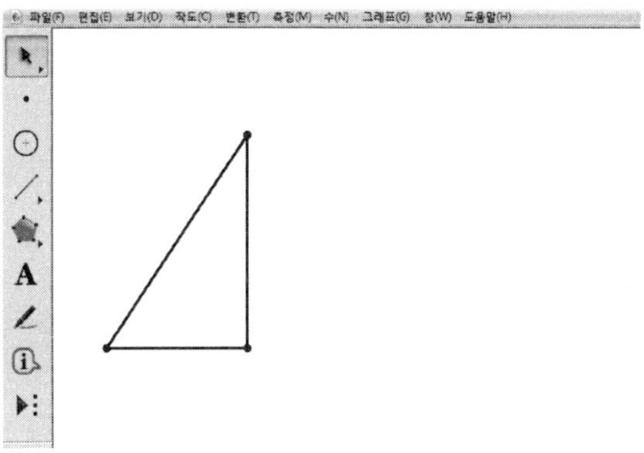

선분 도구를 활용하여 임의의 삼각형을 하나 그린다.

STEP 02

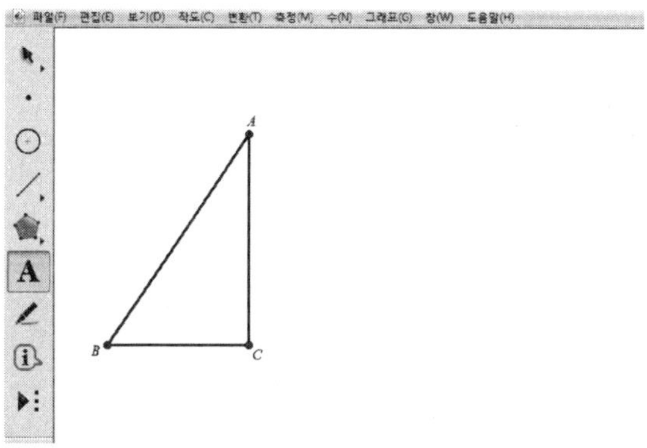

A 글 도구를 활용하여 삼각형의 꼭짓점에 A, B, C의 이름을 정한다.

STEP 03

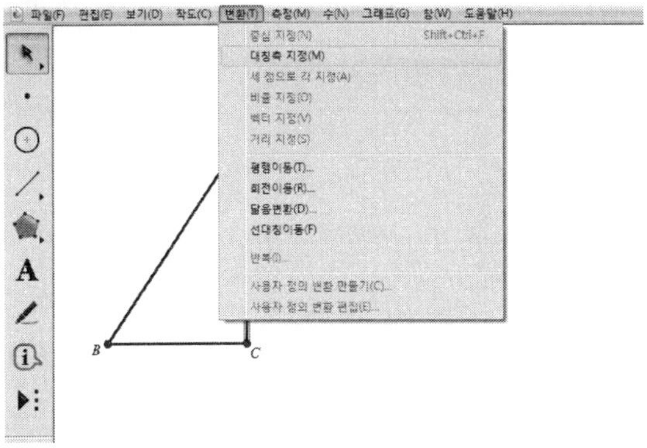

화살표 도구를 활용하여 선분 BC를 선택하고 **변환(T)** 메뉴를 선택하여 활성화된 대칭축 지정(M)을 클릭한다.

STEP 04

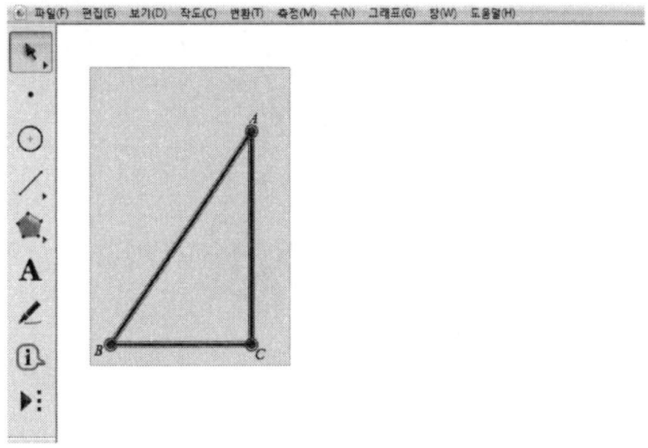

화살표 도구를 활용하여 드래그하여 도형을 모두 선택한다.

STEP 05

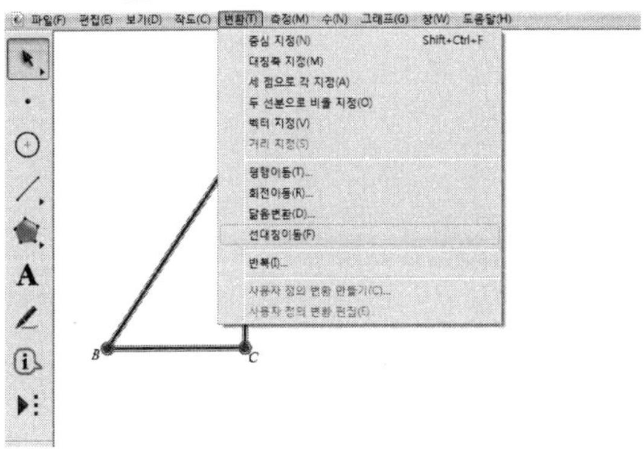

변환(T) 메뉴의 선대칭 도형(F)을 클릭한다.

STEP 06

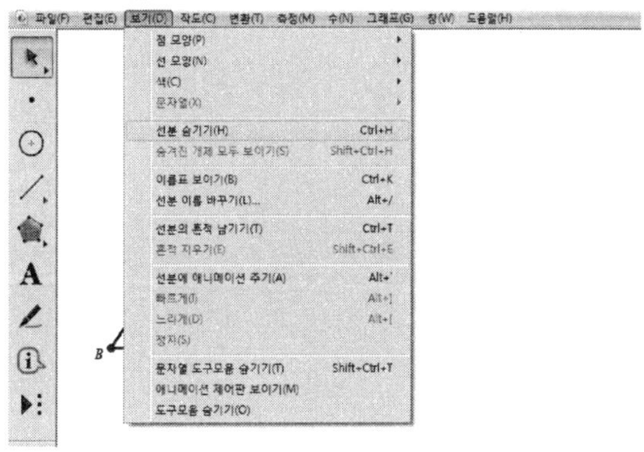

화살표 도구를 활용하여 선분 AC를 선택하고 **보기(D)** 메뉴의 선분 숨기기(H)를 클릭한다.

STEP 07

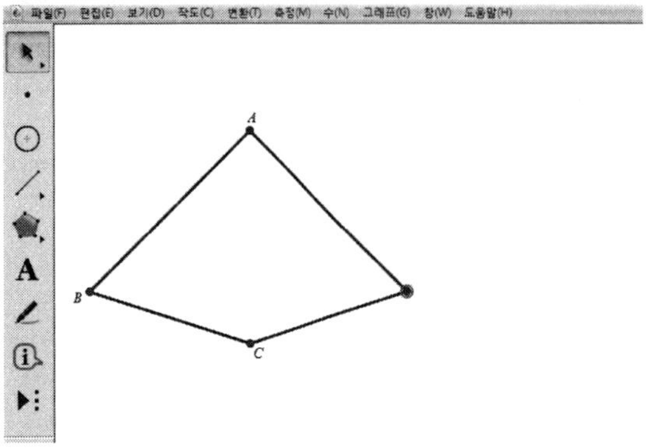

화살표 도구로 꼭짓점을 잡고 이동하면 선대칭도형의 성질을 유지한 채 도형의 크기와 모양이 변한다.

활동8

규칙적인 무늬 그리기

방법1 평행·회전·선대칭이동을 이용하여 규칙적인 무늬 만들기

활용 기능

선 모양(N) | 실선(S) | 삼각형 내부(N) | 중심 지정(N) | 회전이동(R)

STEP 01

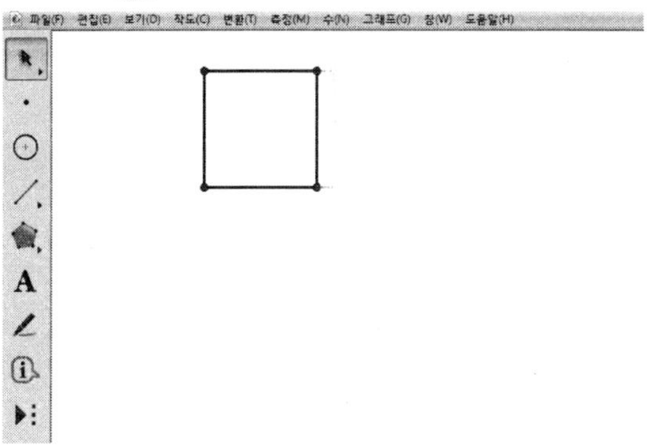

정사각형을 그린다.

STEP 02

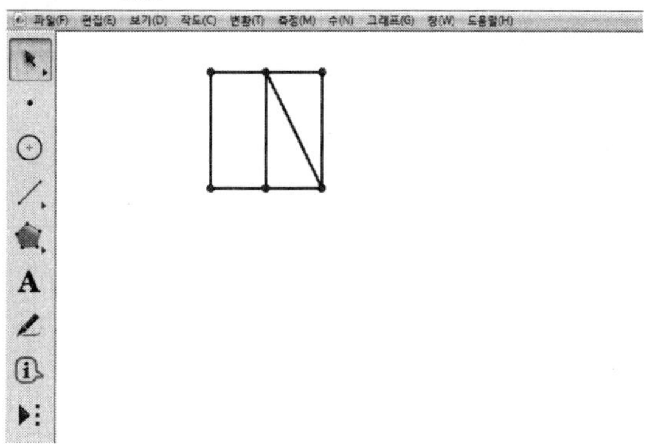

선분 도구로 정사각형의 내부에 삼각형을 그린다.

STEP 03

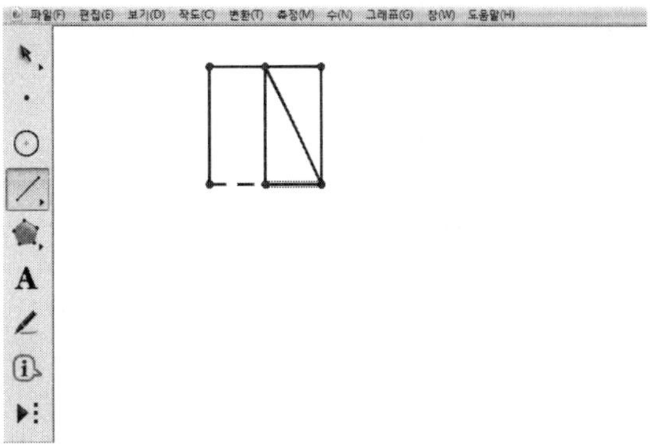

삼각형의 세 선분 중 정사각형과 겹치는 부분은 **선분 도구**로 덮어 그린다.

STEP 04

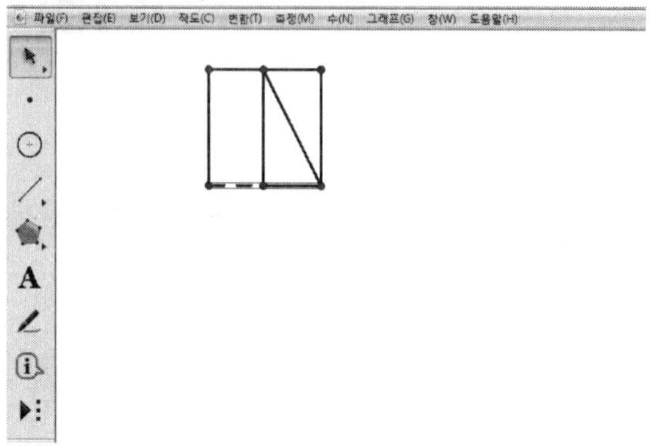

화살표 도구로 파선으로 나타난 선분을 선택한다.

STEP 05

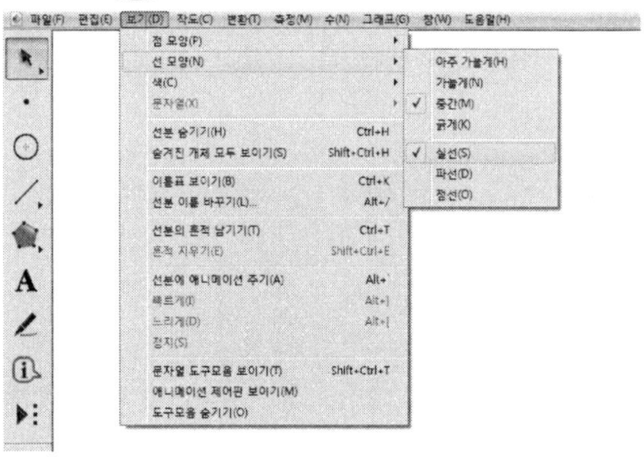

보기(D) 메뉴를 눌러 활성화된 **선 모양(N)** 을 선택한 후 **실선(S)** 으로 선 모양을 변경한다.

STEP 06

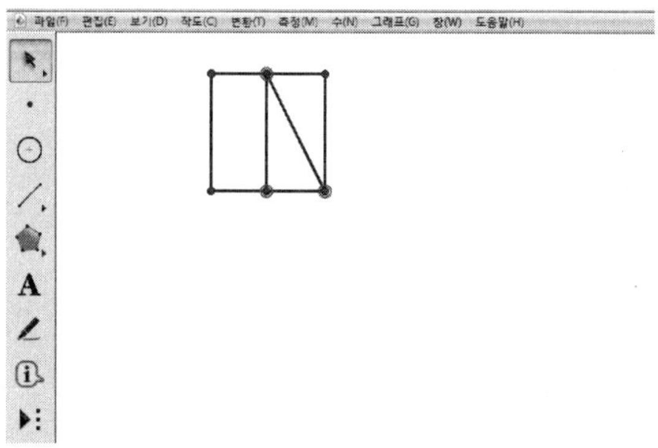

화살표 도구로 삼각형의 세 점을 선택한다.

STEP 07

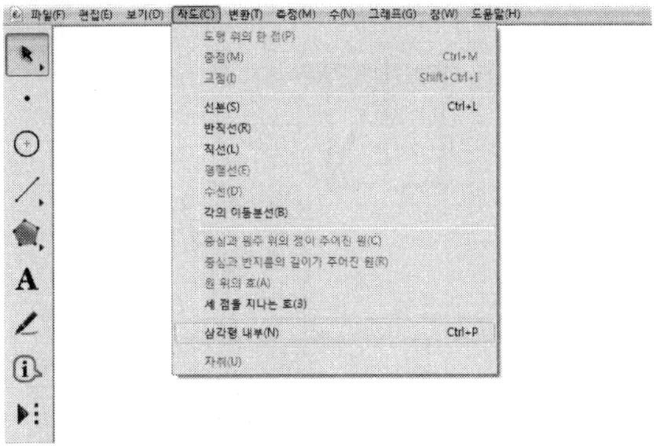

작도(C) 메뉴를 눌러 활성화된 **삼각형 내부(N)** 를 선택하여 색을 넣는다.

STEP 08

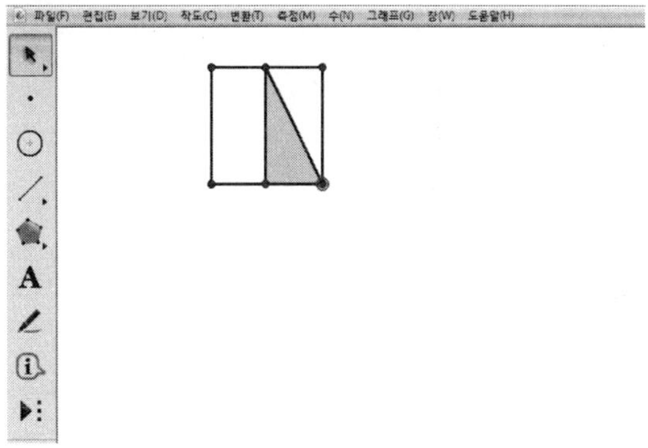

화살표 도구로 도형의 우측 하단의 점을 선택한다.

STEP 09

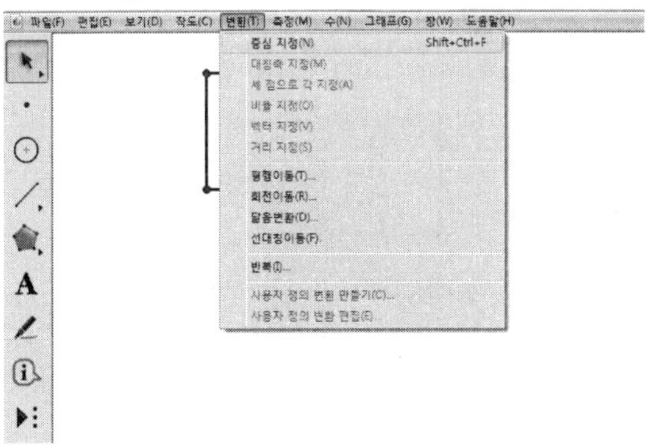

변환(T) 메뉴를 눌러 활성화된 **중심 지정(N)** 을 선택한다.

STEP 10

화살표 도구를 활용하여 마우스로 드래그하여 전체 도형을 선택한다.

STEP 11

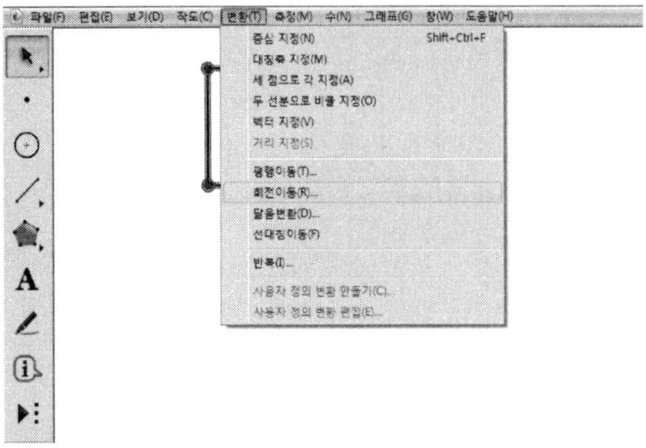

변환(T) 메뉴를 눌러 활성화된 **회전이동(R)** 을 선택한다.

STEP 12

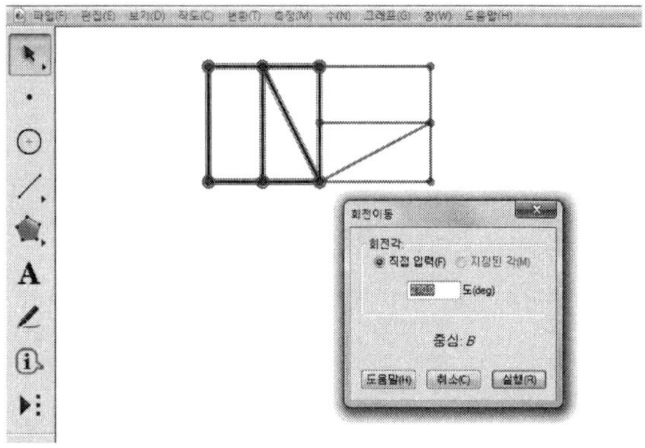

대화창에서 회전각을 **직접 입력(F)**으로 선택하고 270.0을 입력하여 **실행(R)** 을 눌러 도형을 시계방향으로 90 °만큼 돌린다.

STEP 13

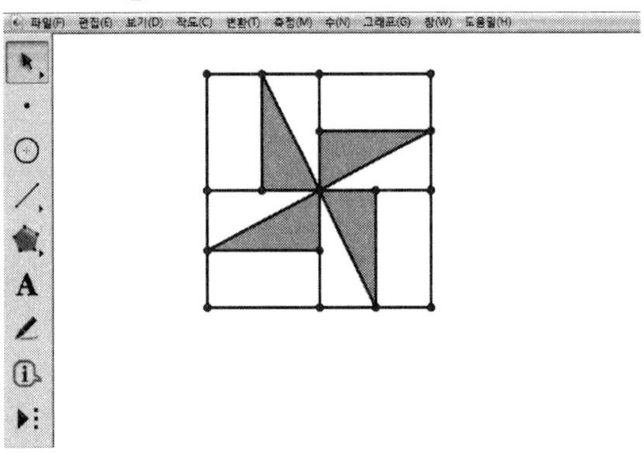

중심을 그대로 두고 만들어진 새 도형을 선택하여 같은 방식의 회전이동을 2번 반복한다.

STEP 14

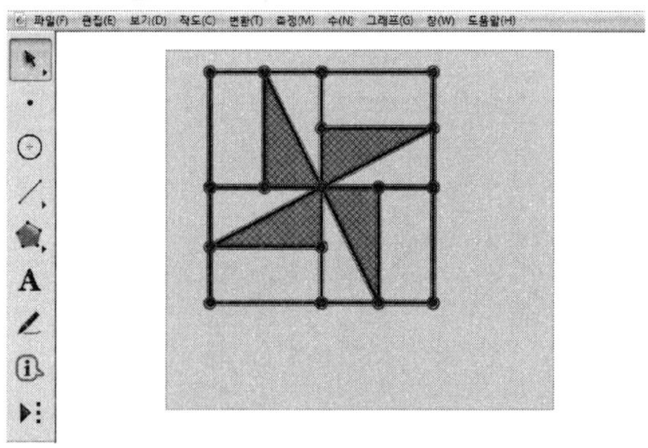

만들어진 규칙적인 무늬를 드래그하여 도형 전체를 선택한다.

STEP 15

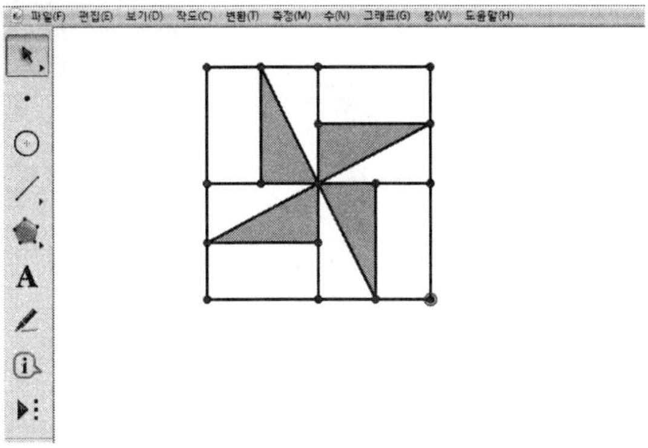

화살표 도구로 도형의 우측 하단의 점을 선택한다.

STEP 16

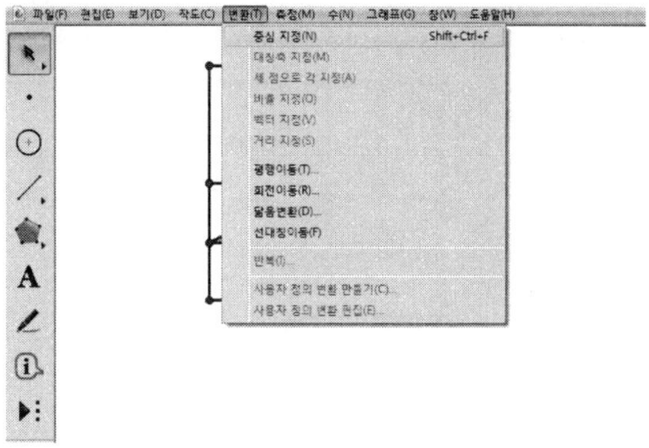

변환(T) 메뉴를 눌러 활성화된 중심 지정(N) 을 선택한다.

STEP 17

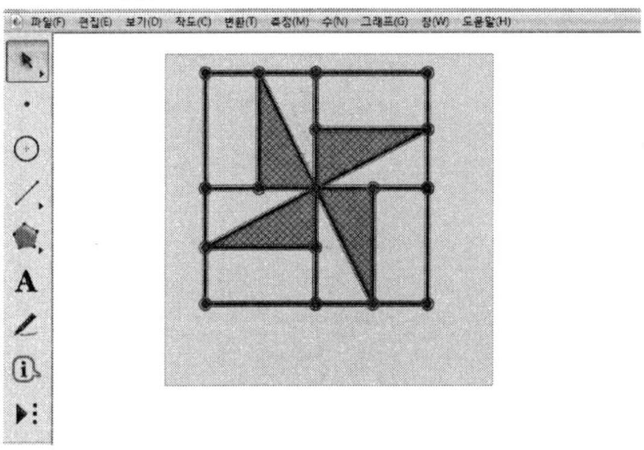

마우스로 드래그하여 전체 도형을 선택한다.

STEP 18

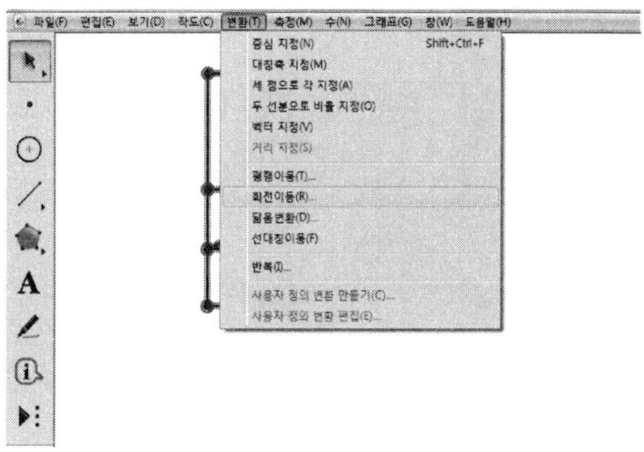

변환(T) 메뉴를 눌러 활성화된 회전이동(R) 을 선택한다.

STEP 19

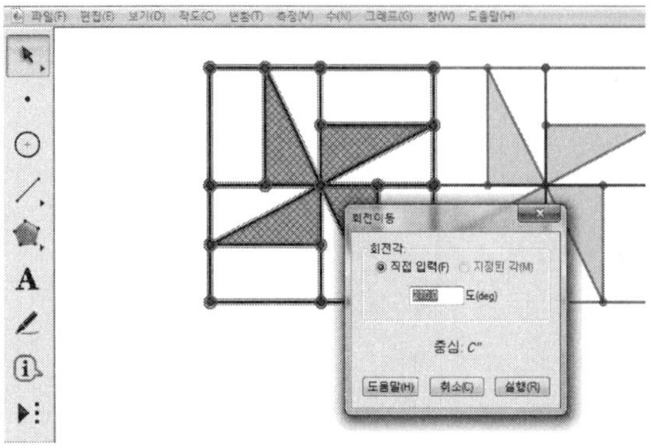

대화창에서 회전각을 **직접 입력(F)**으로 선택하고 270.0을 입력하고 **실행(R)** 을 눌러 도형을 시계 방향으로 90 °만큼 돌린다.

STEP 20

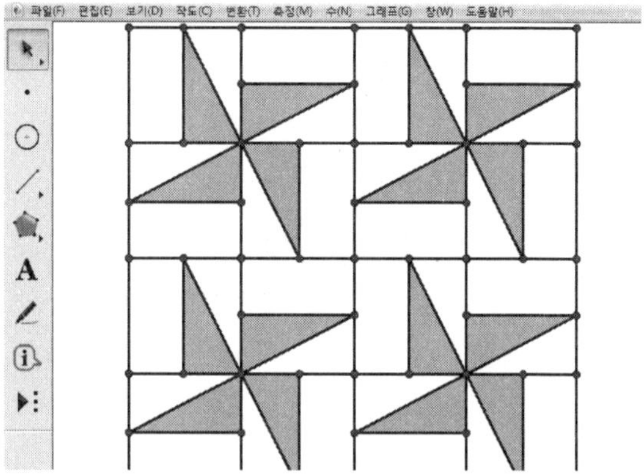

중심을 그대로 두고 만들어진 새 도형을 선택하여 같은 방식의 회전이동을 2번 반복하여 규칙적인 무늬를 완성한다.

STEP 21

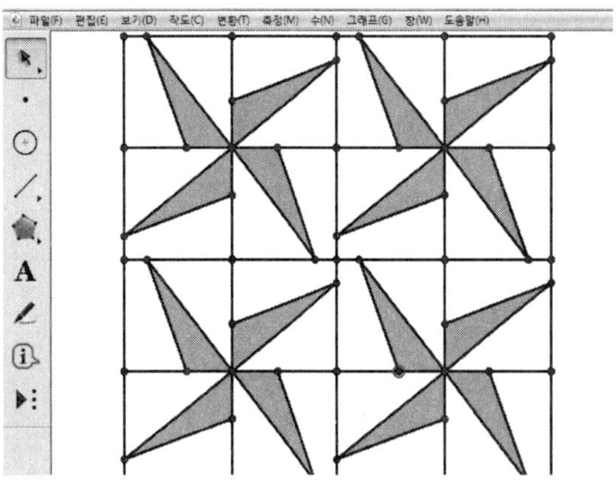

기본 도형의 모양을 변화시키면 무늬의 모양도 함께 변한다.

학습목표

GSP로 테셀레이션을 그릴 수 있다.

활동1

삼각 테셀레이션 그리기

활용 기능

중점(M) 변환(T) 평행이동(T) 회전이동(R) 벡터지정(V)

STEP 01

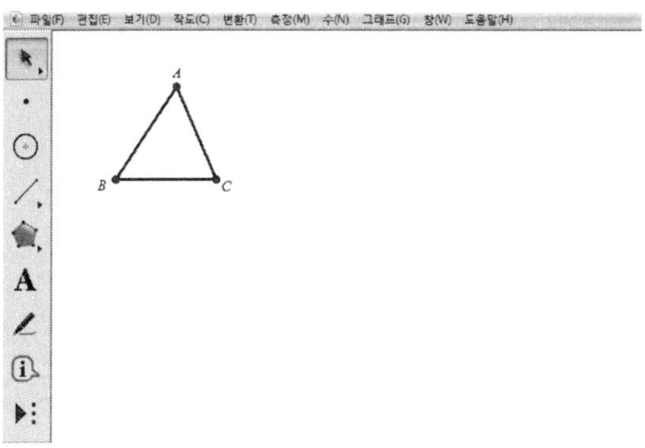

선분 도구를 활용하여 삼각형을 그린다.

STEP 02

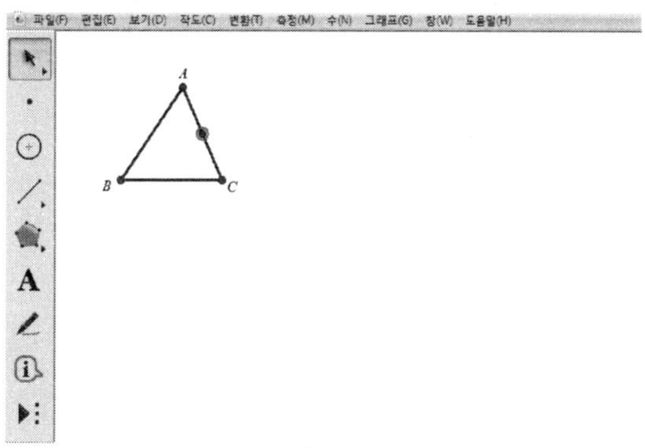

화살표 도구로 선분 AC를 선택한다.

작도(C) 메뉴를 눌러 활성화된 중점(M) 을 클릭한다.

STEP 03

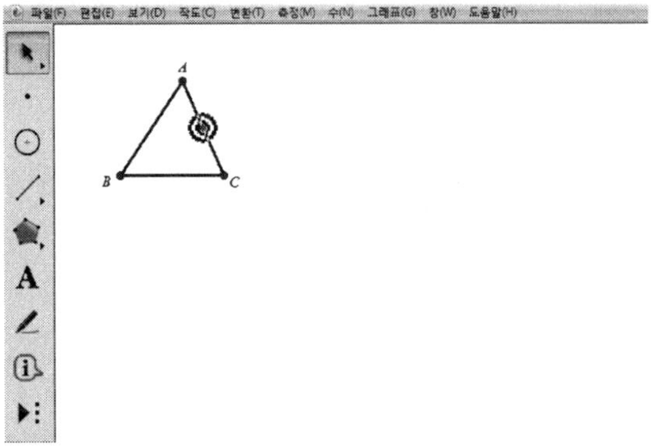

중점을 더블클릭하여 **회전의 중심**으로 지정한다.

STEP 04

화살표 도구로 삼각형을 모두 선택한다. **변환(T)** 메뉴의 **회전이동(R)** 을 실행한다.

STEP 05

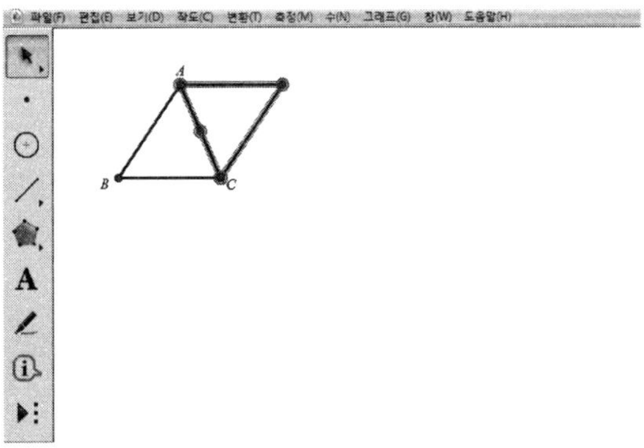

180도 회전하도록 입력하고 **실행(R)** 을 선택하여 삼각형을 회전이동한다.

STEP 06

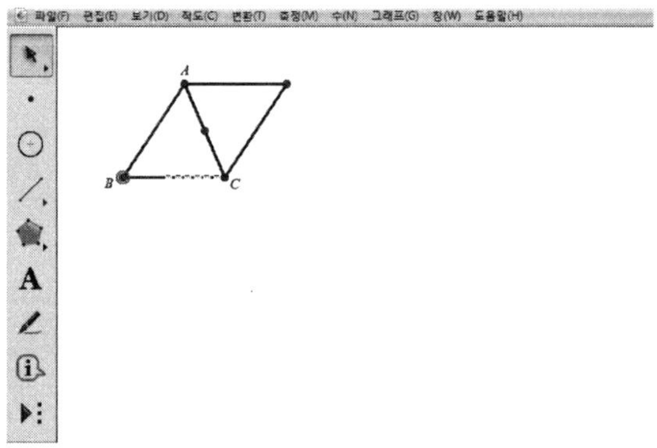

화살표 도구로 점 B와 점 C를 차례로 선택하고 **변환(T)** 메뉴의 **벡터지정(V)** 을 선택한다.

STEP 07

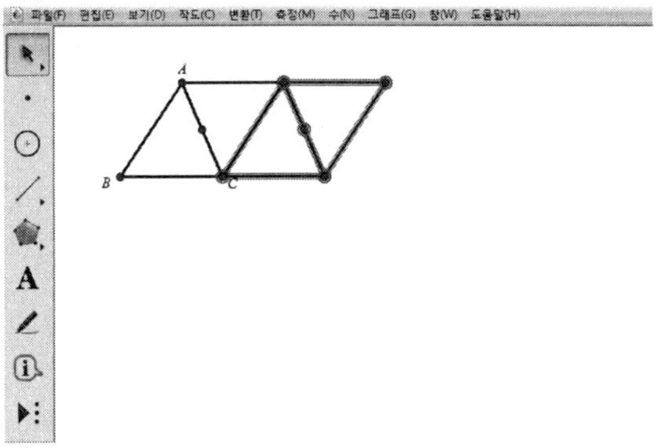

화살표 도구로 두 삼각형을 모두 선택한다. **변환(T)** 메뉴의 **평행이동(T)** 을 선택하고 **지정된 벡터**를 실행한다.

STEP 08

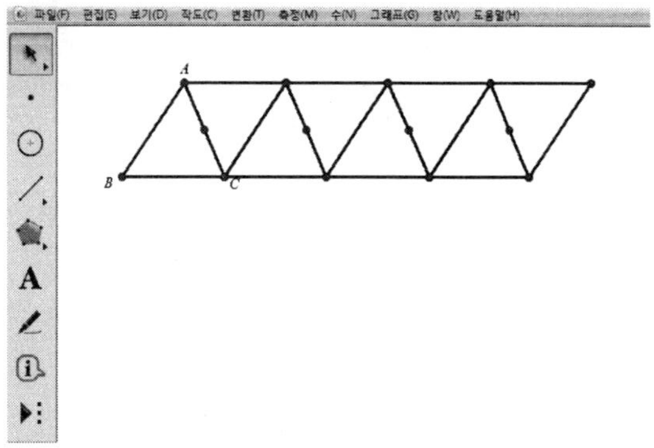

변환(T) 메뉴의 **평행이동(T)** 을 선택하고 **지정된 벡터**를 실행한다. 한 번 더 반복한다.

STEP 09

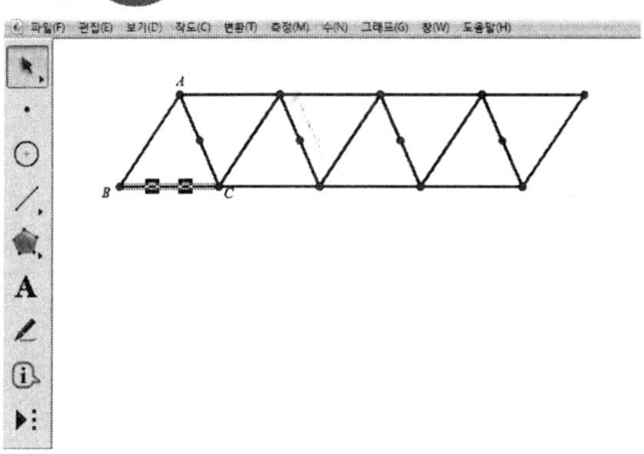

화살표 도구로 **선분** BC를 더블클릭하여 **대칭축으로 지정**한다.

STEP 10

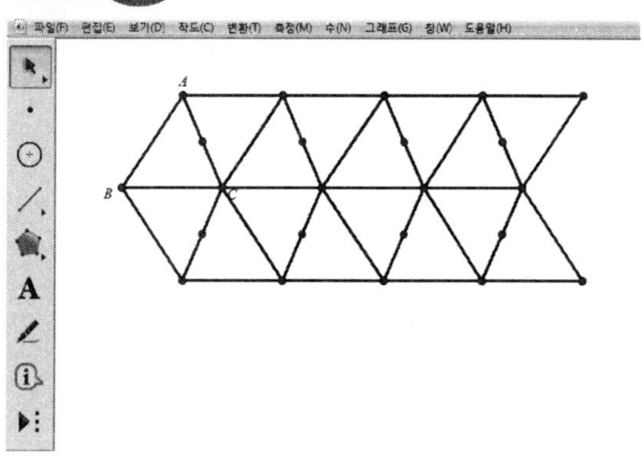

화살표 도구로 지금까지 만든 도형 전체를 선택한다. **변환(T)** 메뉴의 **선대칭이동(F)** 을 선택한다.

STEP 11

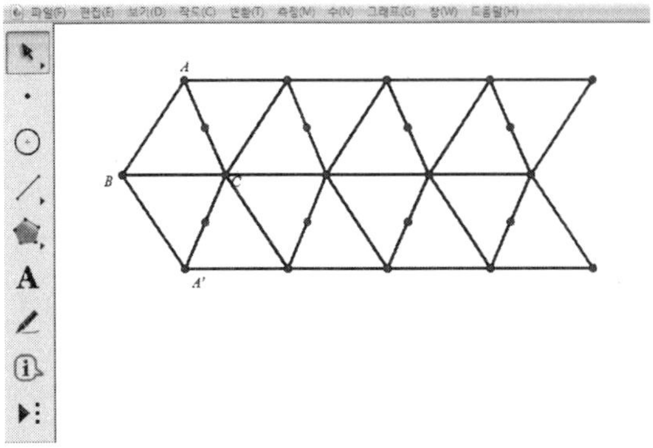

글 도구를 사용하여 점 A가 대칭이 된 점을 선택한다. A′라는 이름표를 붙인다.

STEP 12

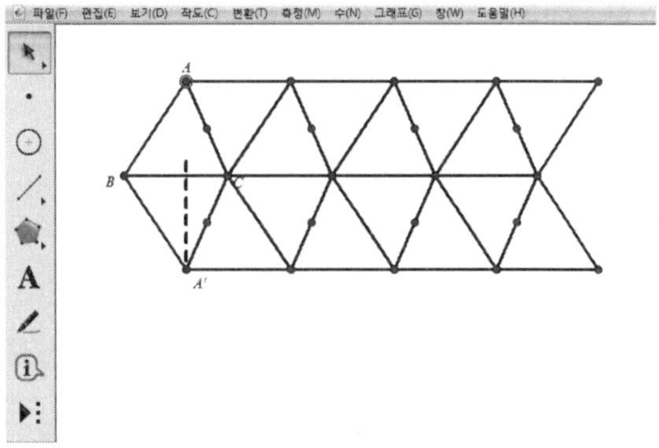

화살표 도구로 점 A와 점 A′를 차례로 선택하고 **변환(T)** 메뉴의 **벡터지정(V)** 을 선택한다.

STEP 13

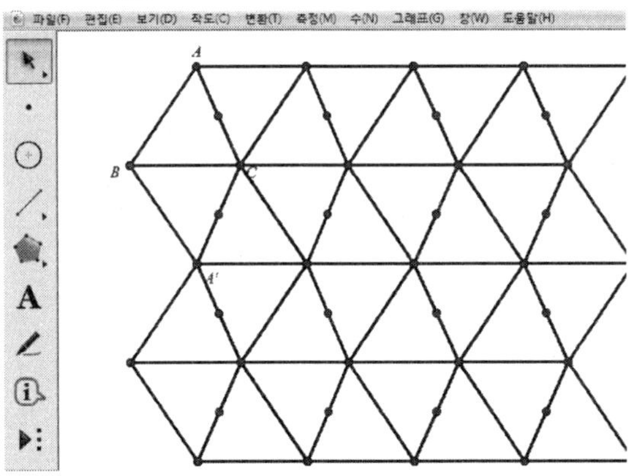

화살표 도구로 도형을 모두 선택한다. **변환(T)** 메뉴의 **평행이동(T)** 을 선택하고 **지정된 벡터**를 실행한다.

STEP 14

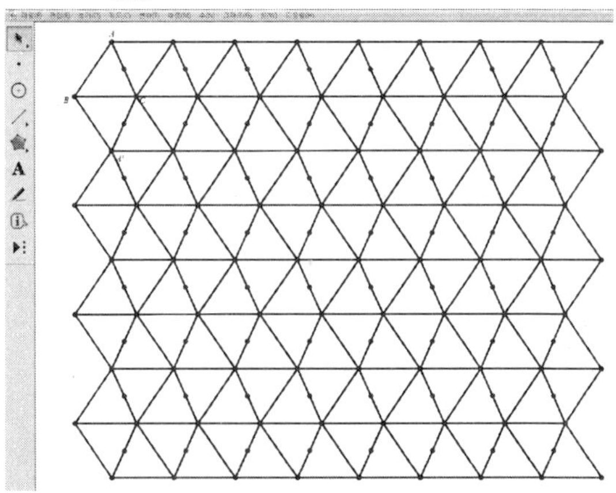

같은 과정을 반복하여 삼각형으로 바닥덮기를 완성한다.

활동2

사각 테셀레이션 그리기

활용 기능

중점(M) 변환(T) 평행이동(T) 회전이동(R) 벡터지정(V)

STEP 01

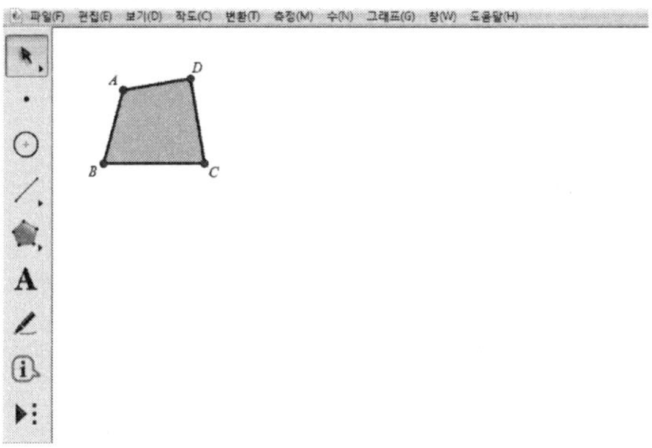

선분 도구를 활용하여 사각형을 그린다.

STEP 02

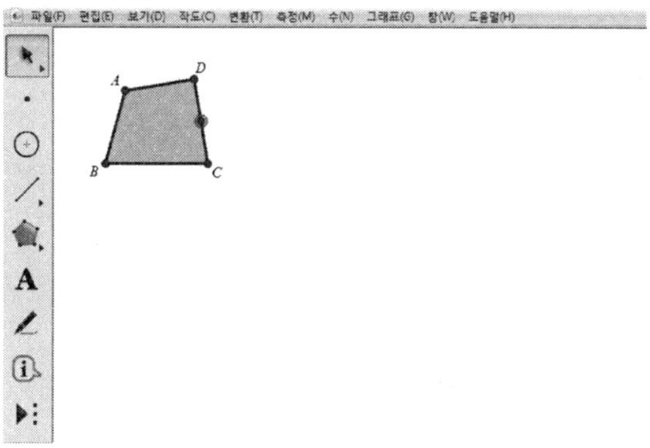

화살표 도구로 선분 CD를 선택한다. 작도(C) 메뉴를 눌러 활성화된 중점(M) 을 클릭한다.

STEP 03

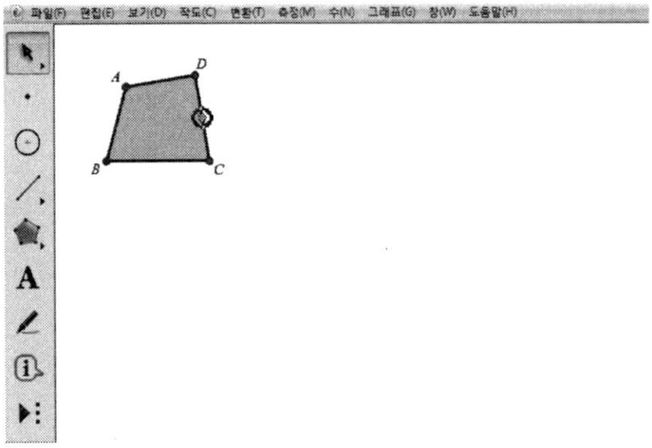

중점을 더블클릭하여 **회전의 중심**으로 지정한다.

STEP 04

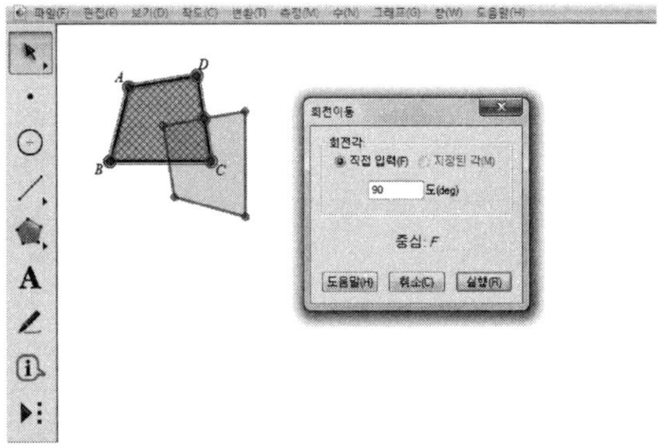

화살표 도구로 사각형을 모두 선택한다. **변환(T)** 메뉴의 **회전이동(R)** 을 실행한다.

STEP 05

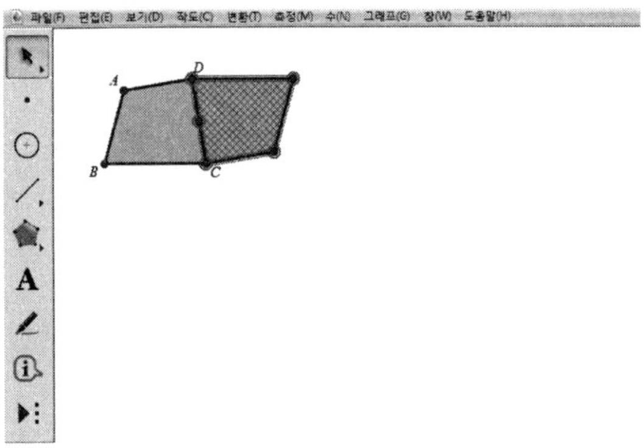

180도 회전하도록 입력하고 **실행(R)** 을 선택하여 삼각형을 회전이동한다.

STEP 06

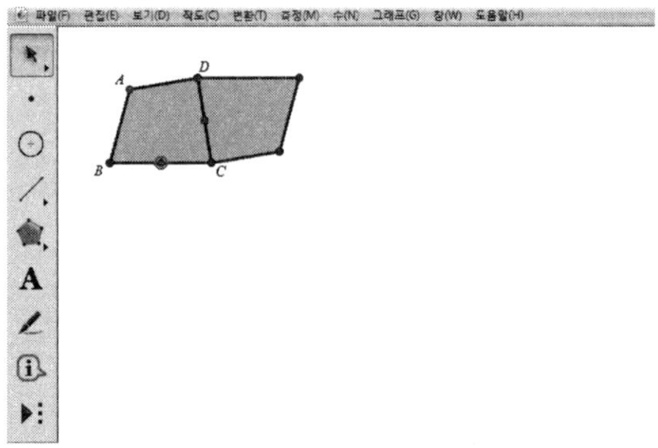

화살표 도구로 선분 BC를 선택한다. **작도(C)** 메뉴를 눌러 활성화된 **중점(M)** 을 클릭한다.

STEP 07

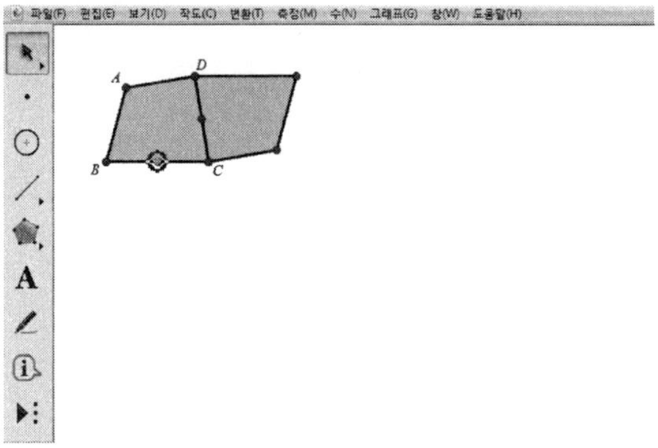

중점을 더블클릭하여 **회전의 중심**으로 지정한다.

STEP 08

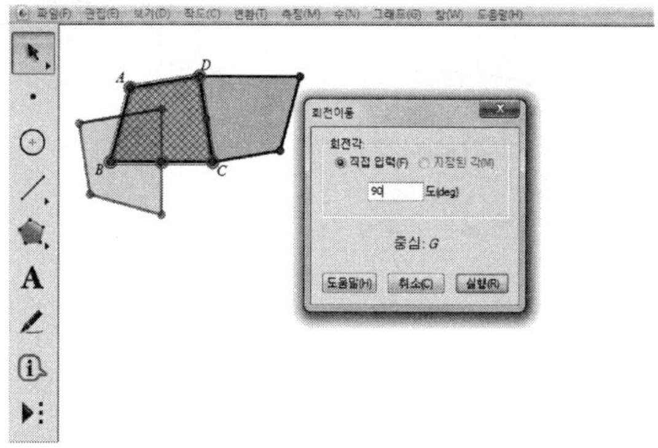

화살표 도구로 사각형 ABCD를 모두 선택한다. **변환(T)** 메뉴의 **회전이동(R)** 을 실행한다.

STEP 09

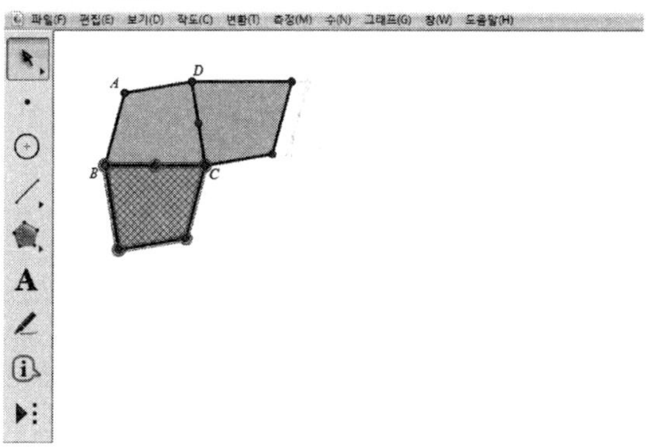

180도 회전하도록 입력하고 **실행(R)** 을 선택하여 삼각형을 회전이동한다.

STEP 10

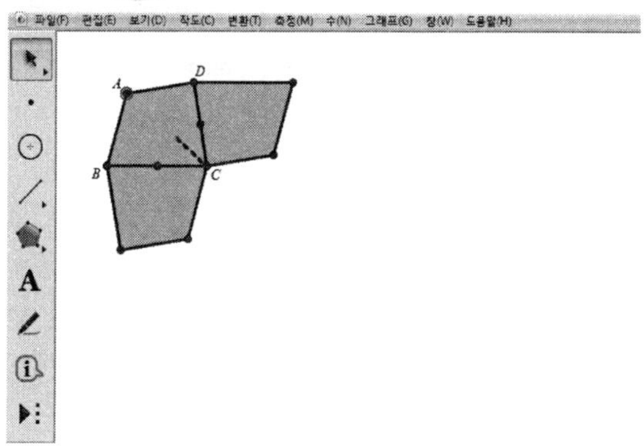

화살표 도구로 점 A와 점 C를 차례로 선택하고 **변환(T)** 메뉴의 **벡터지정(V)** 을 선택한다.

STEP 11

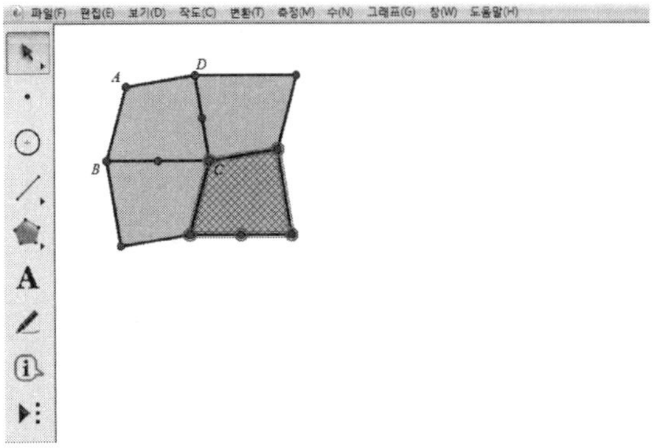

화살표 도구로 사각형 ABCD를 모두 선택한다. 변환(T) 메뉴의 평행이동(T) 을 선택하고 **지정된 벡터**를 실행한다.

STEP 12

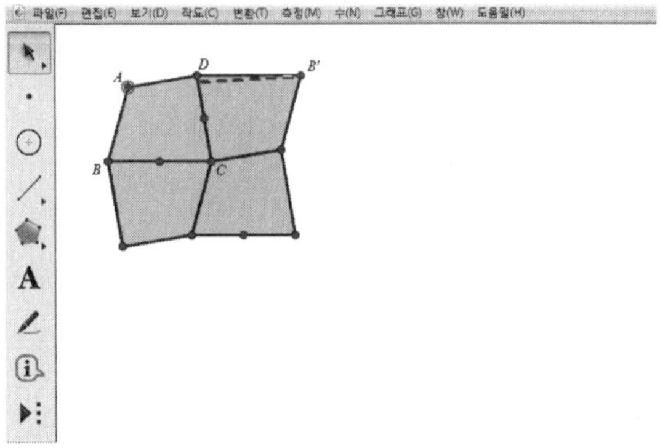

화살표 도구로 점 A와 점 B′를 차례로 선택하고 변환(T) 메뉴의 벡터지정(V) 을 선택한다.

STEP 13

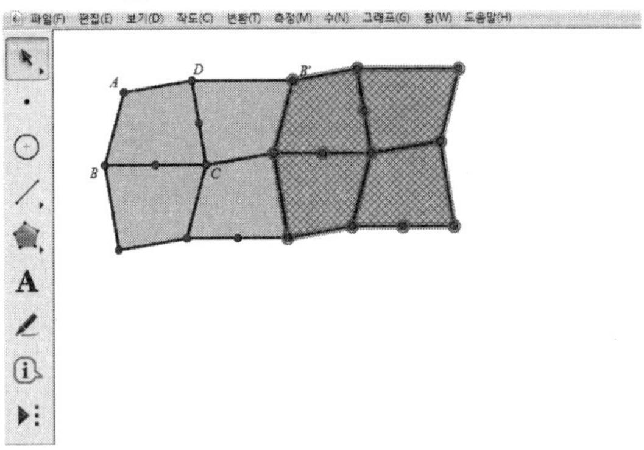

화살표 도구로 지금까지 만든 도형을 모두 선택한다. 변환(T) 메뉴의 평행이동(T) 을 선택하고 **지정된 벡터**를 실행한다.

STEP 14

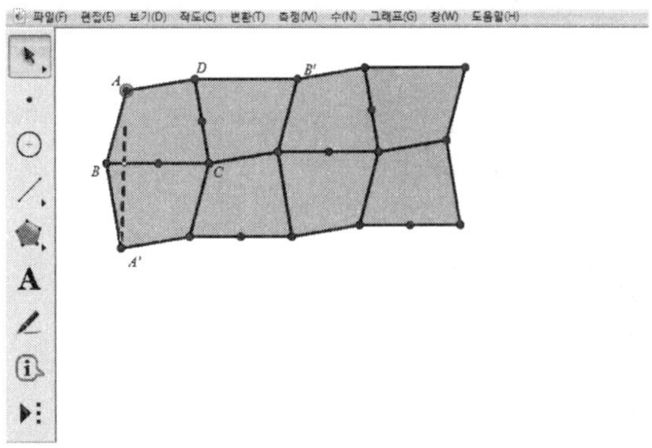

화살표 도구로 점 A와 점 A′를 차례로 선택하고 변환(T) 메뉴의 벡터지정(V) 을 선택한다.

STEP 15

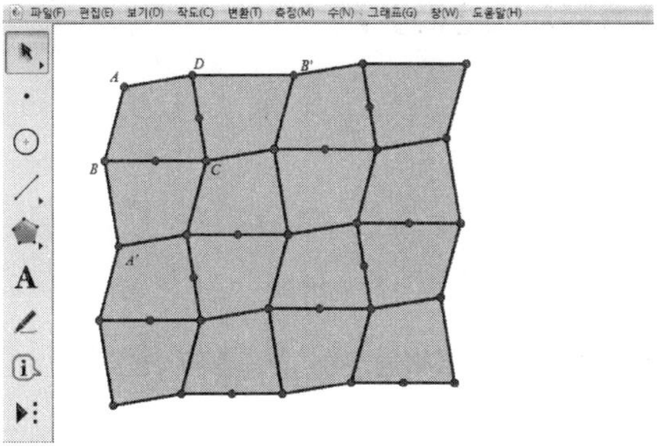

화살표 도구로 지금까지 만든 도형을 모두 선택한다. **변환(T)** 메뉴의 **평행이동(T)** 을 선택하고 **지정된 벡터**를 실행한다.

STEP 16

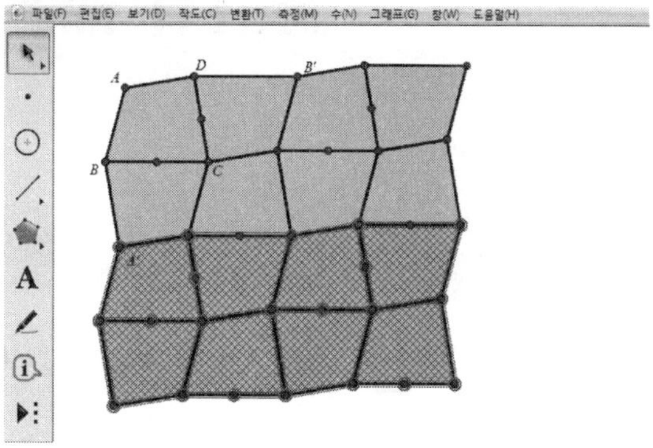

화살표 도구로 점 A와 점 A′를 차례로 선택하고 **변환(T)** 메뉴의 **벡터지정(V)** 을 선택한다.

STEP 17

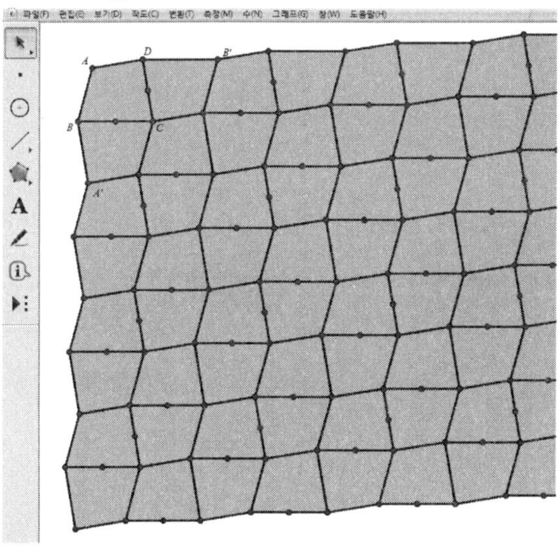

같은 과정을 반복하여 사각형으로 바닥덮기를 완성한다.

활동3

물고기 테셀레이션 그리기

활용 기능

작도(C) 변환(T) 벡터지정(V) 평행이동(T) 선대칭이동(F)

STEP 01

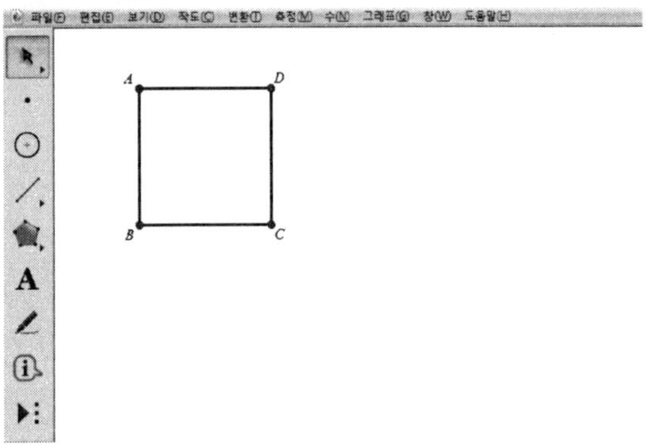

선분 도구를 활용하여 정사각형을 그린다.

STEP 02

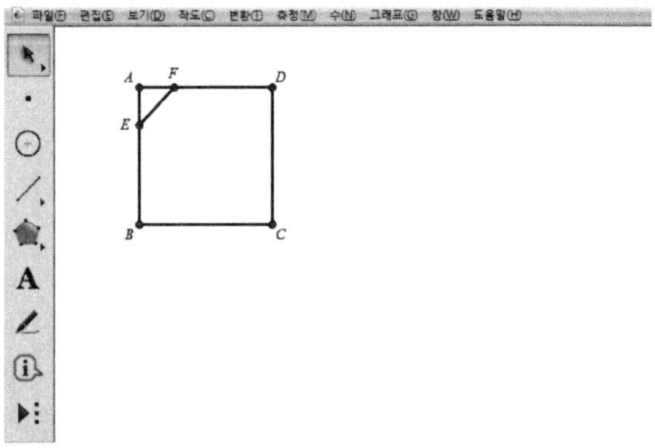

화살표 도구로 선분 AD와 점 E를 선택한다. 작도(C) 메뉴의 평행선(E) 을 선택한다.

STEP 03

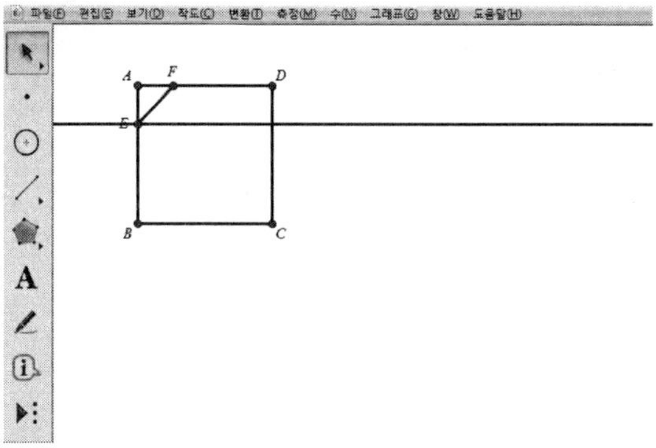

화살표 도구로 선분 AD와 점 E를 선택한다. **작도(C)** 메뉴의 **평행선(E)** 을 선택한다.

STEP 04

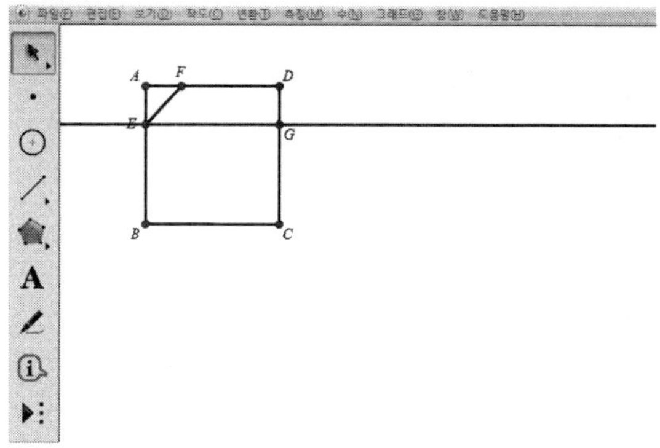

점 도구로 평행선과 선분 CD가 만나는 위치에 점을 그린다. **글 도구**를 이용하여 G의 이름표를 붙인다.

STEP 05

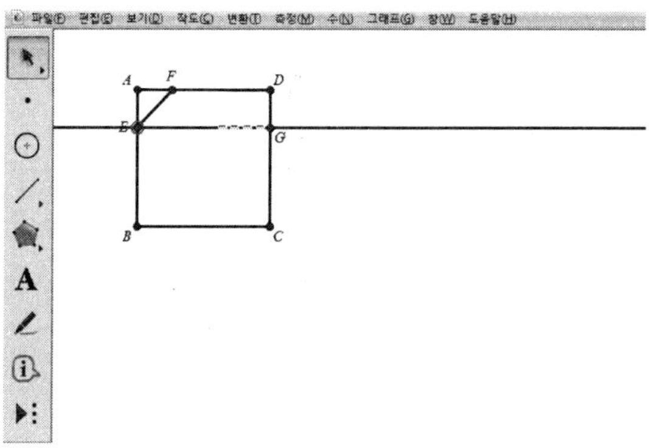

화살표 도구로 점 E와 점 G를 순서대로 선택한다. **변환(T)** 메뉴의 **벡터지정(V)** 을 선택한다.

STEP 06

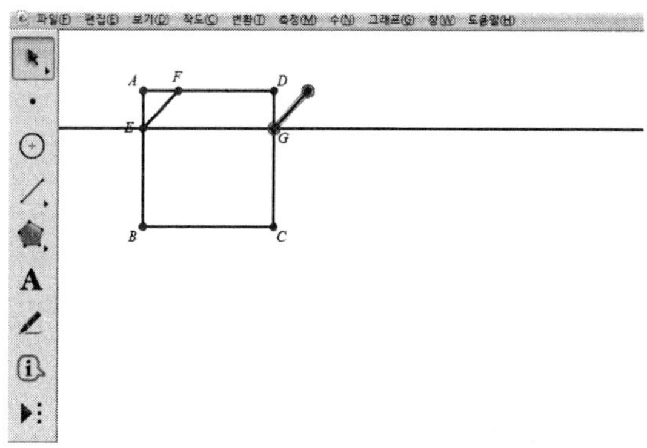

화살표 도구로 선분 EF를 선택한다. **변환(T)** 메뉴의 **평행이동(T)** 을 선택하고 **지정된 벡터**를 실행한다.

STEP 07

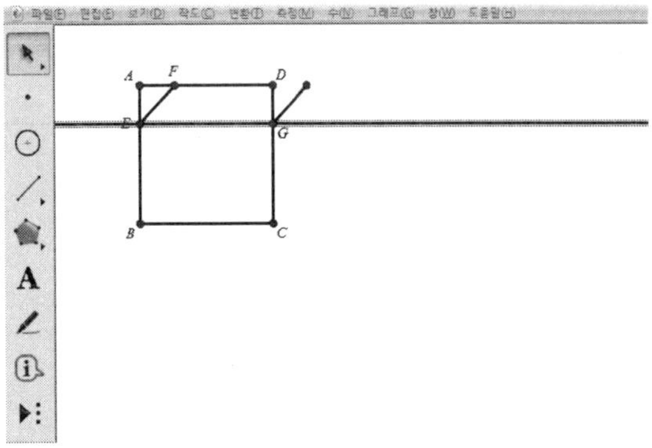

화살표 도구로 평행선을 선택한다.

STEP 08

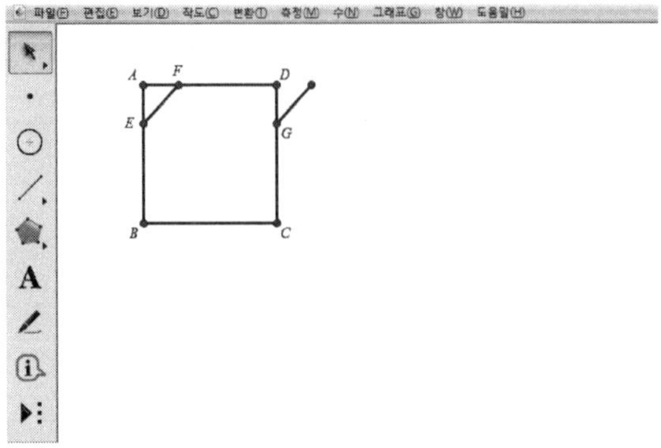

보기(D) 메뉴의 평행선 숨기기(H) 를 선택하여 평행선을 숨긴다.

STEP 09

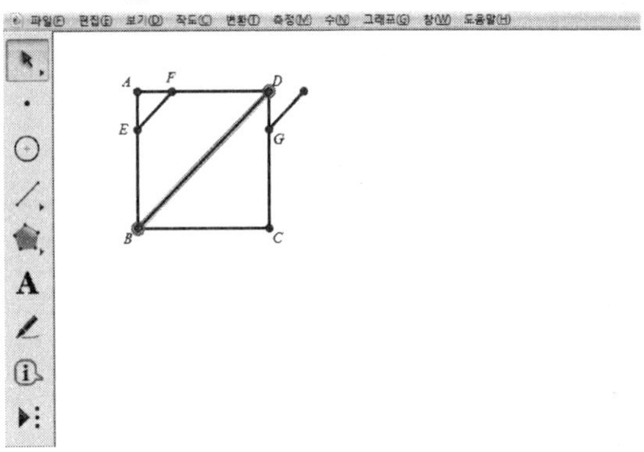

선분 도구로 선분 BD를 그린다.

STEP 10

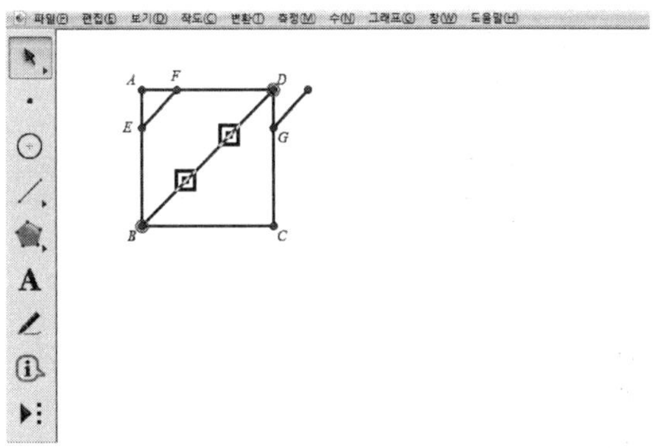

화살표 도구로 선분 BD 더블클릭하여 **대칭축으로 지정**한다.

STEP 11

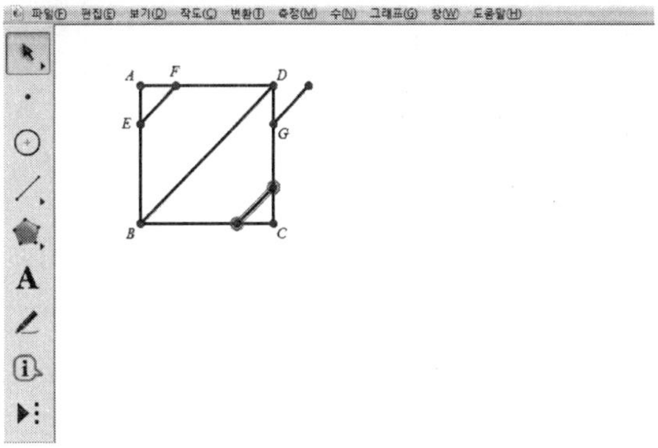

화살표 도구로 선분 EF를 선택한다. 변환(T) 메뉴의 선대칭이동(F) 을 선택한다.

STEP 12

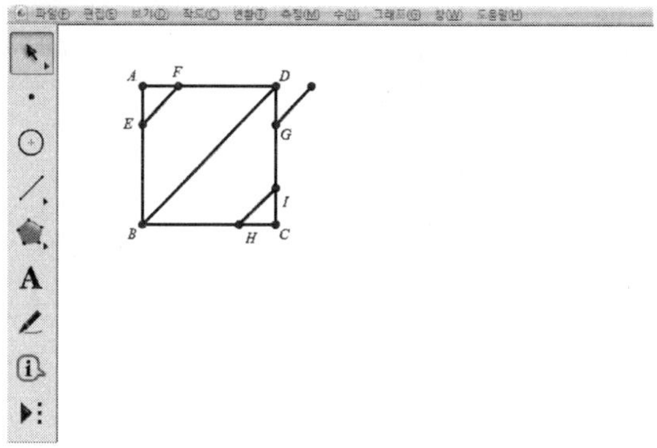

A **글 도구**를 이용하여 선분 HI의 이름표를 붙인다.

STEP 13

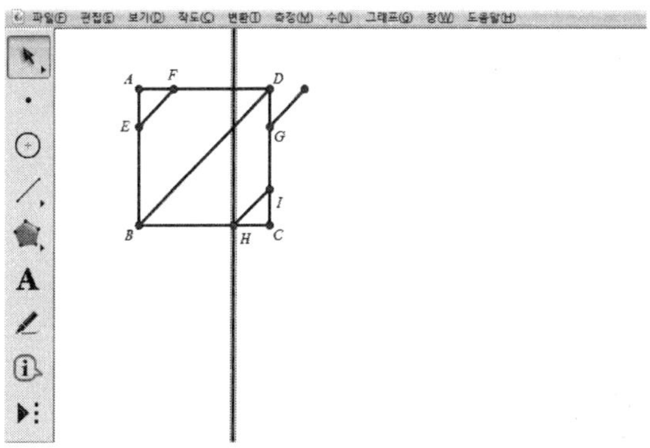

화살표 도구로 선분 BC와 점 H를 선택한다. 작도(C) 메뉴의 수선(D) 을 선택한다.

STEP 14

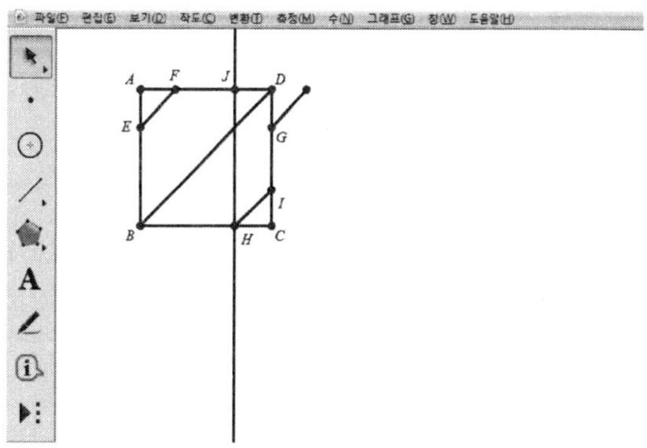

점 도구로 수선과 선분 AD가 만나는 위치에 점을 그린다. A **글 도구**를 이용하여 J의 이름표를 붙인다.

STEP 15

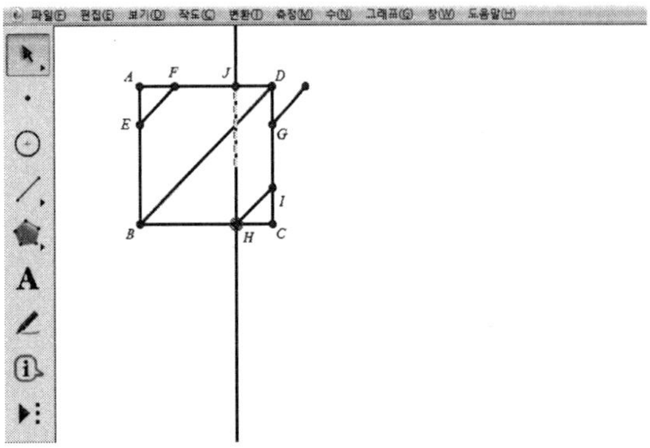

화살표 도구로 점 H와 점 J를 순서대로 선택한다. 변환(T) 메뉴의 벡터지정(V) 을 선택한다.

STEP 16

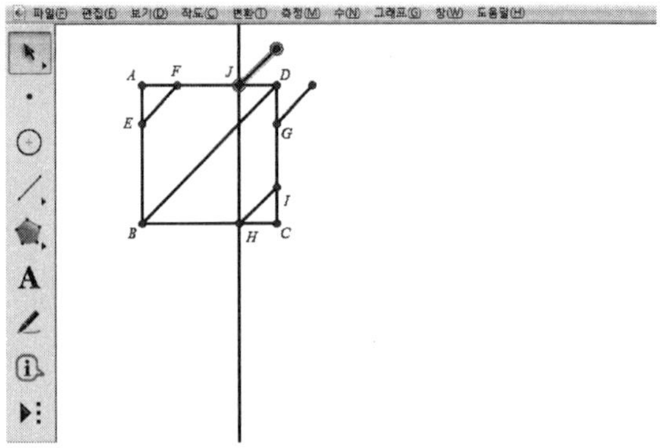

화살표 도구로 선분 HI를 선택한다. 변환(T) 메뉴의 평행이동(T) 을 선택하고 지정된 벡터를 실행한다.

STEP 17

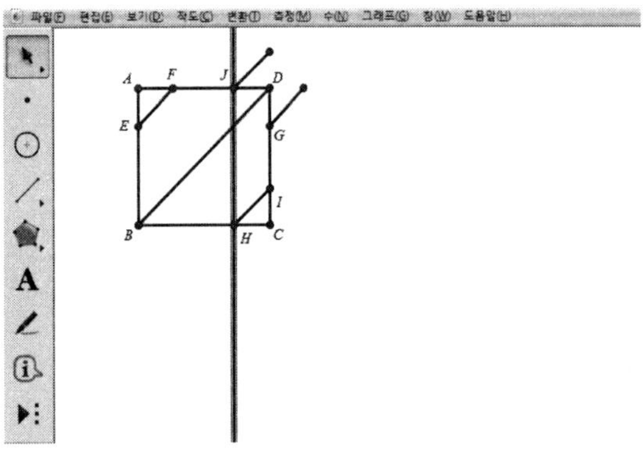

화살표 도구로 수선을 선택한다.

STEP 18

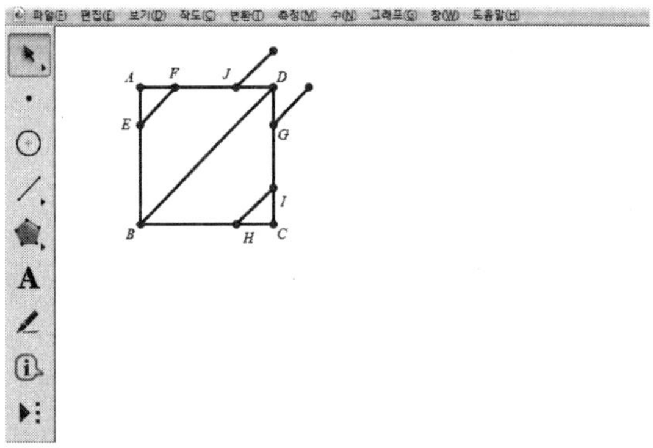

보기(D) 메뉴의 평행선 숨기기(H) 를 선택하여 평행선을 숨긴다.

STEP 19

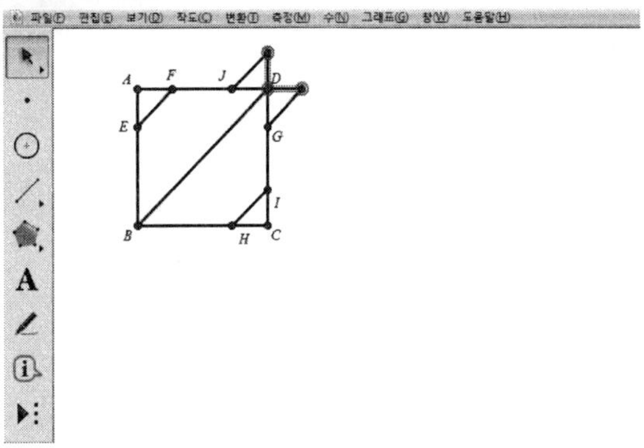

선분 도구로 물고기의 꼬리 부분을 잇는 두 선분을 그린다.

STEP 20

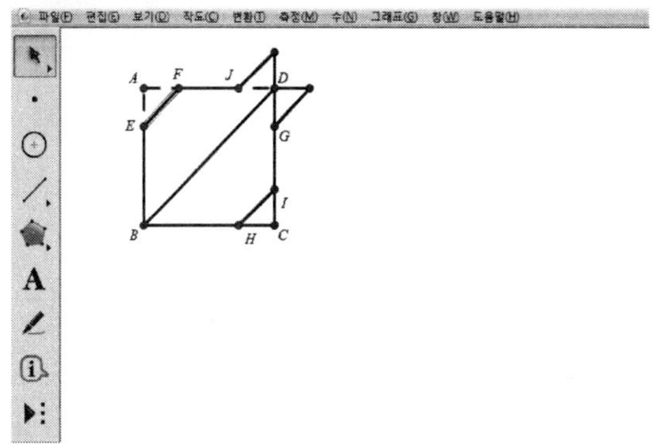

선분 도구로 물고기의 테두리 부분을 따라 그린다.

STEP 21

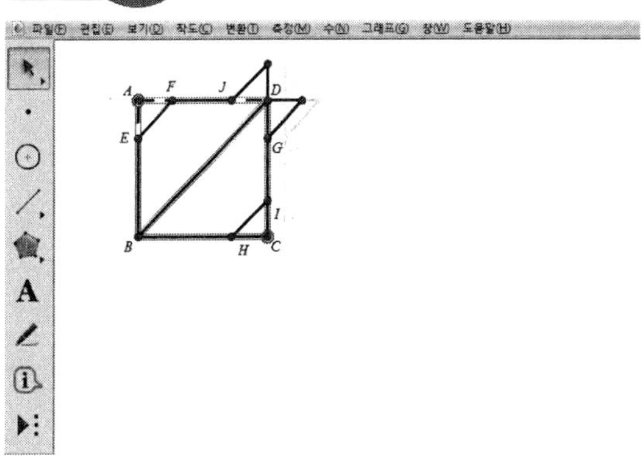

화살표 도구로 물고기의 테두리를 제외한 나머지 개체를 모두 선택한다.

STEP 22

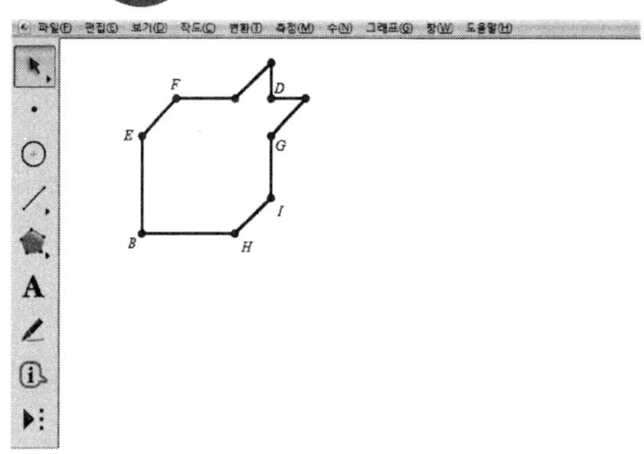

보기(D) 메뉴의 **개체 숨기기(H)** 를 클릭하여 숨긴다.

STEP 23

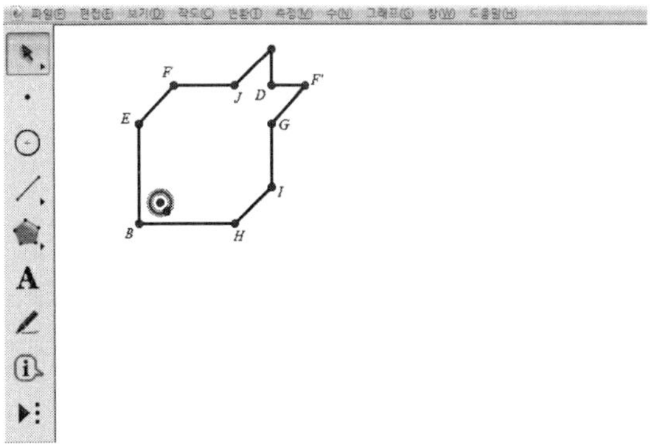

원 도구를 이용하여 물고기의 눈 위치에 원을 그린다.

STEP 24

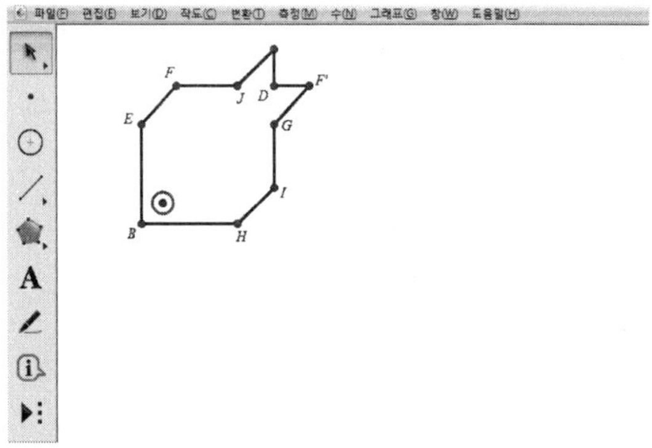

화살표 도구로 원 위의 점을 선택한다. 보기(D) 메뉴의 점 숨기기(H) 를 클릭하여 숨긴다.

STEP 25

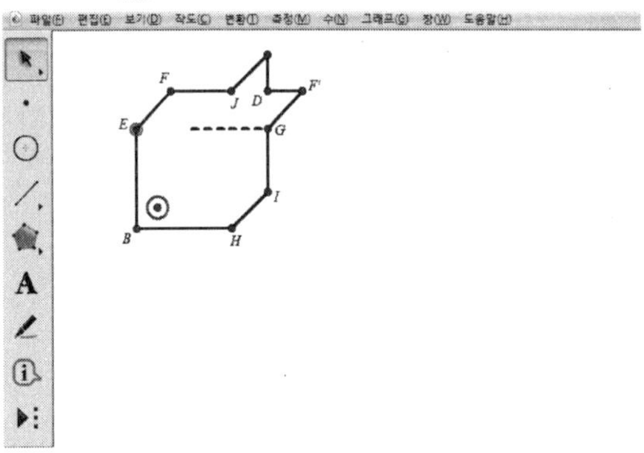

화살표 도구로 점 E와 점 G를 차례로 선택하고 변환(T) 메뉴의 벡터지정(V) 을 선택한다.

STEP 26

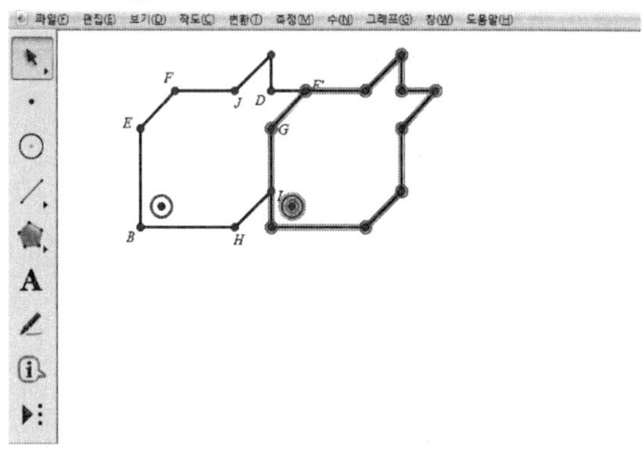

화살표 도구로 물고기 모양을 모두 선택한다. 변환(T) 메뉴의 평행이동(T) 을 선택하고 **지정된 벡터**를 실행한다.

STEP 27

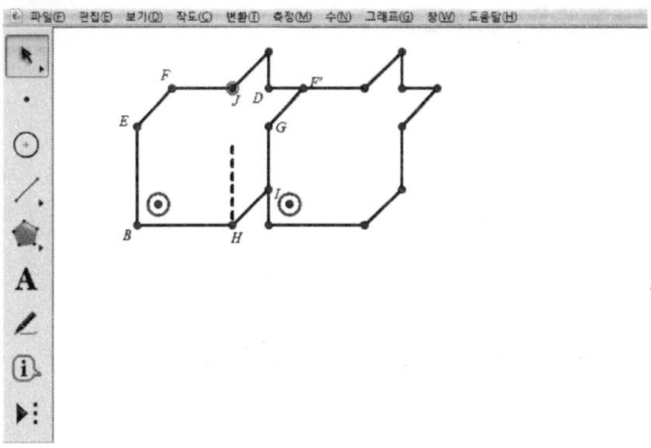

화살표 도구로 점 J와 점 H를 차례로 선택하고 변환(T) 메뉴의 벡터지정(V) 을 선택한다.

STEP 28

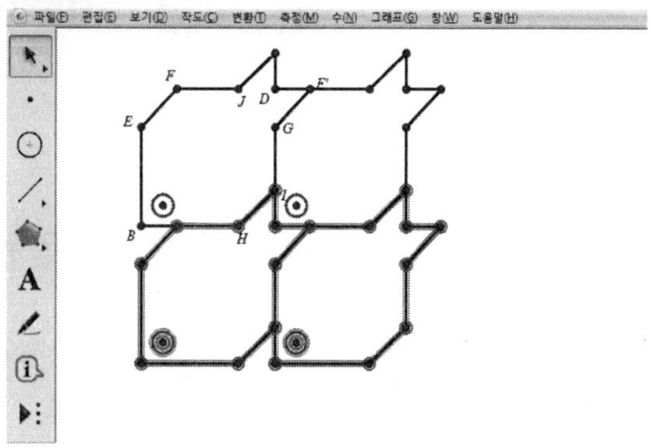

화살표 도구로 물고기 모양을 모두 선택한다. 변환(T) 메뉴의 평행이동(T) 을 선택하고 **지정된 벡터**를 실행한다.

STEP 29

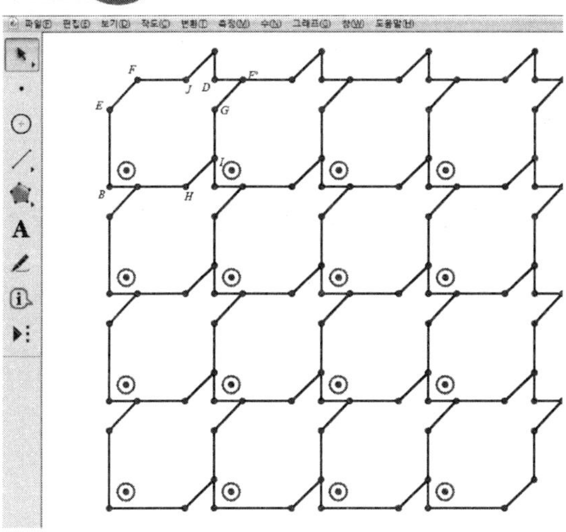

같은 과정을 반복하여 물고기 모양으로 바닥 덮기를 완성한다.

활동4

도마뱀 테셀레이션 그리기

활용 기능

작도(C) 변환(T) 벡터지정(V) 평행이동(T) 회전이동(R)

STEP 01

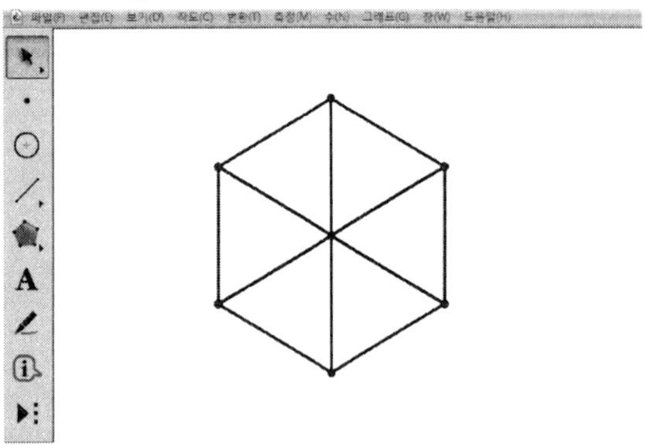

정삼각형을 그린 후 회전이동(R) 을 통해 정육강형을 완성한다.

STEP 02

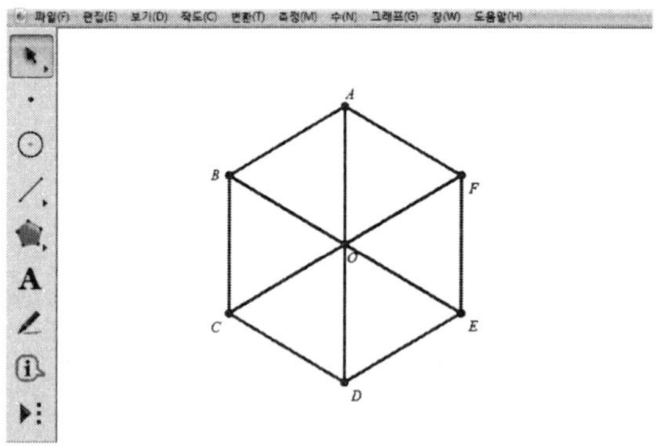

A **글 도구**를 이용하여 정육각형의 꼭짓점과 중심에 이름표를 붙인다.

STEP 03

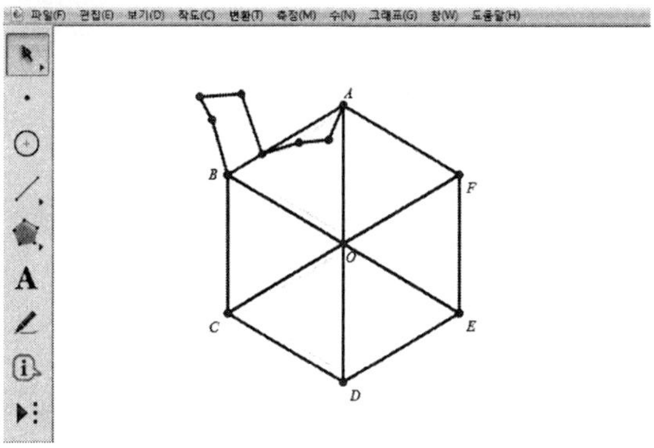

선분 도구를 이용하여 도마뱀의 오른쪽 다리를 그린다.

STEP 04

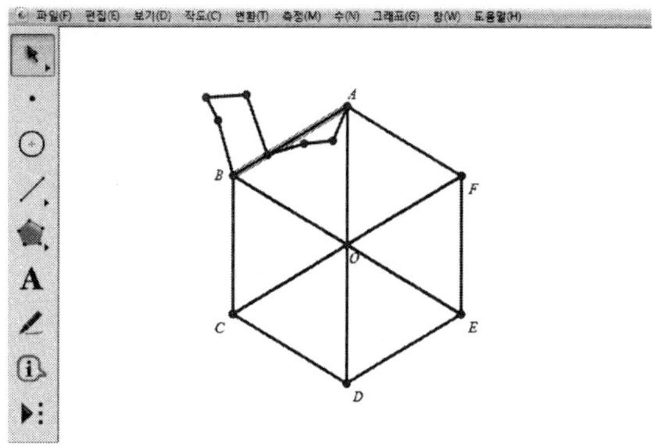

화살표 도구로 선분 AB를 선택한다.

STEP 05

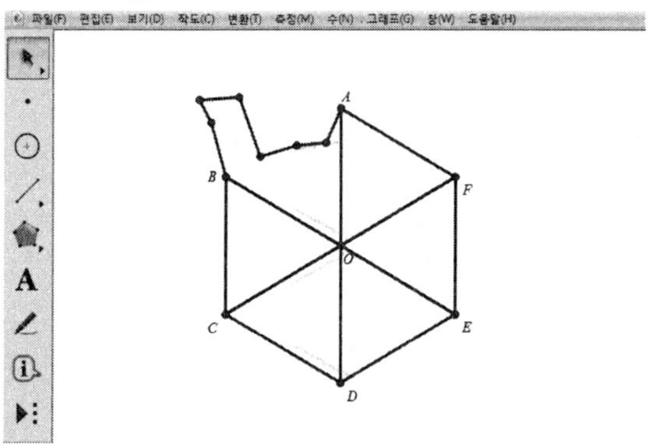

보기(D) 메뉴의 선분 숨기기(H) 를 선택하여 선분을 숨긴다.

STEP 06

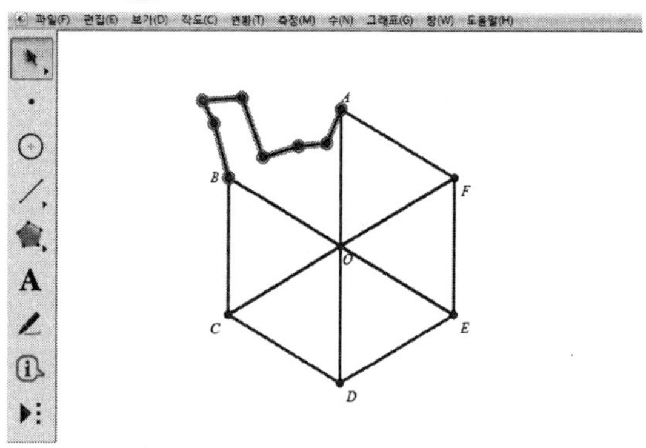

화살표 도구로 도마뱀의 오른쪽 다리 전체를 선택한다.

STEP 07

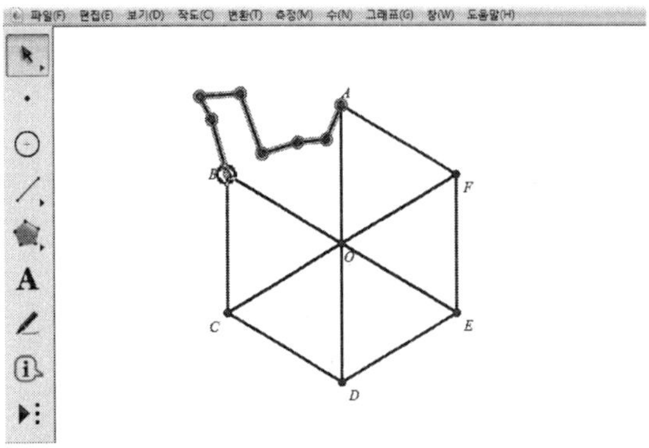

화살표 도구로 점 B를 더블클릭하여 **중심으로 지정**한다.

STEP 08

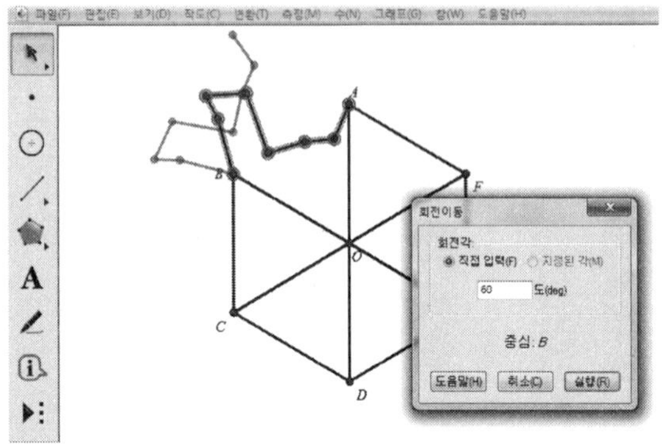

변환(T) 메뉴의 **회전이동(R)** 을 실행한다.

STEP 09

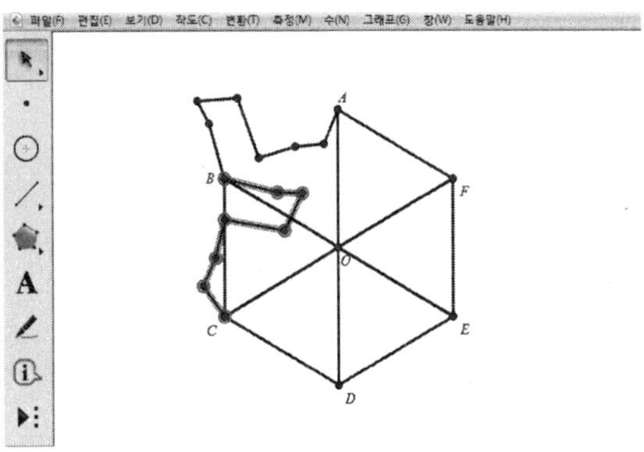

-120도(또는 240도) 회전하도록 입력하고 **실행(R)** 을 선택하여 삼각형을 회전이동한다.

STEP 10

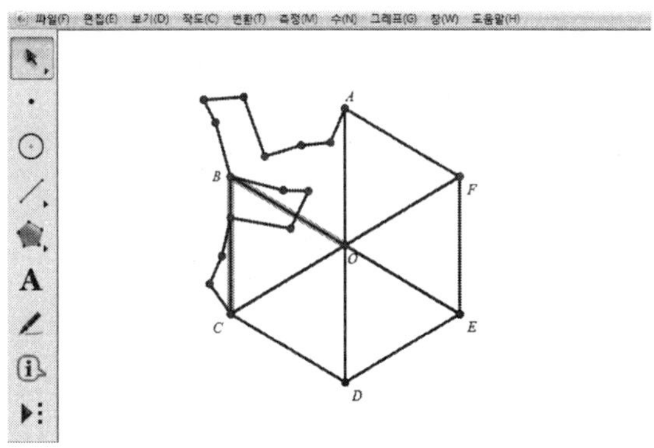

화살표 도구로 선분 BC와 선분 BO를 선택한다.

STEP 11

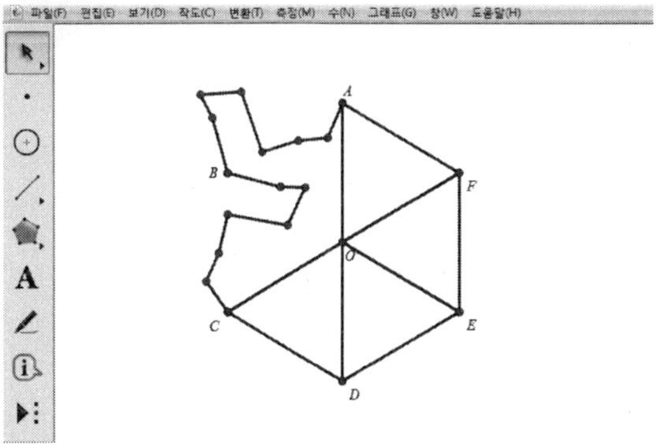

보기(D) 메뉴의 **선분 숨기기(H)** 를 선택하여 선분을 숨긴다.

STEP 12

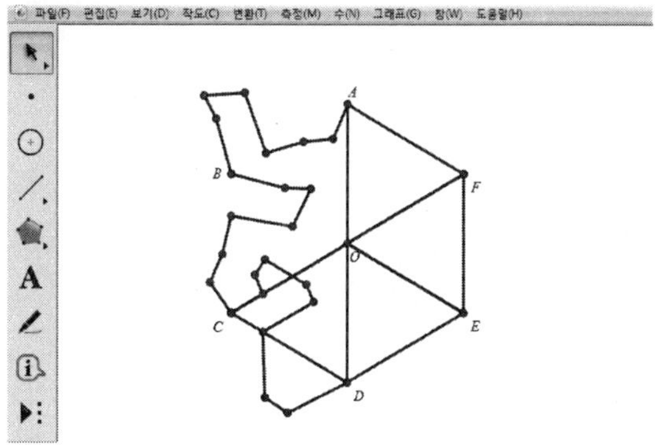

선분 도구를 이용하여 도마뱀의 머리 부분을 그린다.

STEP 13

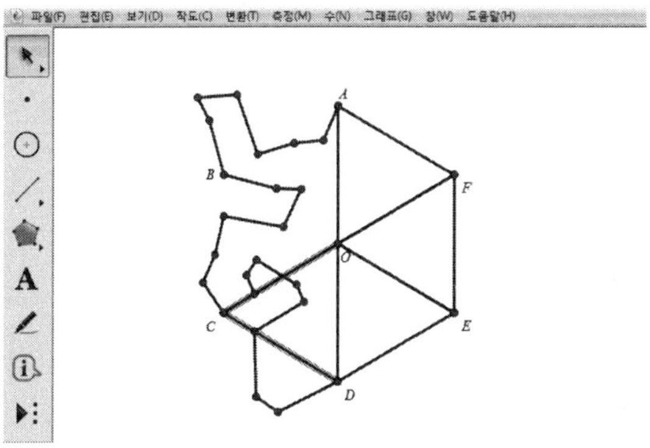

화살표 도구로 선분 CD와 선분 CO를 선택한다.

STEP 14

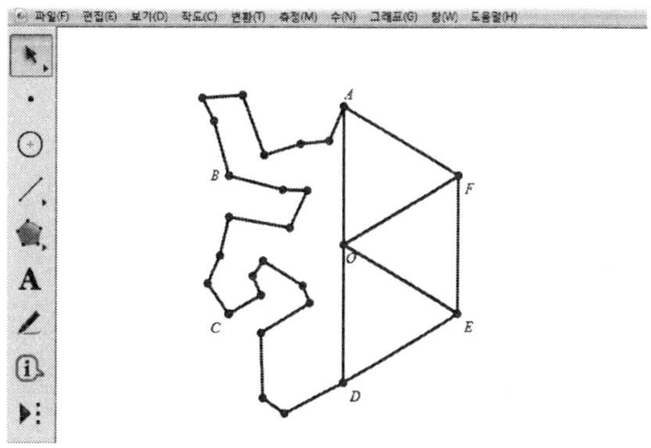

보기(D) 메뉴의 **선분 숨기기(H)** 를 선택하여 선분을 숨긴다.

STEP 15

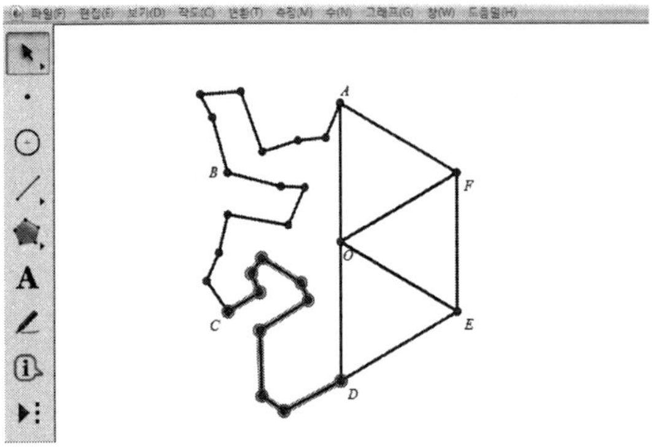

화살표 도구로 도마뱀의 머리 부분 전체를 선택한다.

STEP 16

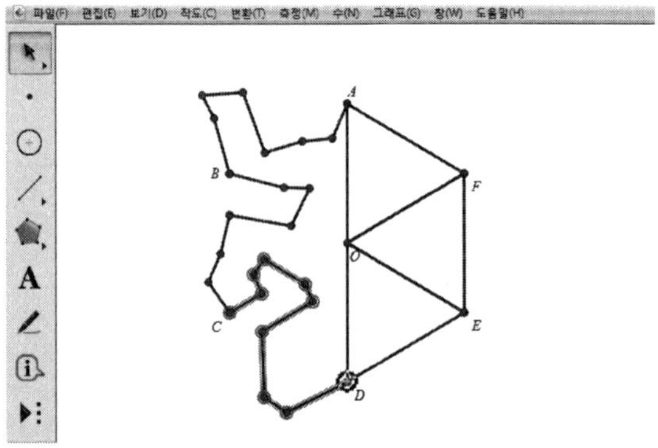

화살표 도구로 점 D를 더블클릭하여 **중심으로 지정**한다.

STEP 17

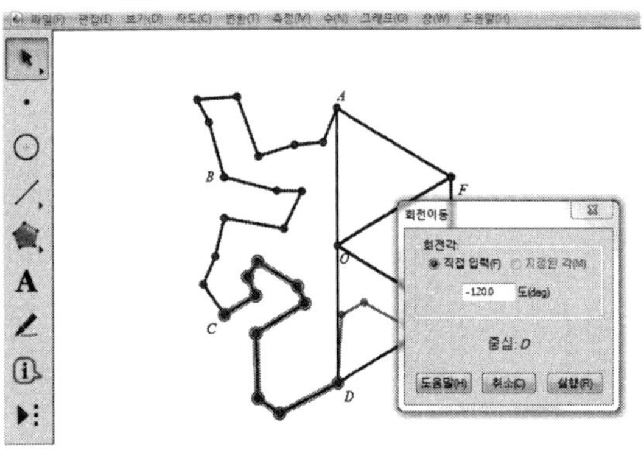

변환(T) 메뉴의 **회전이동(R)** 을 실행한다.

STEP 18

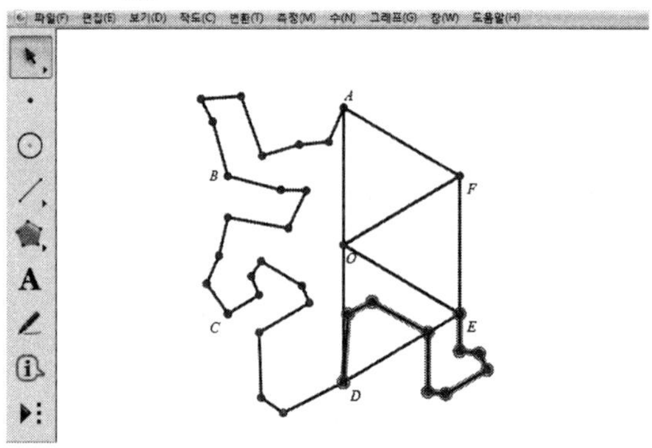

−120도(또는 240도) 회전하도록 입력하고 **실행(R)** 을 선택하여 삼각형을 회전이동한다.

STEP 19

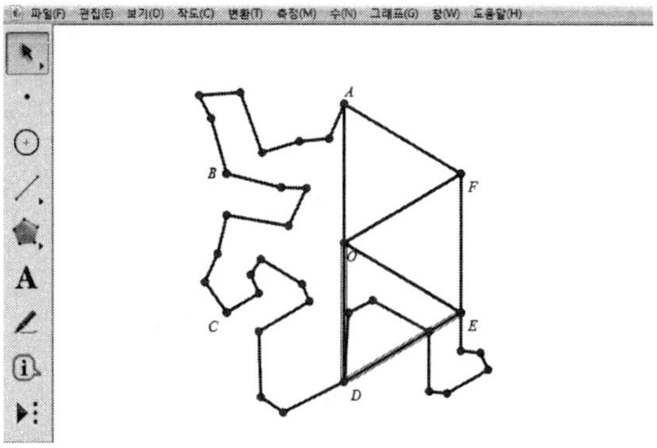

화살표 도구로 선분 DE와 선분 DO를 선택한다.

STEP 20

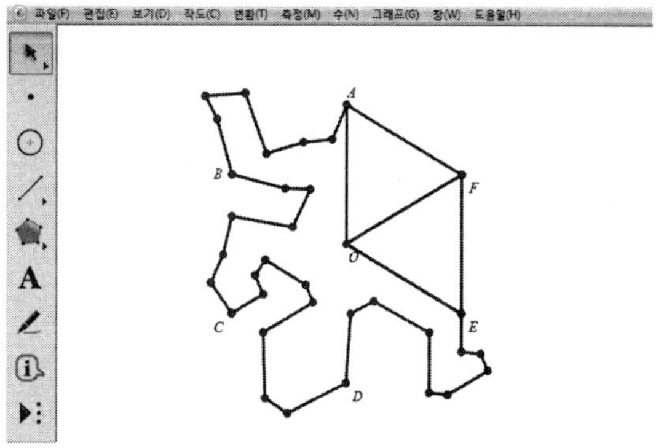

보기(D) 메뉴의 **선분 숨기기(H)** 를 선택하여 선분을 숨긴다.

STEP 21

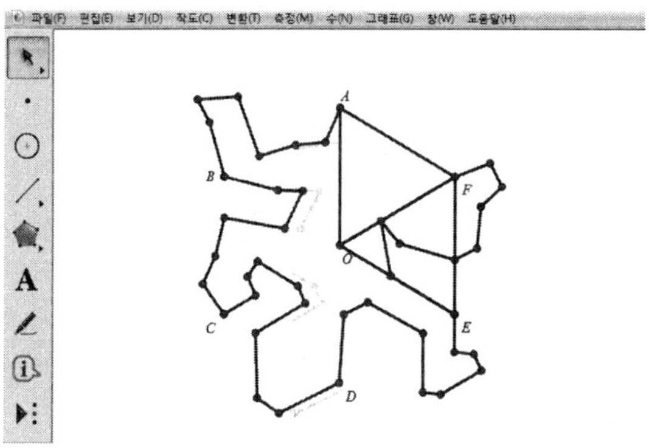

선분 도구를 이용하여 도마뱀의 왼쪽 다리를 그린다.

STEP 22

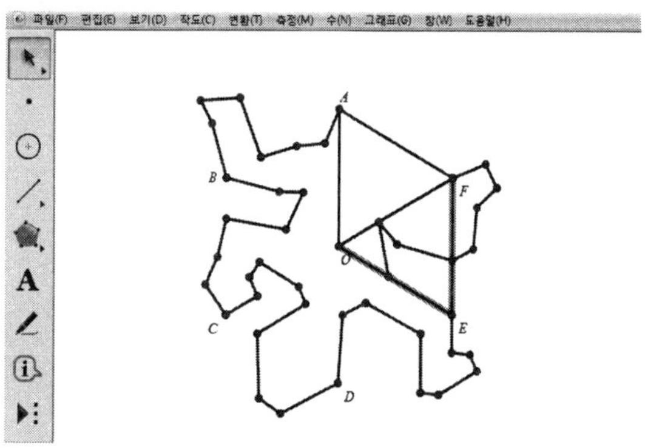

화살표 도구로 선분 EF와 선분 EO를 선택한다.

STEP 23

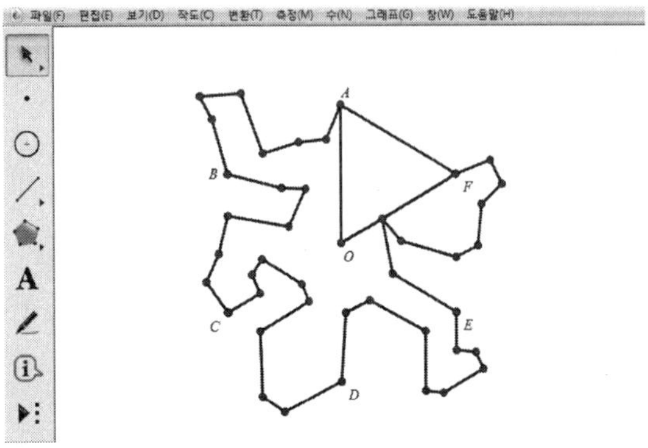

보기(D) 메뉴의 선분 숨기기(H) 를 선택하여 선분을 숨긴다.

STEP 24

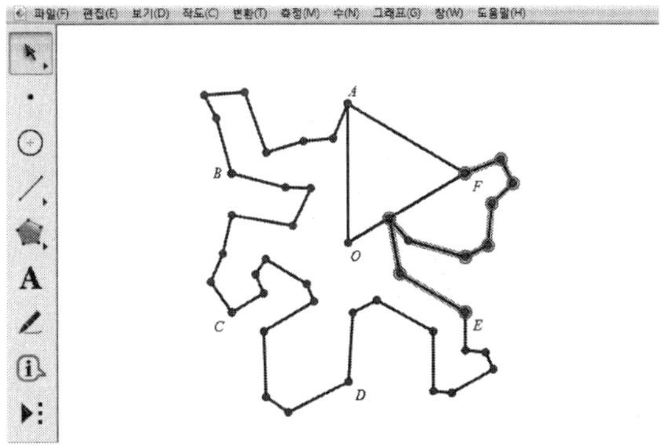

화살표 도구로 도마뱀의 왼쪽 다리 전체를 선택한다.

STEP 25

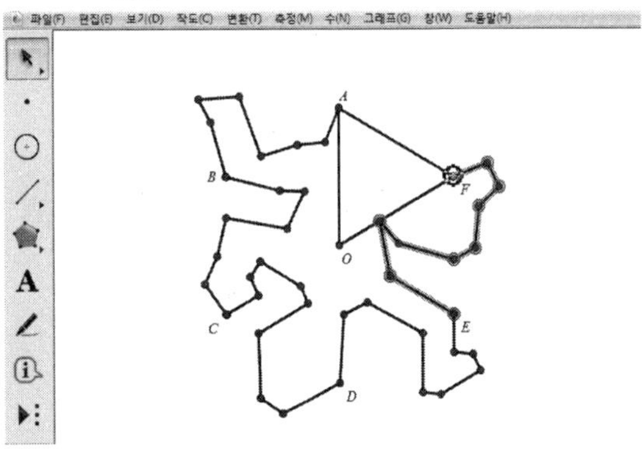

화살표 도구로 점 F를 더블클릭하여 **중심으로 지정**한다.

STEP 26

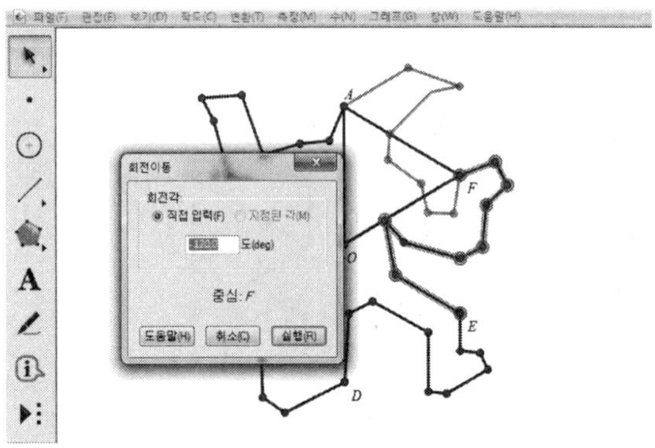

변환(T) 메뉴의 회전이동(R) 을 실행한다.

STEP 27

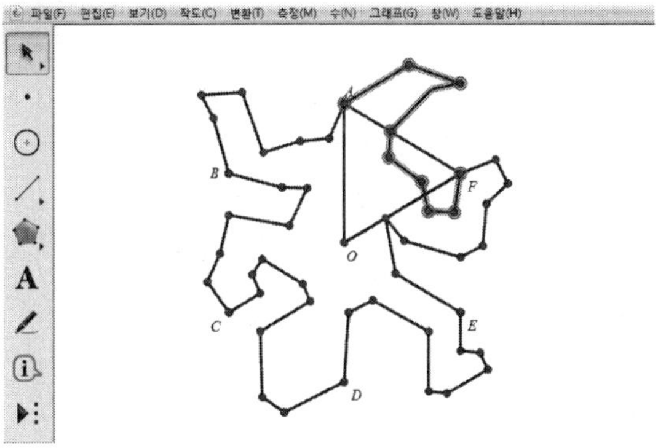

-120도(또는 240도) 회전하도록 입력하고 실행(R) 을 선택하여 삼각형을 회전이동한다.

STEP 28

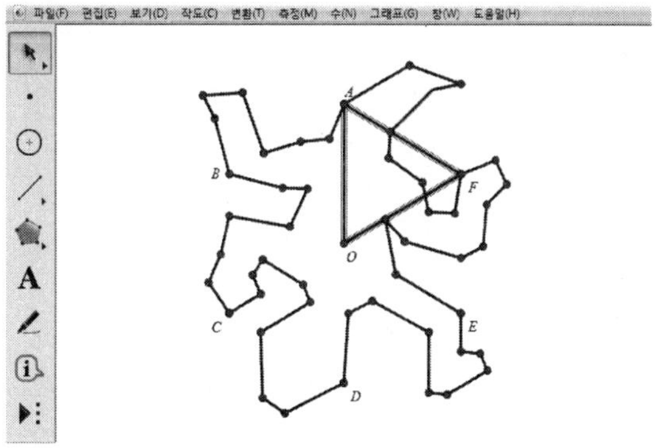

화살표 도구로 선분 AF, 선분 AO, 선분 DO를 선택한다.

STEP 29

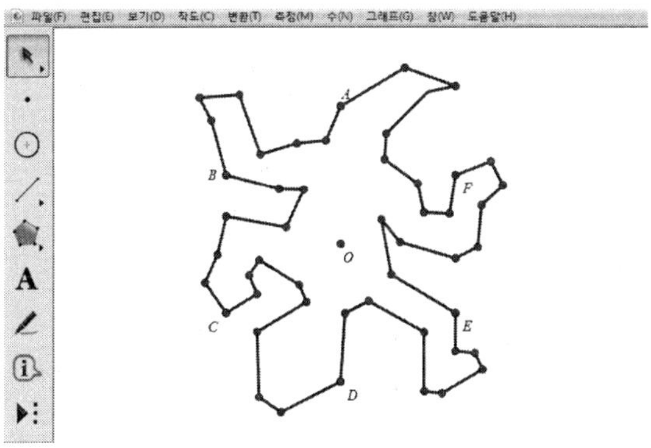

보기(D) 메뉴의 선분 숨기기(H) 를 선택하여 선분을 숨긴다.

STEP 30

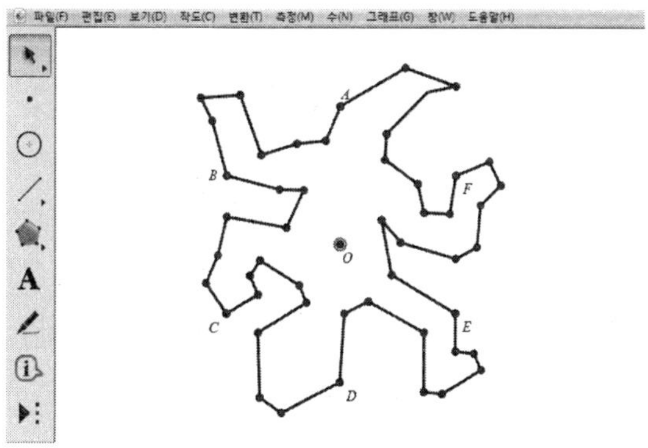

화살표 도구로 점 O를 선택한다.

STEP 31

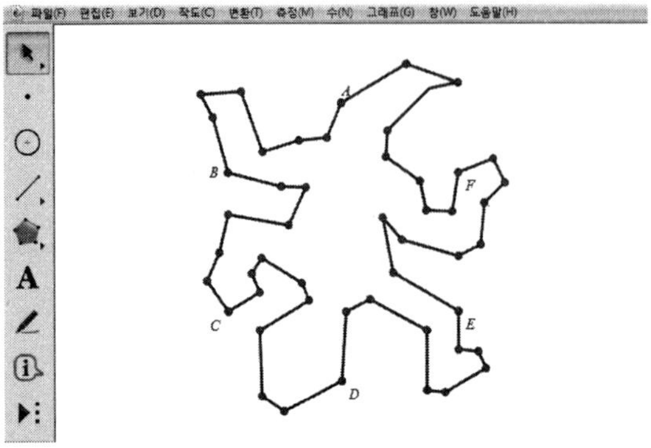

보기(D) 메뉴의 **점 숨기기(H)** 를 선택하여 점을 숨긴다.

STEP 32

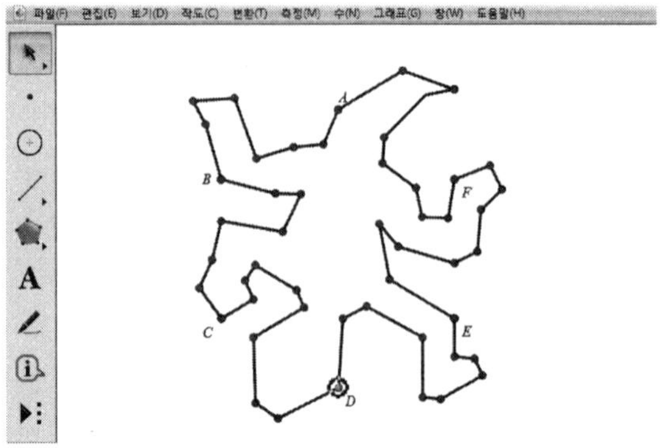

화살표 도구로 점 D를 더블클릭하여 **중심으로 지정**한다.

STEP 33

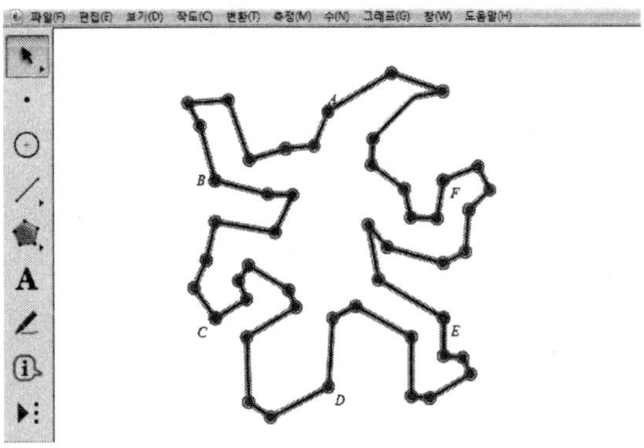

화살표 도구로 도마뱀 모양 전체를 선택한다.

STEP 34

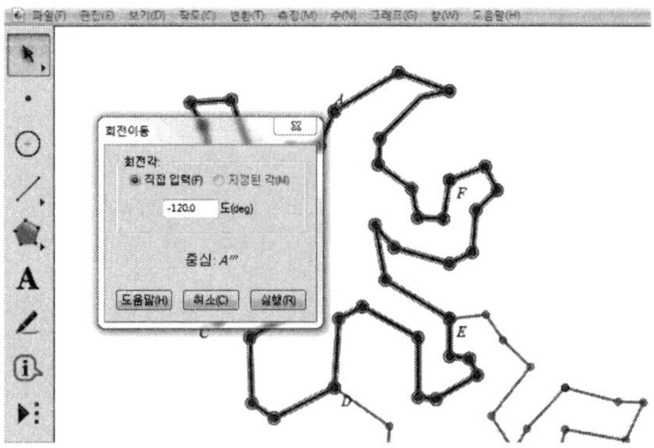

변환(T) 메뉴의 **회전이동(R)** 을 실행한다.

STEP 35

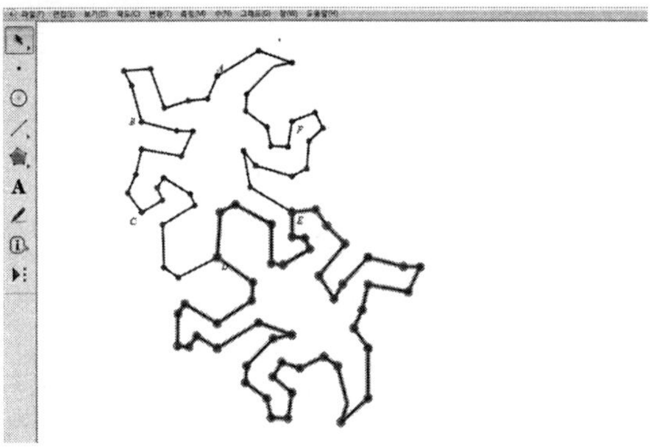

-120도(또는 240도) 회전하도록 입력하고 실행(R) 을 선택하여 삼각형을 회전이동한다.

STEP 36

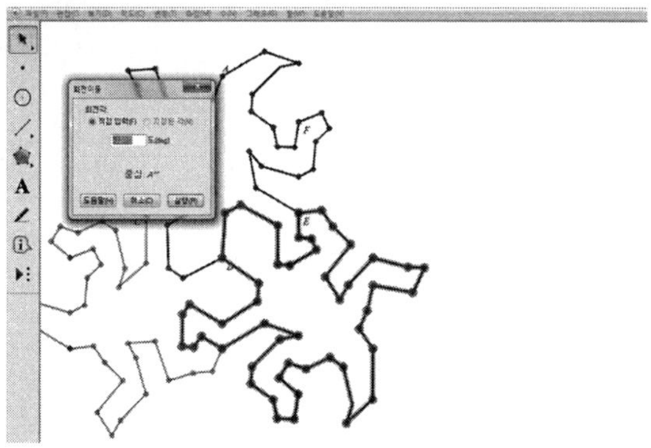

변환(T) 메뉴의 회전이동(R) 을 실행한다.

STEP 37

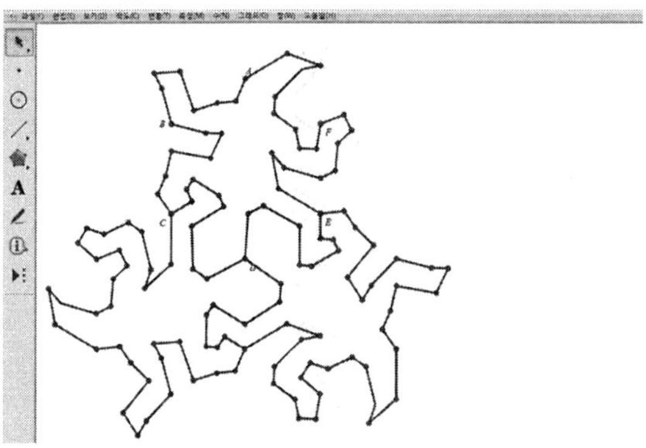

-120도(또는 240도) 회전하도록 입력하고 실행(R) 을 선택하여 삼각형을 회전이동한다.

STEP 38

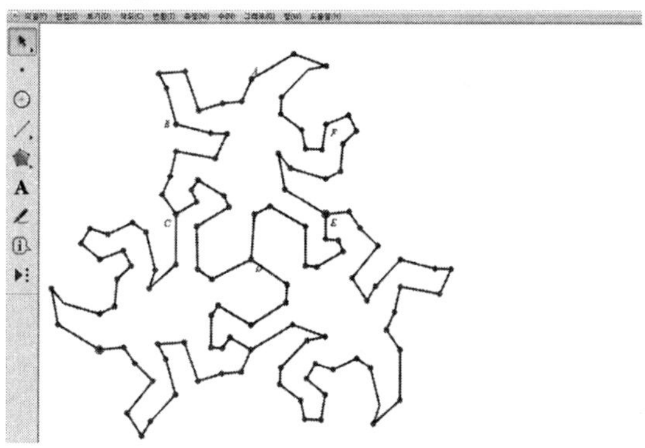

화살표 도구로 마지막으로 그려진 도마뱀의 꼬리 위의 점과 점 E를 순서대로 선택한다.

STEP 39

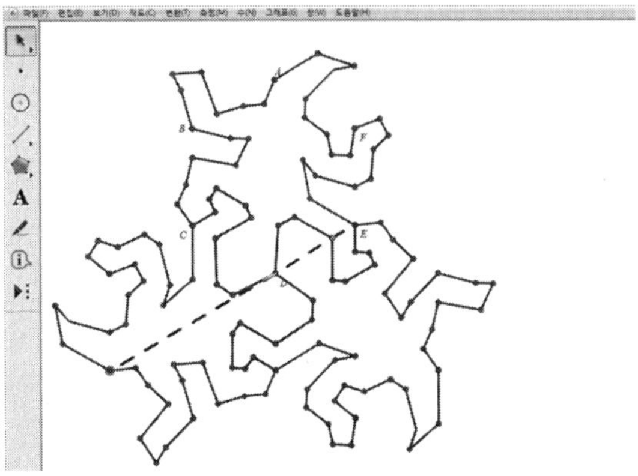

변환(T) 메뉴의 **벡터지정(V)** 을 선택한다.

STEP 40

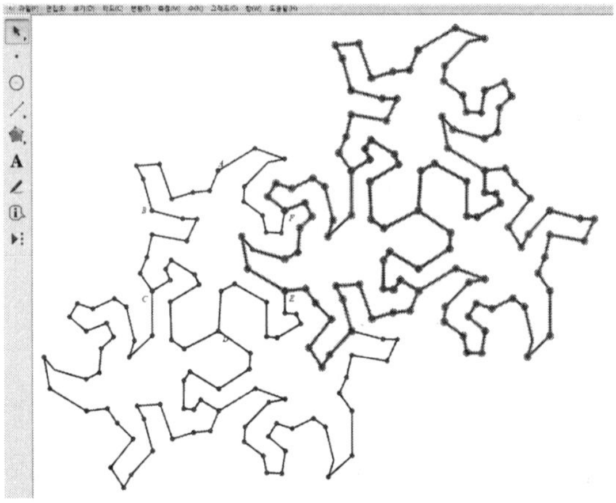

화살표 도구로 도마뱀 모양을 모두 선택한다. **변환(T)** 메뉴의 **평행이동(T)** 을 선택하고 **지정된 벡터**를 실행한다.

STEP 41

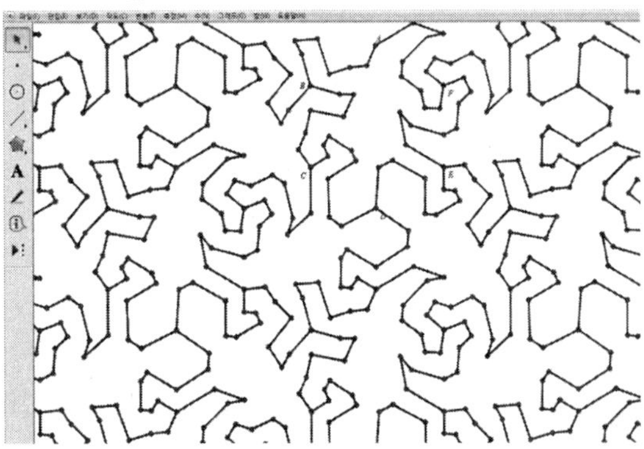

같은 과정을 반복하여 도마뱀 모양으로 바닥 덮기를 완성한다.

활동5

다각형을 활용한 테셀레이션 그리기

활용 기능

작도(C) 변환(T) 벡터지정(V) 평행이동(T) 회전이동(R) 선대칭이동(F)

STEP 01

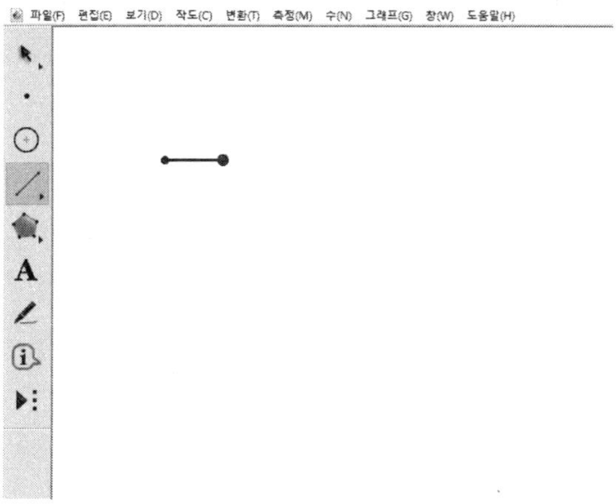

선분 도구를 사용하여 직선을 만든다.

STEP 02

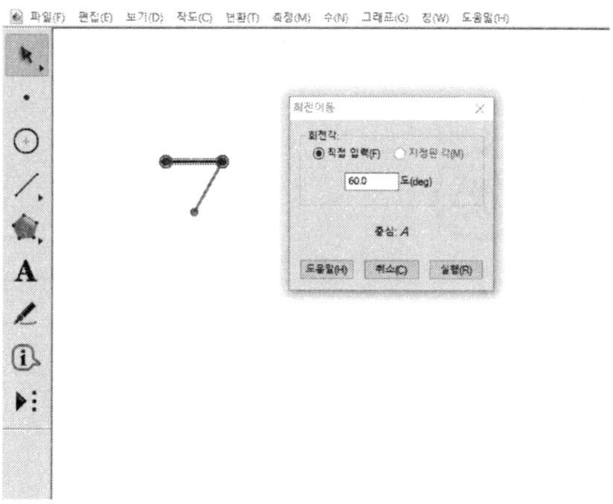

직선을 활성화한 뒤, **변환(T)** 메뉴에 있는 **회전이동(R)** 을 선택하고 실행을 클릭한다.

STEP 03

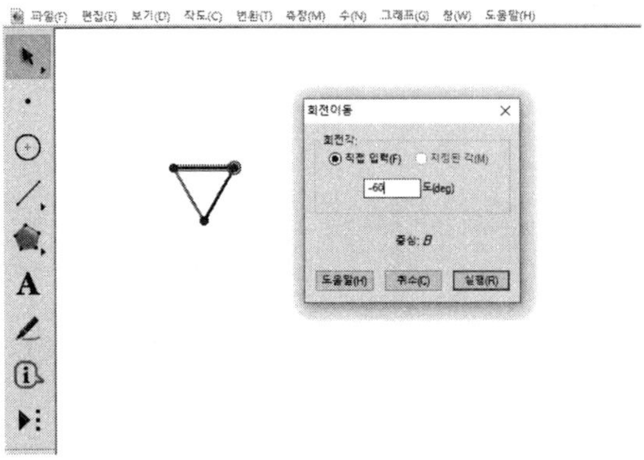

나머지 정삼각형의 한 변을 완성시키기 위해 **변환(T)** 메뉴에 있는 **회전이동(R)** 을 선택하고 회전각을 60도로 작성한 뒤 실행을 클릭한다.

STEP 04

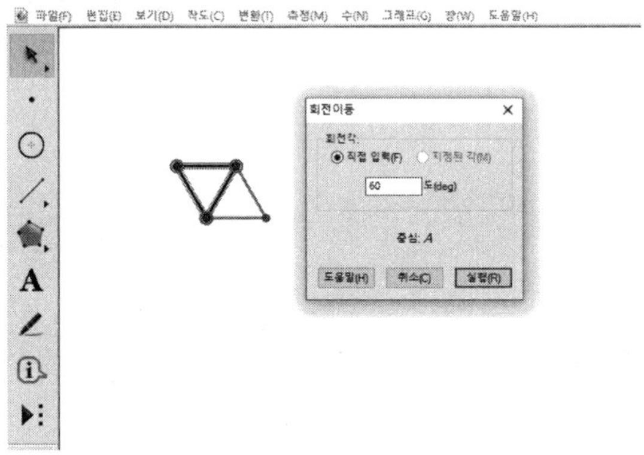

완성된 정삼각형을 활성화한 뒤 **변환(T)** 메뉴의 **회전이동(R)** 을 선택한다.

STEP 05

같은 방법으로 **변환(T)** 메뉴의 **회전이동(R)** 을 선택하여 테셀레이션 모양을 갖추도록 한다.

STEP 06

평행사변형을 만들기 위하여 정삼각형과 평행사변형이 공유하게 될 점을 활성화한 뒤 인접한 정삼각형의 한 변을 선택한다. 선택한 꼭짓점과 변을 **변환(T)** 메뉴의 **회전이동(R)** 을 선택하여 180도의 각도를 입력한 뒤 실행을 클릭한다.

STEP 07

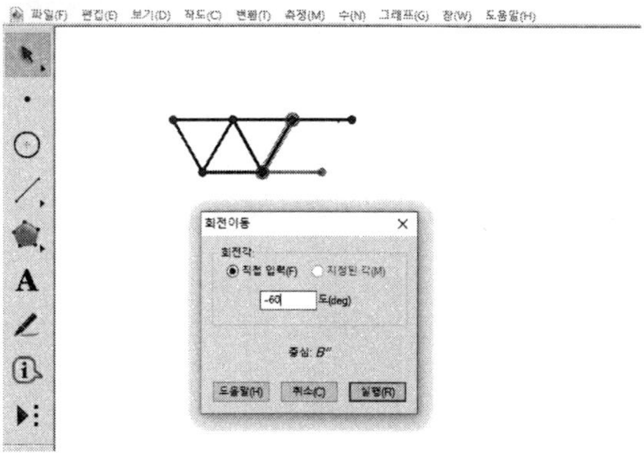

평행사변형의 나머지 한 변을 완성하기 위해 step6에 나타나 있는 방법과 동일하게 나머지 한 변을 완성한다.

STEP 08

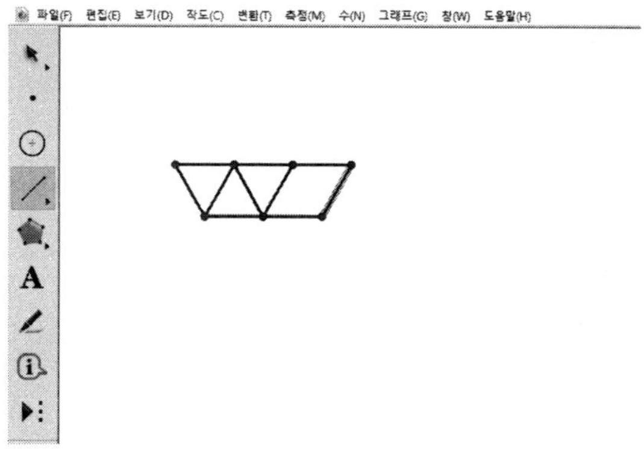

평행사변형의 나머지 한 변은 **선분 도구**를 이용하여 완성한다.

STEP 09

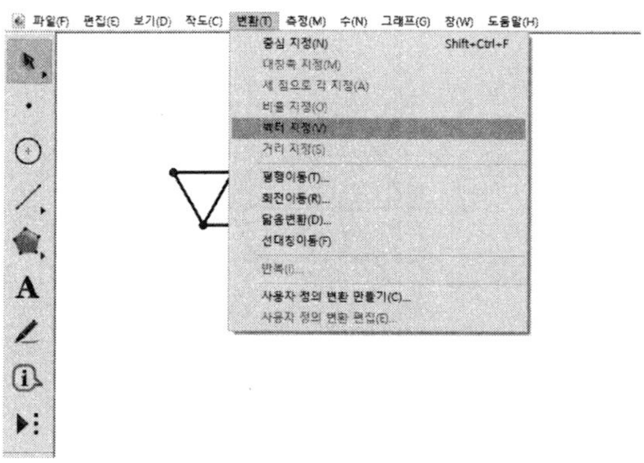

평행사변형의 아랫변 가운데 왼쪽에 있는 꼭짓점과 오른쪽에 있는 꼭짓점을 순차적으로 활성화 하여 **변환(T)** 메뉴에 있는 **벡터지정(V)** 을 선택한다.

STEP 10

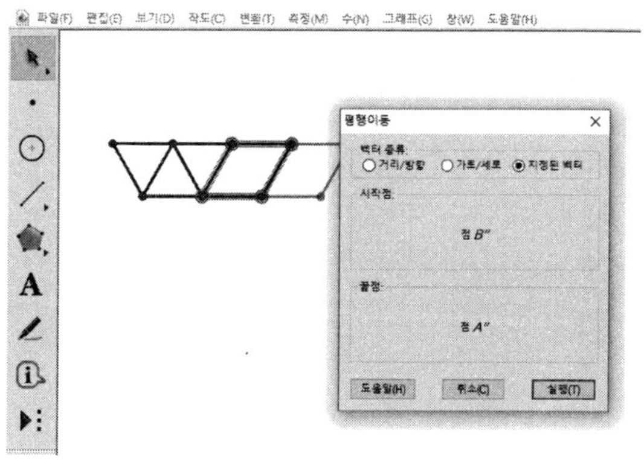

벡터지정을 한 뒤, 평행사변형의 모든 점과 선을 활성화하고 **변환(T)** 메뉴에 있는 **평행이동(T)** 을 선택한다.

STEP 11

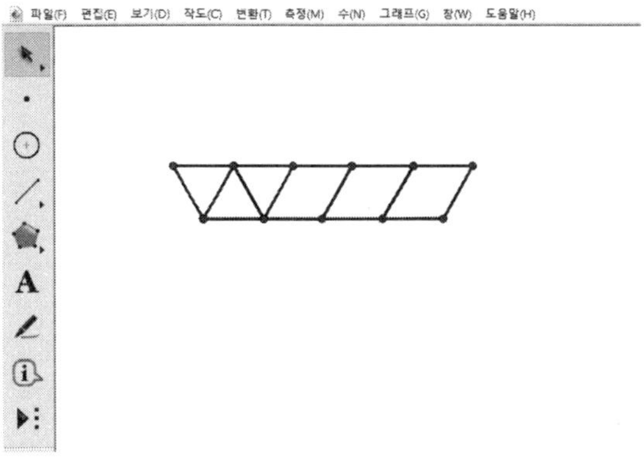

같은 방법으로 평행사변형 하나를 더 만들도록 한다.

STEP 12

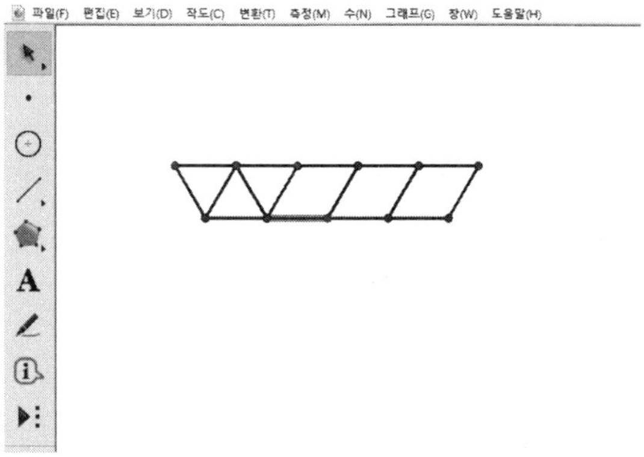

테셀레이션의 한 부분이 된 평행사변형과 삼각형의 아랫변 하나를 더블클릭하여 활성화한다.

STEP 13

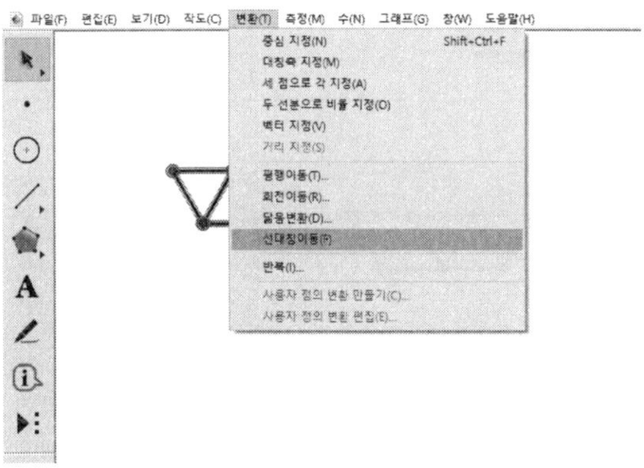

모든 선과 점을 활성화한 뒤, **변환(T)** 메뉴에 있는 **선대칭이동(F)** 을 선택한다.

STEP 14

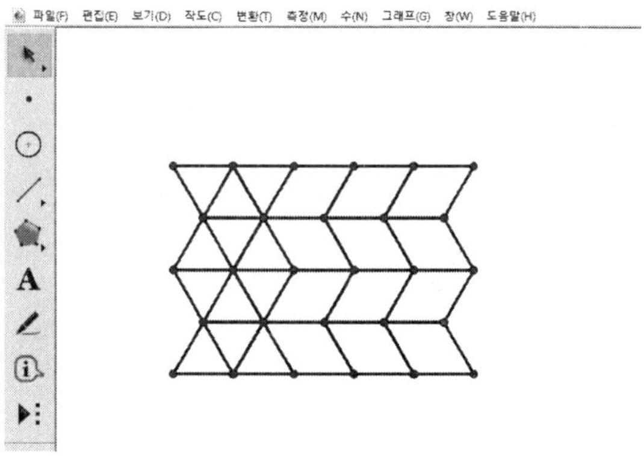

새 모양의 그림 전체를 활성화한 후, 새 모양의 그림 왼쪽 날개에 있는 녹색 점을 더블클릭하여 중심지정한 뒤 **변환(T)** 메뉴에 있는 **회전이동(R)** 을 선택하고 회전각에 60도를 입력한다.

심화 활동

다음 나타난 새 모양의 테셀레이션을 어떻게 작도했는지 생각해 보고 똑같이 작도해 봅시다.

심화 활동 모범답안

STEP 01

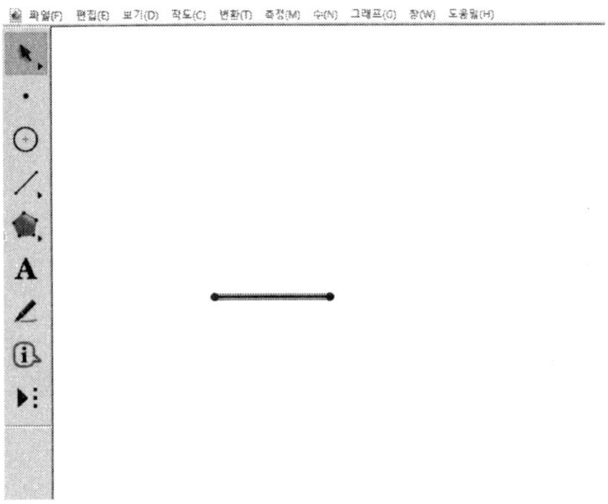

선분 도구를 이용하여 선분을 그리고, **A** **글 도구**를 이용하여 선분AB에 이름표를 붙인다. **화살표 도구**로 점 B를 더블클릭하여 **중심지정**을 한다.

STEP 02

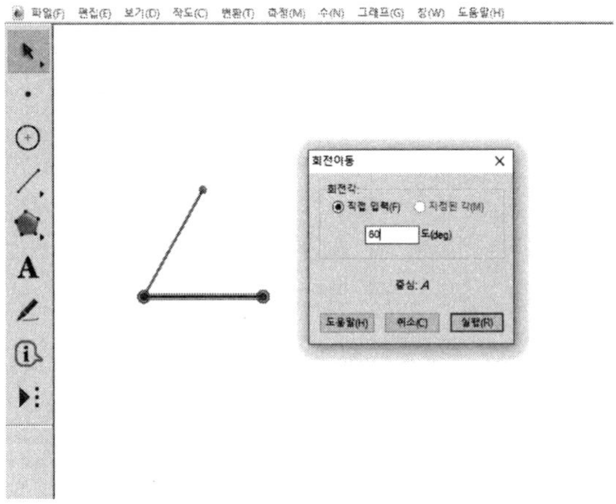

그려진 선분의 왼쪽 점을 더블클릭하여 중심지정을 시킨 후, 선분의 모든 점과 선을 활성화한다. **변환(T)** 메뉴에 있는 **회전이동(R)**을 선택하고 회전각에 60도를 입력한다.

STEP 03

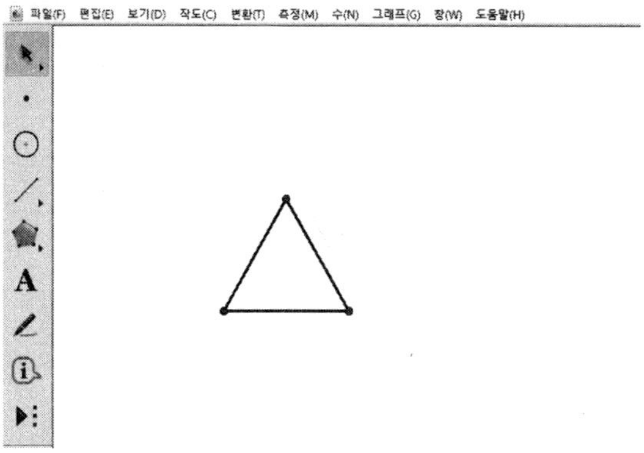

같은 방식으로 선분을 회전이동하여 정삼각형을 완성한다.

STEP 04

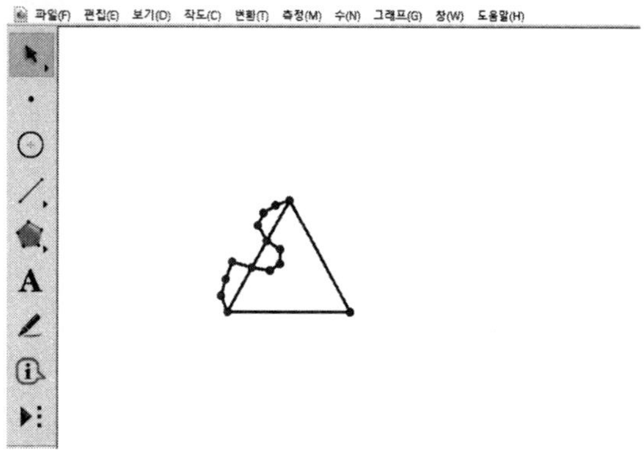

선분 도구를 이용하여 이러한 모양의 그림을 삼각형의 왼쪽 변에 나타낸다.

STEP 05

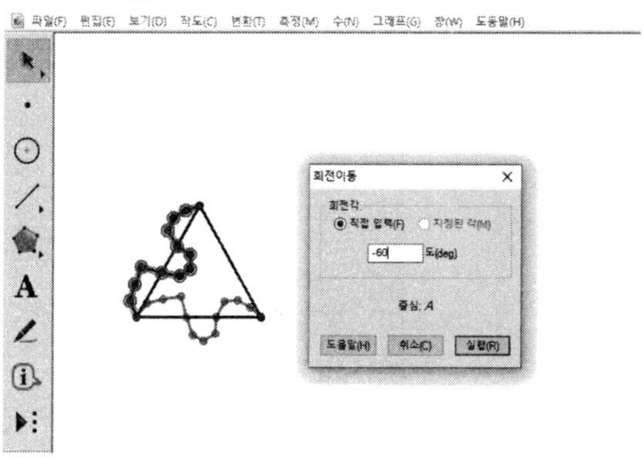

왼쪽에 그려진 선분과 점들을 활성화한 뒤, 정삼각형의 왼쪽 아래에 있는 점을 더블클릭하여 중심지정을 한다. **변환(T)** 메뉴에 있는 **회전이동(R)** 을 선택하고 회전각에 −60도를 입력한다.

STEP 06

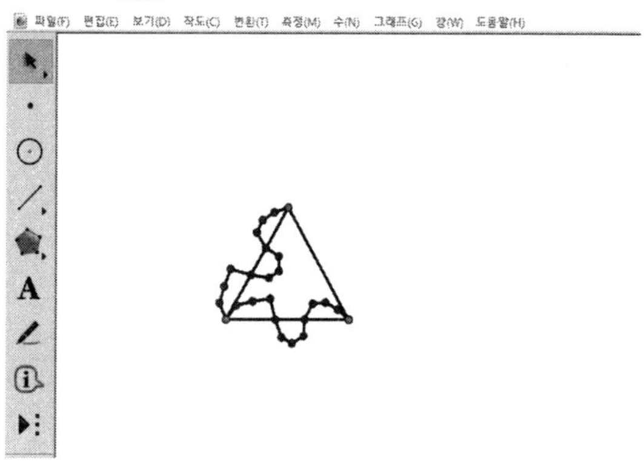

정삼각형의 꼭짓점은 나중에 완성되는 새 모양을 움직이는데 필요하므로 **보기(D)** 메뉴에 있는 **색(C)** 을 선택하여 바꾸도록 한다.

STEP 07

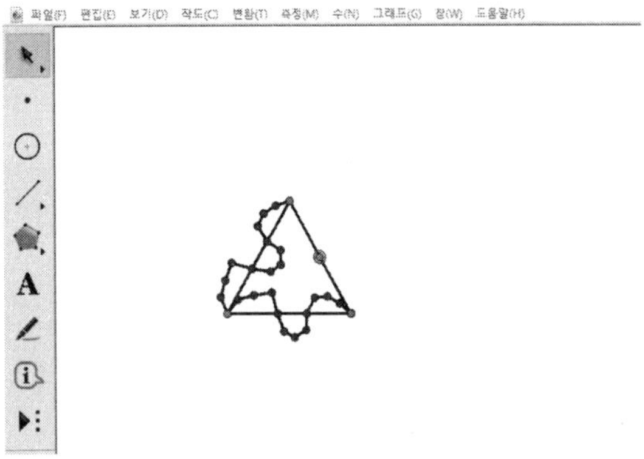

삼각형의 오른쪽 변을 활성화한 뒤, **작도(C)** 메뉴에 있는 **중점(M)** 을 선택하여 중점을 나타낸다.

STEP 08

그려진 선분과 점들 가운데 처음에 그렸던 삼각형의 아랫변과 왼쪽에 있는 변을 **보기(D)** 메뉴에 있는 **숨기기(H)** 를 이용하여 숨기도록 한다.

STEP 09

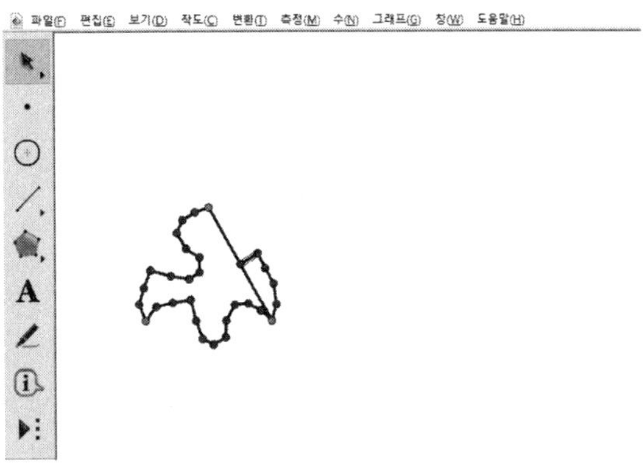

선분 도구를 이용하여 이러한 모양의 그림을 정삼각형의 오른쪽 변에 나타낸다.

STEP 10

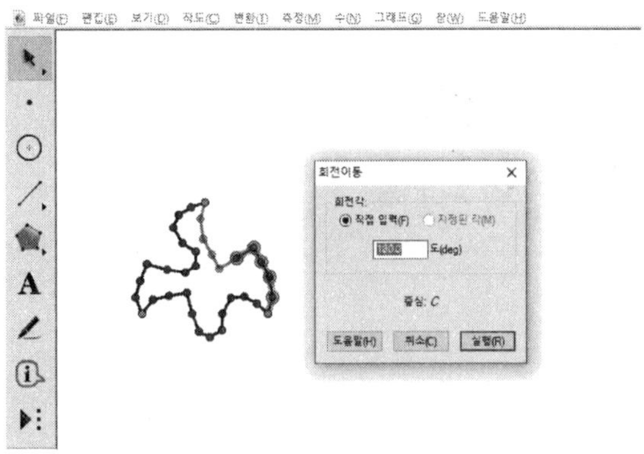

그려진 점과 선분들을 활성화한 후, 정삼각형의 오른쪽 변에 그린 중점을 중심지정한 뒤 **변환(T)** 메뉴에 있는 **회전이동(R)** 을 선택하고 회전각에 180도를 입력한다.

STEP 11

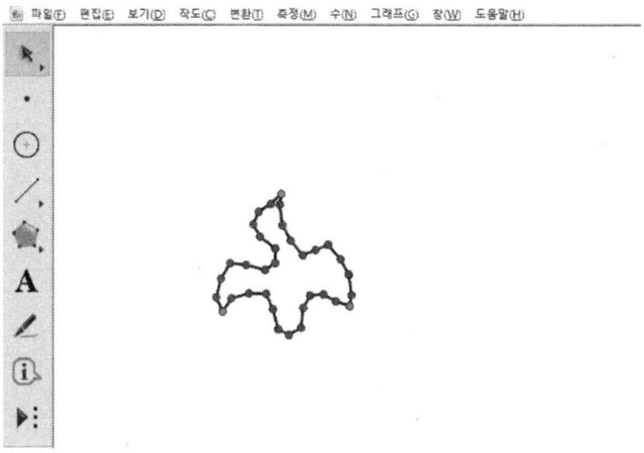

만들어진 모양에 있는 점들을 이동시키면서 새 모양으로 만든다.

STEP 12

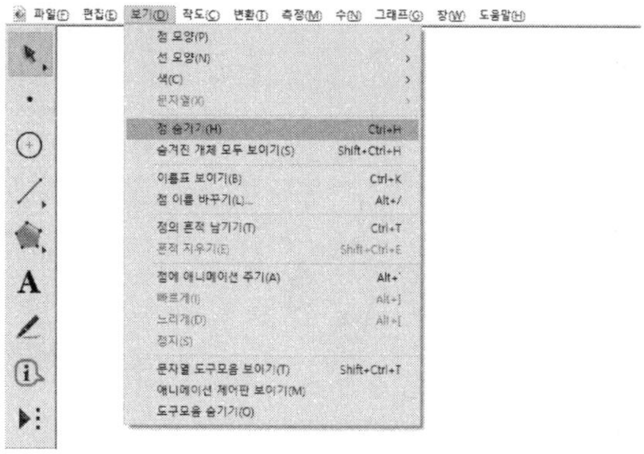

새 모양을 꾸미기 위하여 그려진 새 모양 위에 있는 녹색 점을 제외한 모든 점을 **보기(D)** 메뉴에 있는 **숨기기(H)** 를 이용하여 숨기도록 한다.

STEP 13

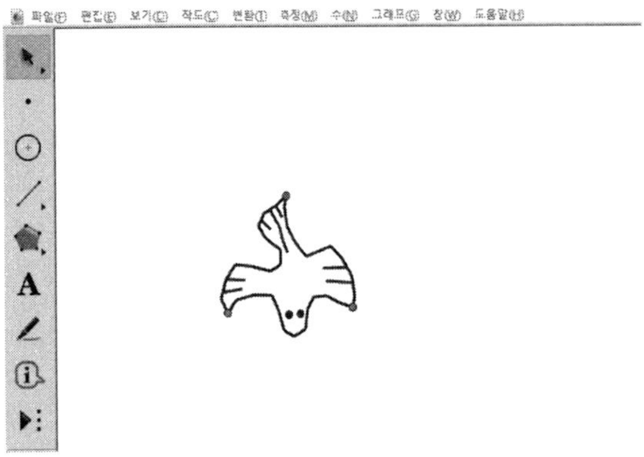

선분 도구를 이용하여 새 모양의 그림 안을 꾸민다.

STEP 14

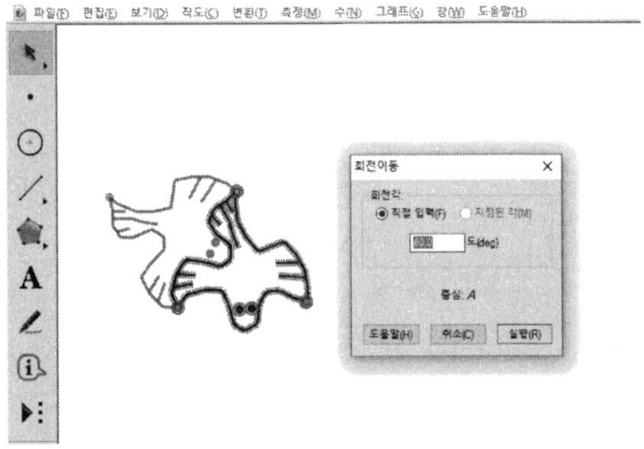

새 모양의 그림 전체를 활성화한 후, 새 모양의 그림 왼쪽 날개에 있는 녹색 점을 더블클릭하여 중심지정 한 뒤 **변환(T)** 메뉴에 있는 **회전이동(R)** 을 선택하고 회전각에 60도를 입력한다.

STEP 15

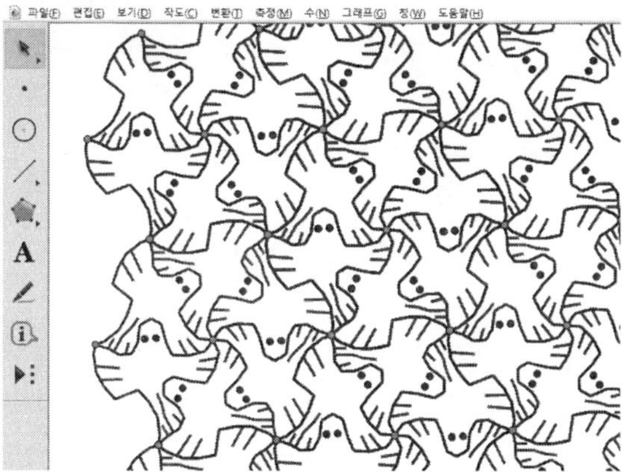

앞의 회전이동된 새 모양의 그림 전체를 활성화한 후, 새 모양의 그림 왼쪽 날개에 있는 녹색 점을 더블클릭하여 중심지정한 뒤 **변환(T)** 메뉴에 있는 **회전이동(R)** 을 선택하고 회전각에 120도를 입력하면 새 모양 테셀레이션을 만들 수 있다.

전통문양 그리기

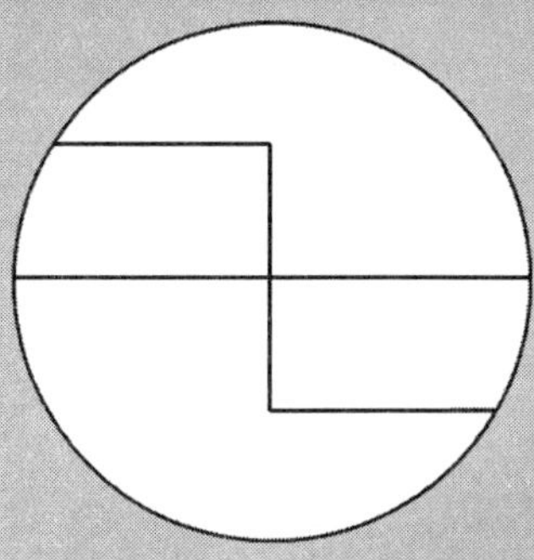

불교의 만(卍) 모양의 문양

문양은 한마디로 미적 감각을 불러일으키기 위해 점이나 선, 색채를 도형과 같이 형상화한 것이라 할 수 있다. 문양이라는 낱말에서 연상되는 도안(圖案)의 개념과는 다르다. 문양이 개인적으로는 각자의 삶을 통해 발현되는 창조적 산물이며, 언어나 문자와 마찬가지로 사용 주체인 민족과 그 민족이 처한 역사적 배경에 따라 고유한 형태로 나타나기 때문이다. 그리고 유물의 재료 차이에 따른 점이나 선 등의 질감에서부터 공예·회화·건축 등의 공간을 구성하는 요소에 이르기까지, 문양은 단순히 장식적인 기능에 국한되지 않고 인간 본연의 기원과 욕구를 다분히 종교적 성격을 띠면서 담아내고 있기 때문이다.

사전적 의미에서 문양이란 일반적으로 물건의 겉 부분에 여러 가지 형상이 어우러져 이룬 모양을 뜻한다. 우리말로 '무늬'라 하며 한자로는 '문양(文樣)' 혹은 '문양(紋樣)'이라고 표현한다. '문(文)'은 글자[書契, 사물을 표시하는 부호], 꾸밈[飾], 아름다움[美], 빛남[華], 아롱짐[斑], 빛깔[文彩] 등을 뜻한다. 한편 '문(紋)'은 직물의 문채(織文), 즉 '비단무늬', '꽃무늬' 등을 의미한다. 문양(文樣)과 문양(紋樣)에는 각각 문화적인 소산과 문명적인 소산이라는 특징을 갖는다. 그러므로 문양은 삶을 통한 문화 활동의 소산이자 창조적 문명의 산물이라 하겠다. 이와 같은 문양은 언어·문자로서의 역할뿐 아니라, 인류가 이루어 놓은 회화·조각·공예 등 모든 조형미술의 원천이 되었다.

이처럼 한국의 다양한 문양 속에는 도형의 요소들이 속속들이 나타나

이러한 한국의 문양을 보고 알아가는 과정에서 문양 속에 있는 수학적 요소를 찾아보는 활동을 GSP를 활용하여 그려본다면 학생들의 수학적인 사고력과 창의성을 더 기를 수 있을지 않을까 생각해본다.

<출처: [네이버 지식백과] 한국의 전통문양에 나타나 있는 수학적 요소>

학습목표

✔ GSP를 활용하여 여러 가지 도형을 그릴 수 있다.

✔ GSP를 활용하여 도형의 수직과 평행을 작도할 수 있다.

✔ GSP를 활용하여 전통 문양을 그릴 수 있다.

관련 교육과정

학년군	영역	단원	성취기준
3~4학년	도형	평면도형의 이동	평면도형의 이동을 이용하여 규칙적인 무늬를 꾸밀 수 있다.
3~4학년	도형	원	원의 중심, 반지름, 지름을 알고, 그 관계를 이해한다.
3~4학년	도형	다각형	주어진 도형으로 여러 가지 모양을 만들 수 있다.

지도계획

전개단계	활동명	주요 수업활동	주요수업 형태
계획 수립하기	1. 한국의 전통문양 알기	• 단원 소개 • 전통문양을 이루는 기본 요소	• 교사 강의 • 개인 실습 • 전체 토론
지식 및 기능 습득하기	2. 원 그리기	• 원 도구를 이용하여 원 그리기 • 중심과 반지름이 주어진 원 그리기 • 중심과 원의 둘레 위의 한 점이 주어진 원 그리기	
	3. 정사각형 그리기	• 원을 이용하여 정사각형 그리기	
	4. 도형의 위치 바꾸기	• 평행이동을 이용하여 도형 밀기 • 선대칭이동을 이용하여 도형 뒤집기	
	5. 반복 기능 활용하기	• '반복' 기능을 이용하여 삼각형 그리기	
	6. '중심지정'을 이용한 도형 돌리기	• '중심지정'을 이용하여 회전이동하기	
	7. 선분의 중점 작도하기	• '작도' 메뉴를 이용하여 선분의 중점 그리기	
	8. 원을 이용한 여러 가지 모양 그리기	• 정사각형과 원을 이용한 여러 가지 모양 그리기 • 사각형과 반원 모양을 이용한 여러 가지 모양 나타내기	
수행하기	9. 태극 문양 그리기	• 변환, 닮음변환, 회전이동 메뉴를 활용하여 태극 문양 그려보기	• 개인 실습 • 전체 토론
	10. 불교 문양 그리기	• '작도' 메뉴와 다양한 선과 도형을 이용한 불교 문양 그려보기	• 개인 실습 • 전체 토론

학습목표

GSP 기본기능을 익혀 전통문양을 그릴 수 있다.

활동1

원 그리기

방법1 원 도구를 이용하여 원 그리기

활용 기능

STEP 01

점 도구로 한 점을 그린다.

STEP 02

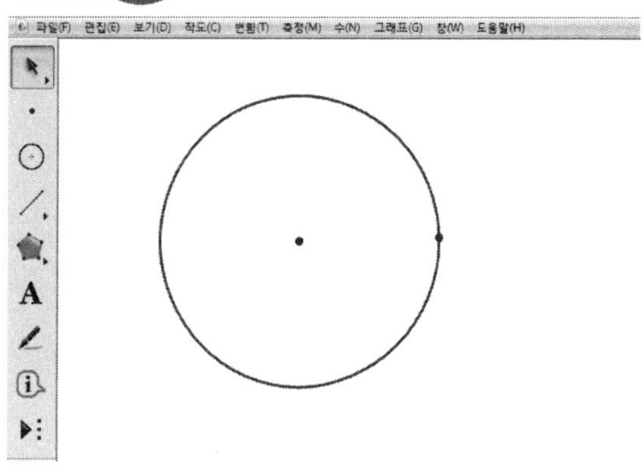

그려진 한 점을 이용하여 **원 도구**로 원을 그린다.

방법2 중심과 반지름의 길이가 주어진 원 그리기

활용 기능

작도(C) 중심과 반지름의 길이가 주어진 원(R)

STEP 01

점 도구로 한 점을 그린다.

STEP 02

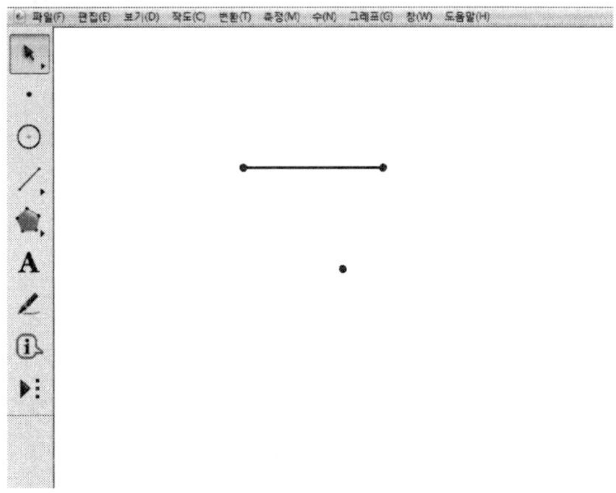

선분 도구로 선분을 그린다.

STEP 03

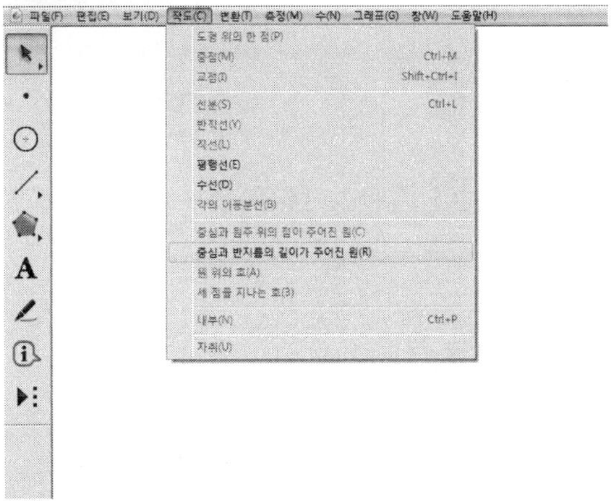

그려진 점과 선분을 활성화한 후, **작도(C)** 메뉴에 있는 **중심과 반지름의 길이가 주어진 원(R)** 을 선택한다.

STEP 04

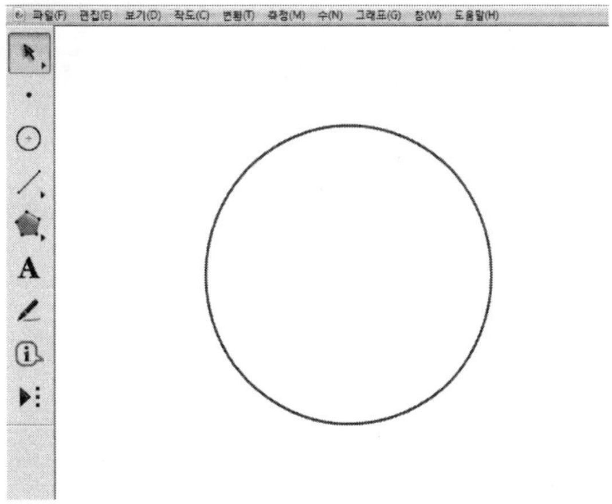

원이 완성된다.

방법3 중심과 원의 둘레 위의 한 점이 주어진 원 그리기

활용 기능

• 작도(C) 중심과 원주 위의 점이 주어진 원(R)

STEP 01

• **점 도구**로 점을 2개 그린다.

STEP 02

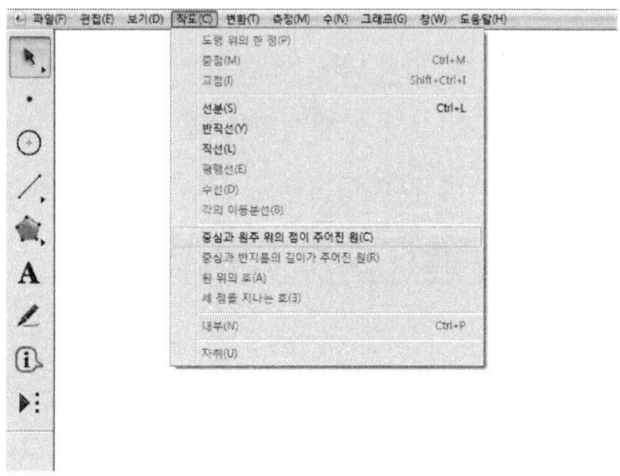

그려진 두 점을 활성화한 후, 작도(C) 메뉴의 중심과 원주 위의 점이 주어진 원(C) 를 선택한다.

STEP 03

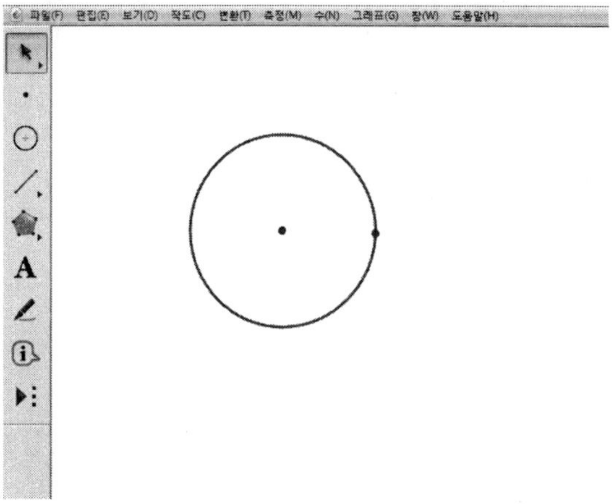

원의 중심과 원주 위의 점이 주어진 원이 완성
된다.

활동2

정사각형 그려보기

방법1 원을 이용하여 정사각형 ABCD 그리기

활용 기능

중심과 반지름의 길이가 주어진 원(R) | 보기(D) | 선 개체 숨기기(H) | 선분(S) | A

STEP 01

선분 도구로 선분을 그린다.

STEP 02

화살표 도구로 한 점과 선분을 선택한다.

STEP 03

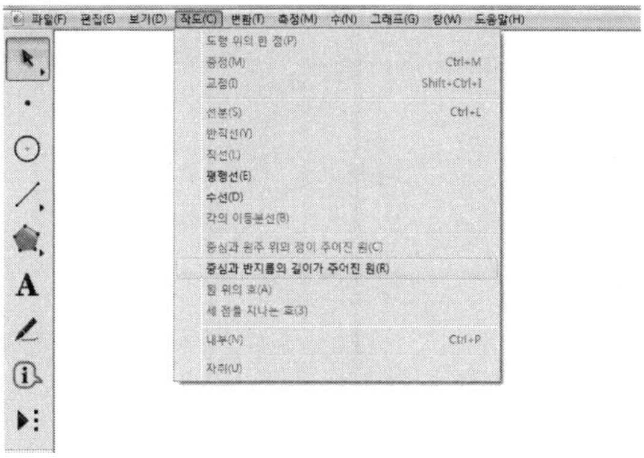

작도(C) 메뉴를 눌러 활성화된 중심과 반지름의 길이가 주어진 원(R) 을 선택한다.

STEP 04

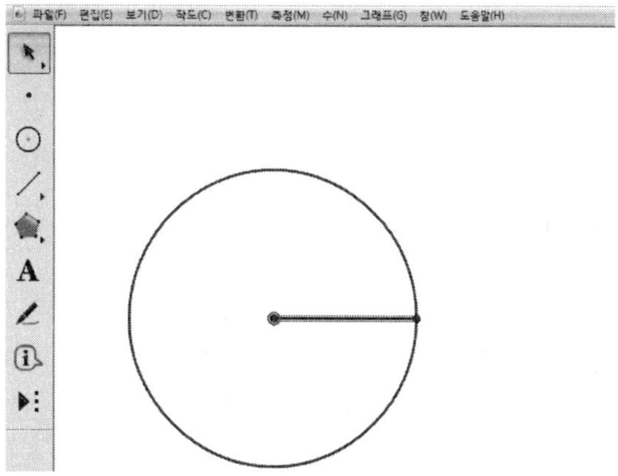

화살표 도구로 한 점과 선분을 선택한다.

STEP 05

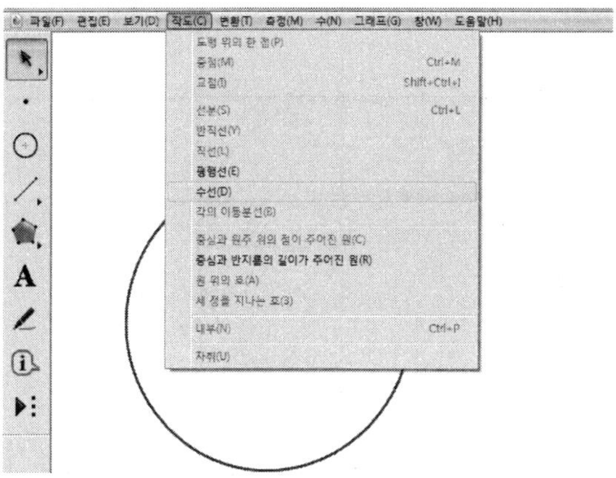

작도(C) 메뉴를 눌러 활성화된 수선(D) 을 선택한다.

STEP 06

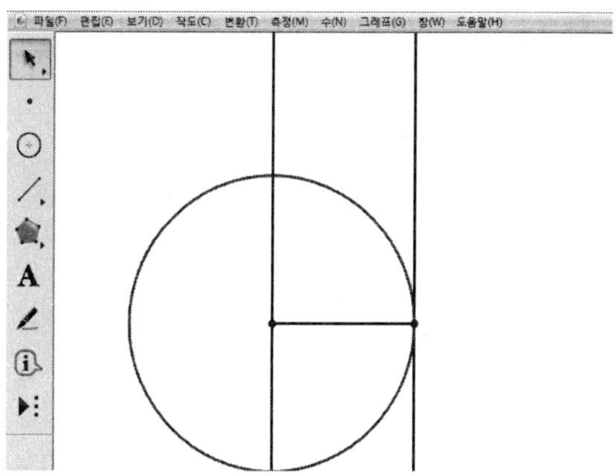

다른 한 점과 선분으로 새로운 수선을 그린다.

STEP 07

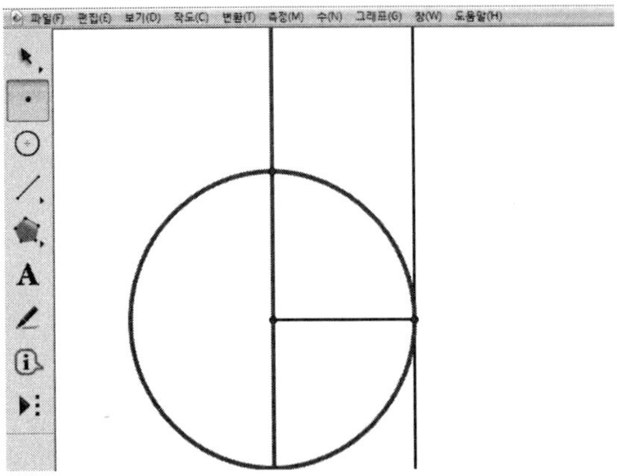

점 도구를 선택하여 수선과 원이 만나는 위치에 점을 그린다.

STEP 08

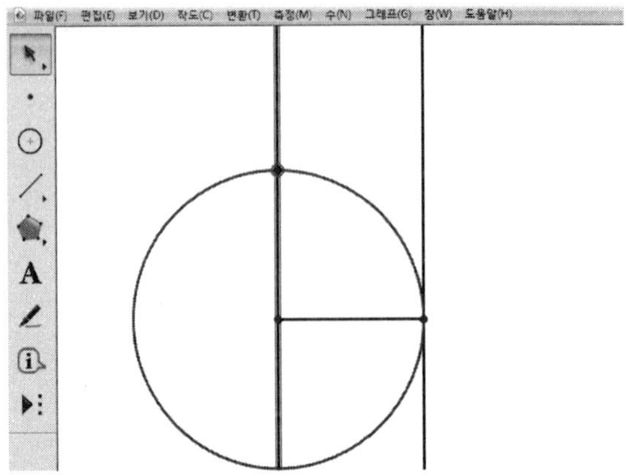

화살표 도구로 원의 중심을 지나는 수선과 수선과 원이 만나는 점을 선택한다.

STEP 09

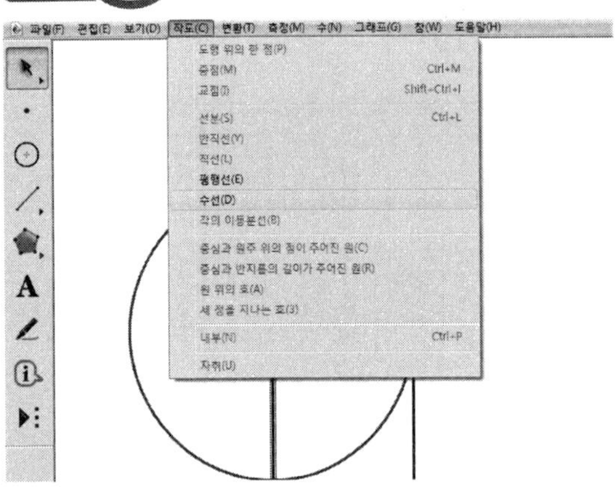

작도(C) 메뉴를 눌러 활성화된 **수선(D)** 을 선택한다.

STEP 10

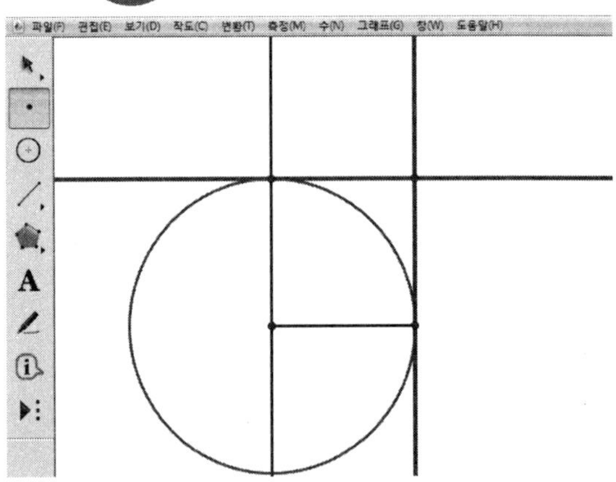

점 도구를 선택하여 두 수선이 원 밖에서 만나는 위치에 점을 그린다.

STEP 11

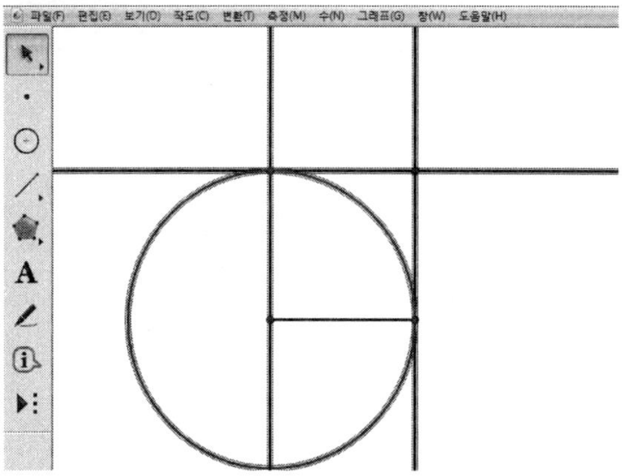

화살표 도구로 원과 세 개의 수선을 선택한다.

STEP 12

보기(D) 메뉴를 눌러 활성화된 **선 개체 숨기기(H)** 를 선택한다.

STEP 13

화살표 도구로 두 점을 선택한다.

STEP 14

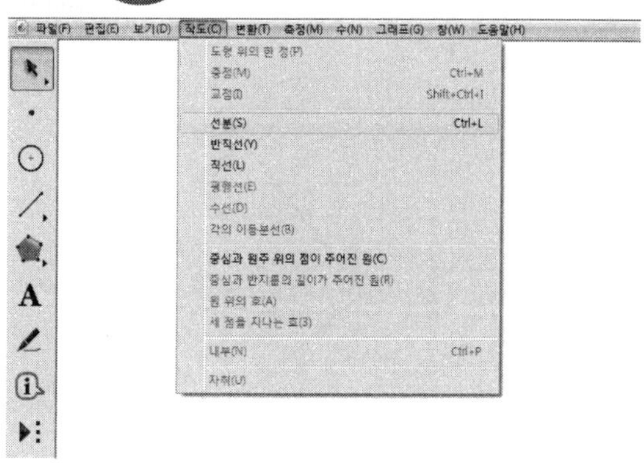

작도(C) 메뉴를 눌러 활성화된 **선분(S)** 을 선택한다.

STEP 15

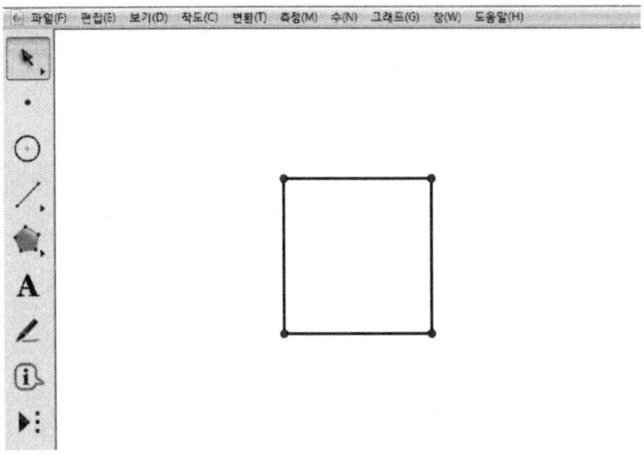

같은 방법으로 나머지 두 선분을 그어 정사각형을 완성한다.

STEP 16

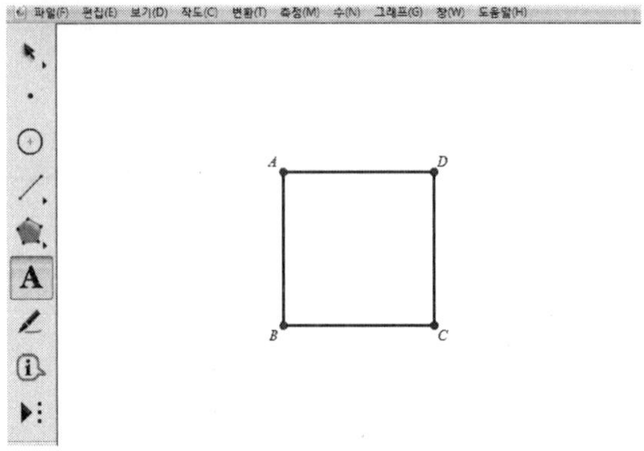

A **글 도구**를 사용하여 각 점에 이름표를 붙인다.

STEP 17

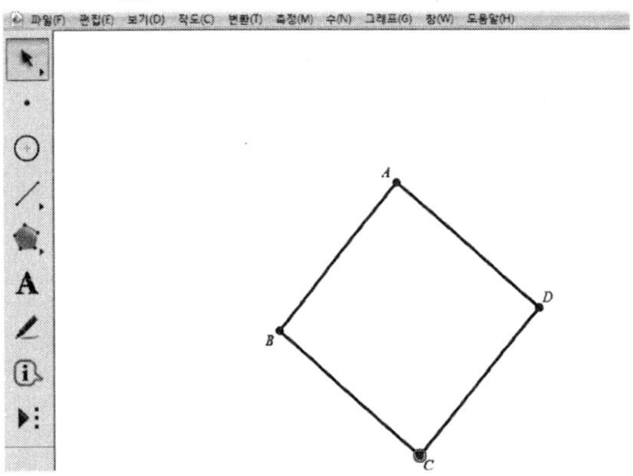

네 점 중 한 점을 끌어 위치를 변경하여도 정사각형의 성질은 유지된 채 모양만 변한다.

활동3

도형의 위치 바꾸기

방법1 평행이동을 이용하여 도형 밀기

활용 기능

변환(T) 평행이동(T) 실행(T)

STEP 01

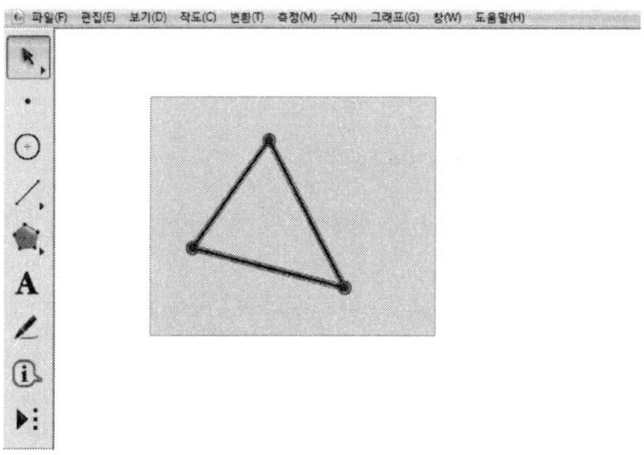

선분 도구로 세 개의 선분을 그려 삼각형을 완성하고 마우스로 드래그하여 삼각형을 선택한다.

STEP 02

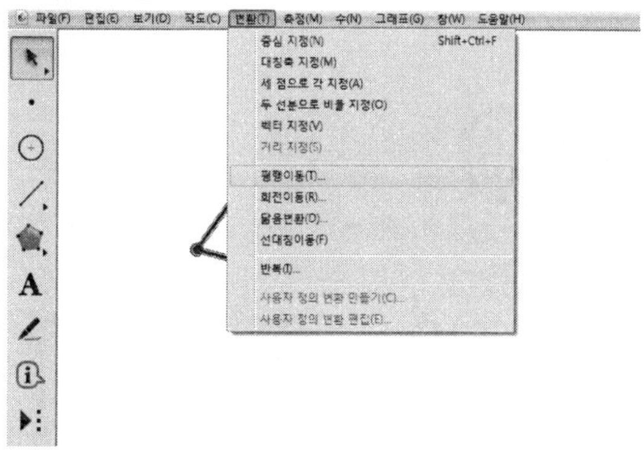

변환(T) 메뉴를 눌러 활성화된 **평행이동(T)** 을 선택한다.

STEP 03

대화상자에서 벡터 정류를 **거리/방향**, 거리 및 방향을 **직접 입력(F)**으로 선택한다.

STEP 04

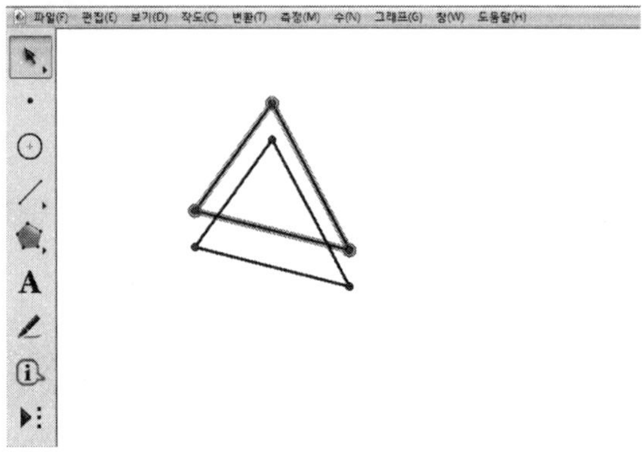

방향각을 90.0 °로 하고 거리값을 입력하여 **실행(R)** 을 눌러 도형을 위쪽 방향으로 평행이동한다.

STEP 05

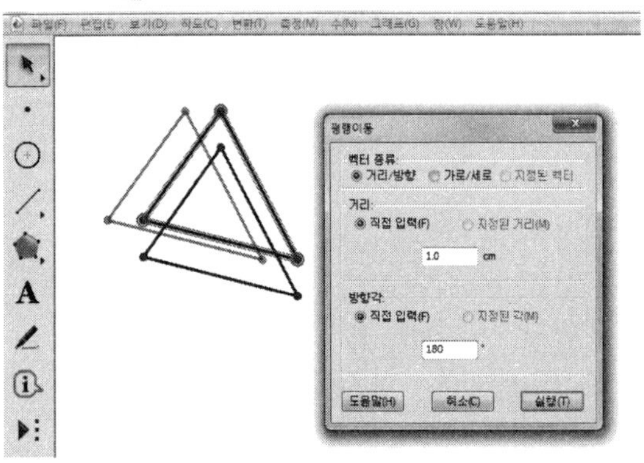

방향각을 180.0 °로 하고 거리값을 입력하여 **실행(R)** 을 눌러 도형을 왼쪽 방향으로 평행이동한다.

STEP 06

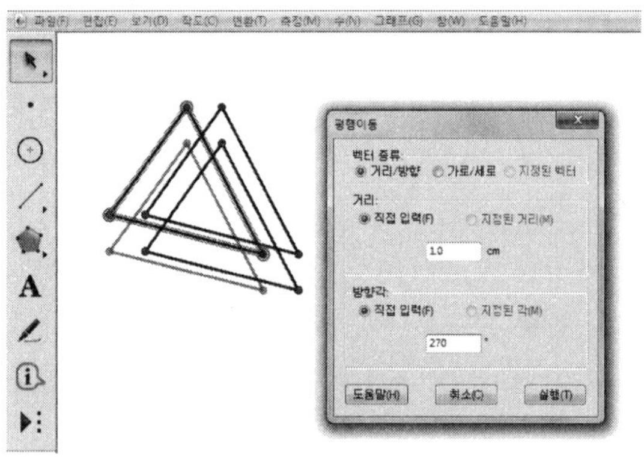

방향각을 270.0 °로 하고 거리값을 입력하여 **실행(R)** 을 눌러 도형을 아래쪽 방향으로 평행이동한다.

STEP 07

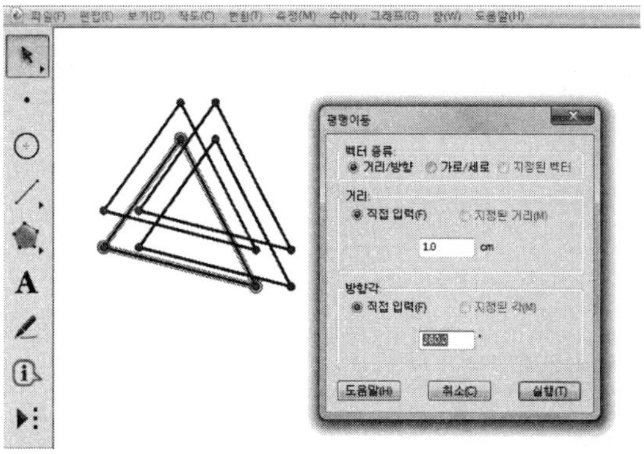

방향각을 360.0 °로 하고 거리값을 입력하여 실행(R) 을 눌러 도형을 오른쪽 방향으로 평행이동한다.

STEP 08

기본 도형의 모양을 변화시키면 평행이동된 도형의 모양도 함께 변한다.

방법2 선대칭이동을 이용하여 도형 뒤집기

활용 기능

작도(C) 평행선(E) 변환(T) 대칭축 지정(M) 선대칭이동(F) 개체 숨기기(H)

STEP 01

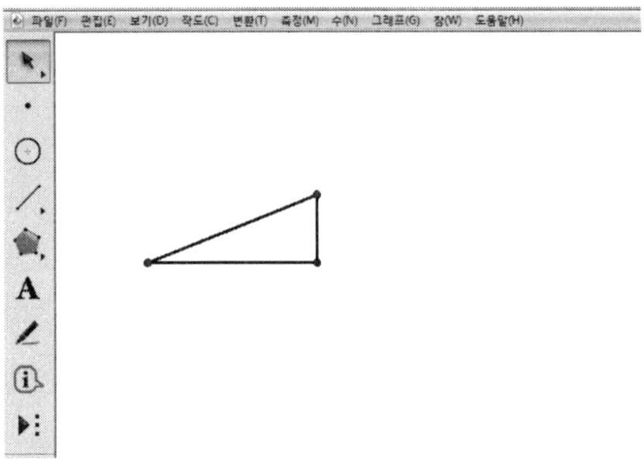

선분 도구로 세 개의 선분을 그려 직각삼각형을 완성한다.

STEP 02

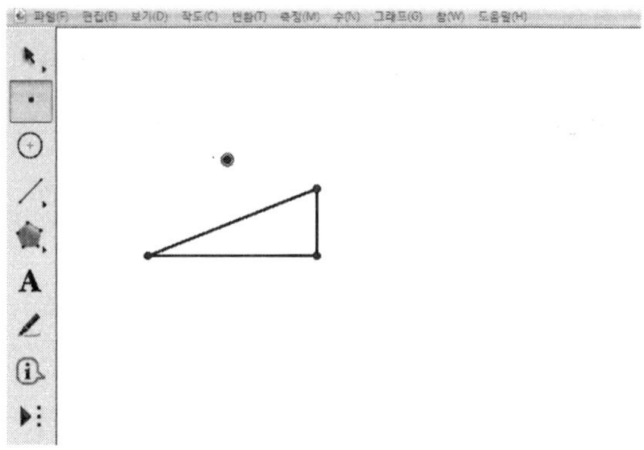

점 도구를 선택하여 삼각형의 위쪽에 점을 그린다.

STEP 03

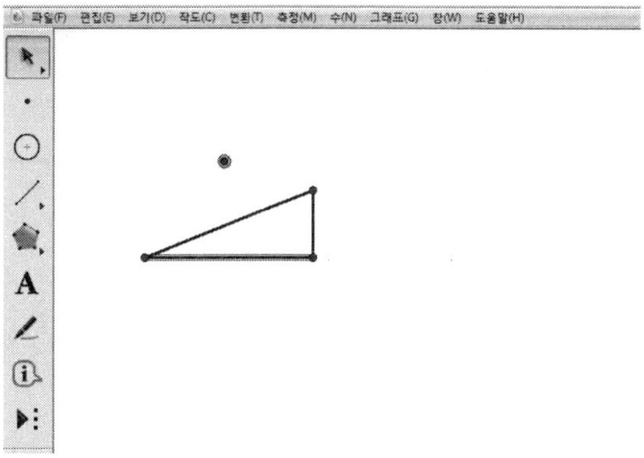

화살표 도구 **화살표 도구**로 점과 삼각형의 밑변을 선택한다.

STEP 04

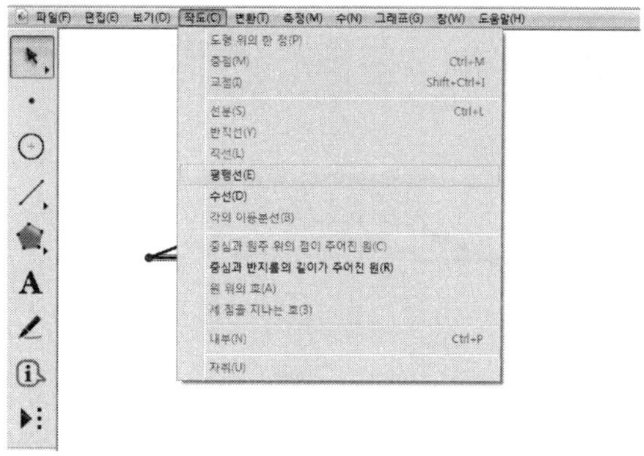

작도(C) 메뉴를 눌러 활성화된 **평행선(E)** 을 선택한다.

STEP 05

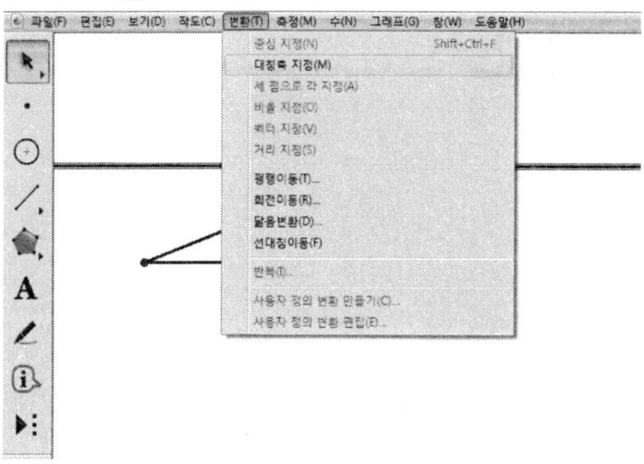

평행선을 선택하고 **변환(T)** 메뉴를 눌러 활성화된 **대칭축 지정(M)** 을 선택한다.

STEP 06

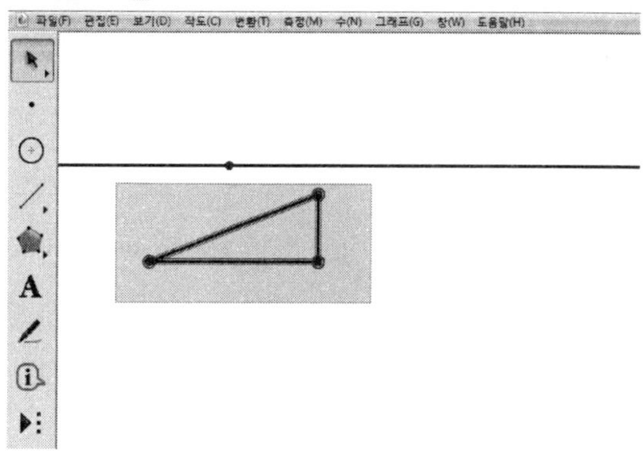

마우스로 드래그하여 삼각형을 선택한다.

STEP 07

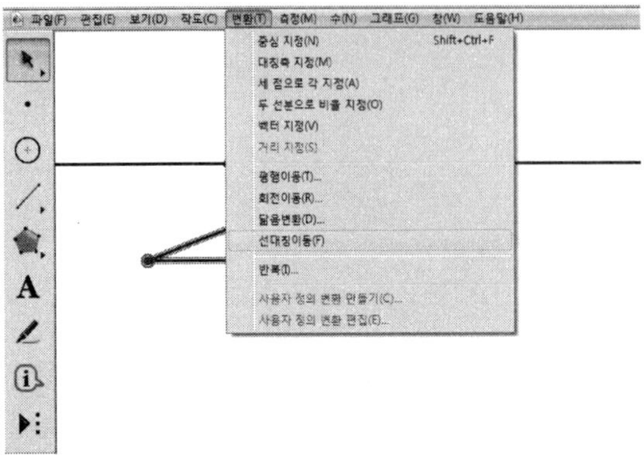

변환(T) 메뉴를 눌러 활성화된 **선대칭이동(F)** 을 선택하여 위쪽 방향으로 도형을 뒤집는다.

STEP 08

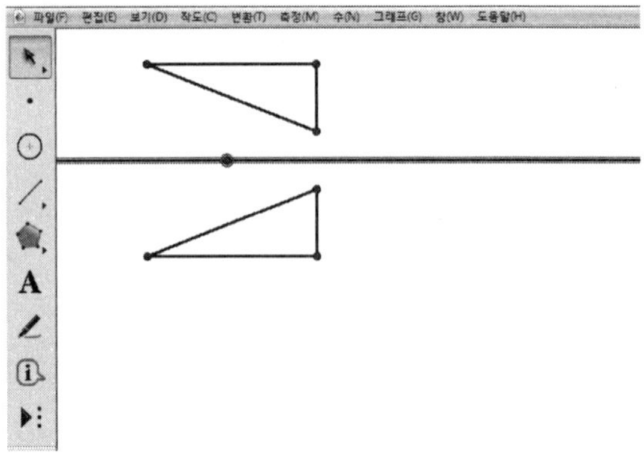

화살표 도구로 평행선과 평행선 위의 점을 선택한다.

STEP 09

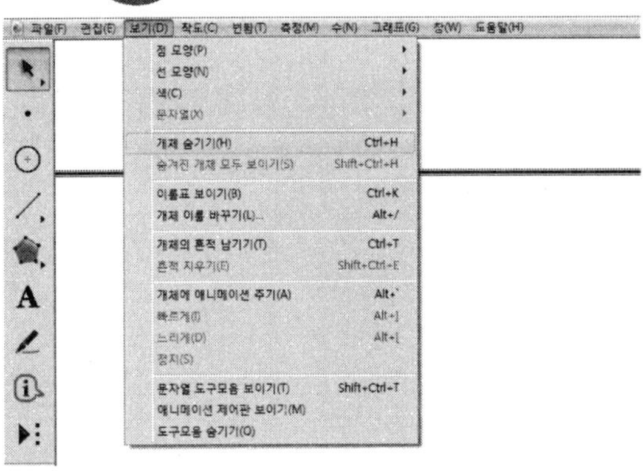

보기(D) 메뉴를 눌러 활성화된 **개체 숨기기(H)** 를 선택한다.

STEP 10

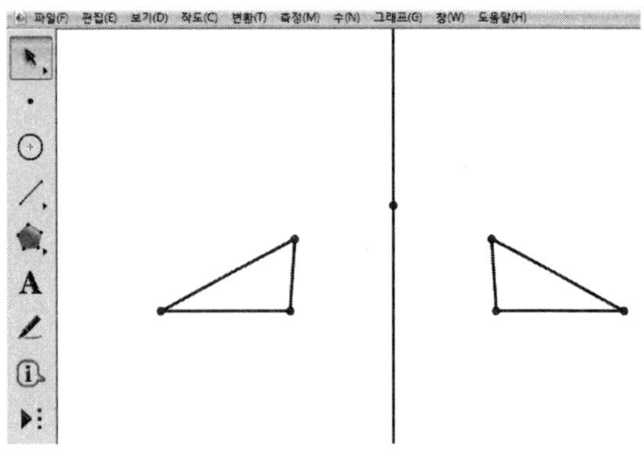

대칭축의 위치를 90 °만큼 달리하여 오른쪽, 왼쪽, 아래쪽으로 뒤집기를 완성한다.

STEP 11

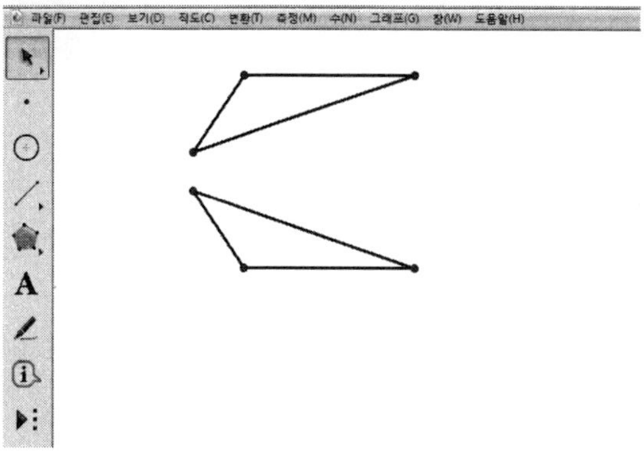

기본 도형의 모양을 변화시키면 선대칭이동된 도형의 모양도 함께 변한다.

활동4

반복 기능 활용하기

방법1 '반복' 기능을 이용하여 삼각형 그리기

활용 기능

A 작도(C) 중점(M) 반복(I) 규칙(S)

STEP 01

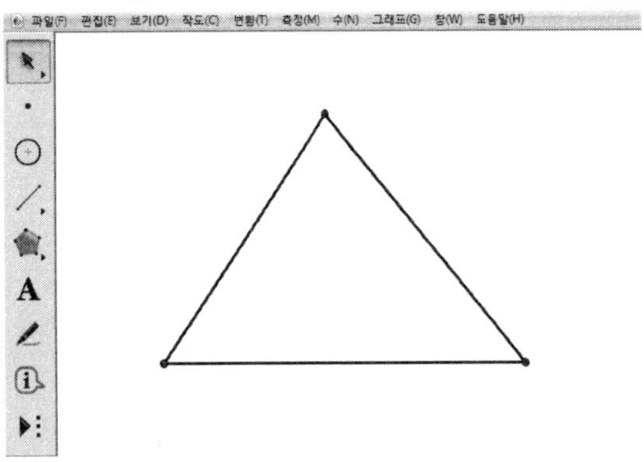

선분 도구를 활용하여 삼각형을 그린다.

STEP 02

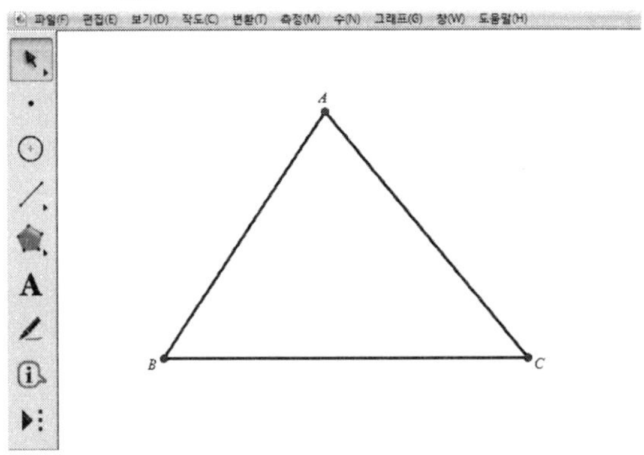

A 글 도구를 이용하여 사각형의 꼭짓점 이름표를 붙인다.

STEP 03

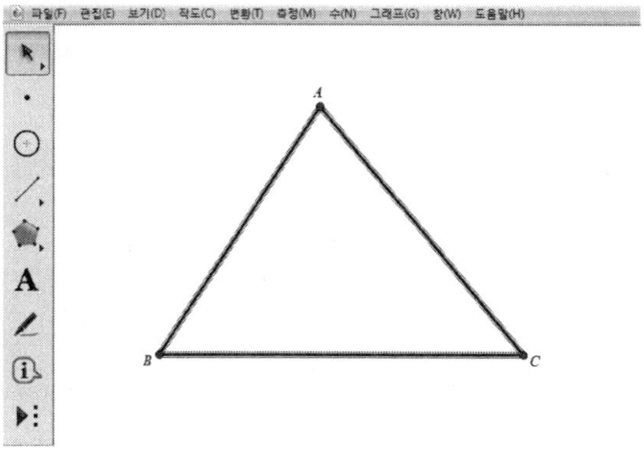

화살표 도구로 삼각형의 세 개의 변을 선택한다.

STEP 04

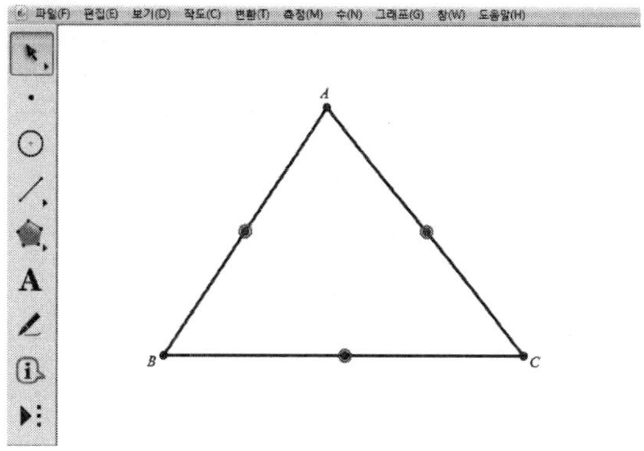

작도(C) 메뉴의 **중점(M)** 을 선택하여 중점을 그린다.

STEP 05

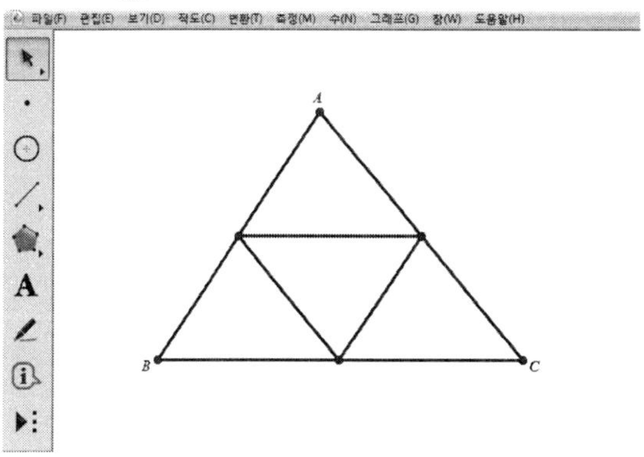

선분 도구를 활용하여 중점들을 선분으로 연결한다.

STEP 06

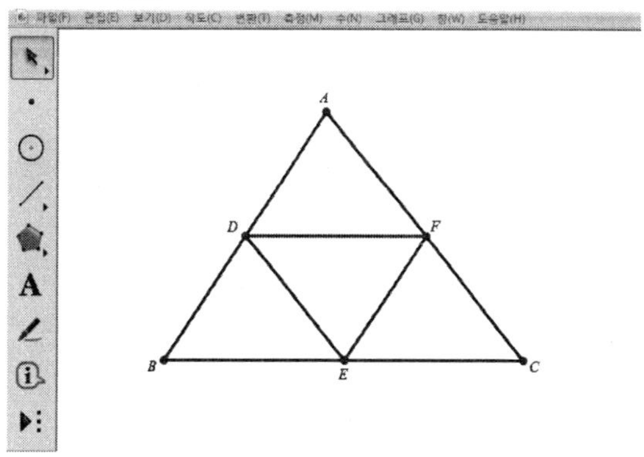

A **글 도구**를 이용하여 그려진 삼각형의 꼭짓점 이름표를 붙인다.

STEP 07

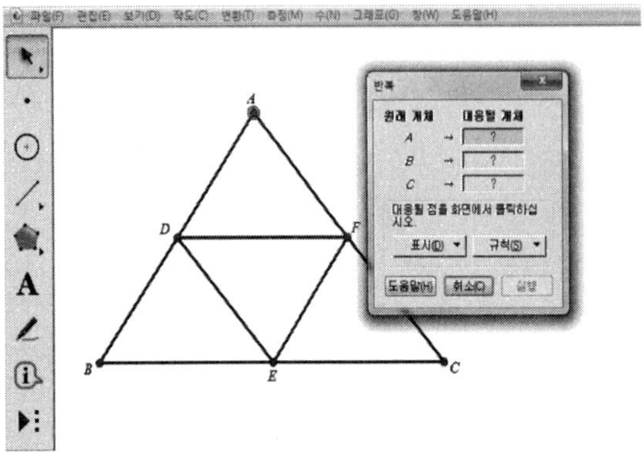

화살표 도구로 점 A, 점 B, 점 C를 선택하고 **변환(T)** 메뉴의 **반복(I)** 을 클릭한다.

STEP 08

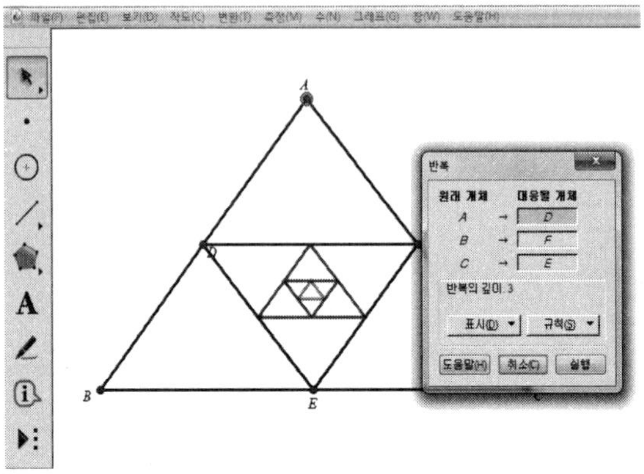

각 개체에 대응될 개체에 선택한다. 점 D, 점 E, 점 F를 순서대로 선택하면 삼각형 DEF 안에 같은 모양의 삼각형이 세 개 더 생긴 것을 볼 수 있다.

STEP 09

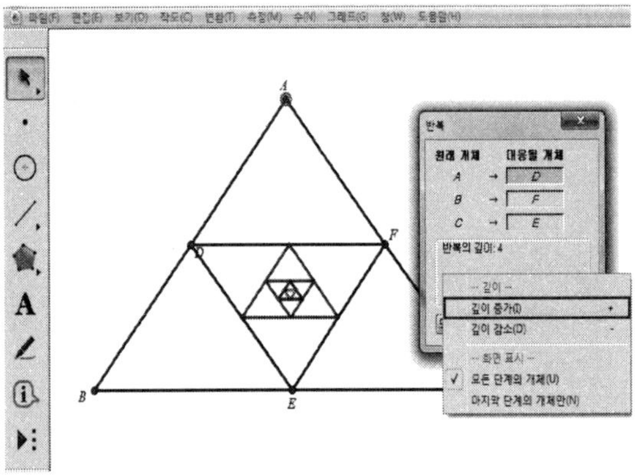

'표시(D)'를 클릭하여 **'깊이증가'**를 클릭하면 같은 모양의 삼각형이 네 개 더 생긴 것을 볼 수 있다. **'깊이 증가'**, **'깊이 감소'**를 선택하여 반복할 모양의 횟수를 지정할 수 있다.

활동5

'중심지정'을 이용한 도형 돌리기

방법1 '중심지정'을 이용하여 회전이동하기

활용 기능

변환(T) | 중심 지정(N) | 회전이동(R) | 보기(D) | 개체 숨기기(H)

STEP 01

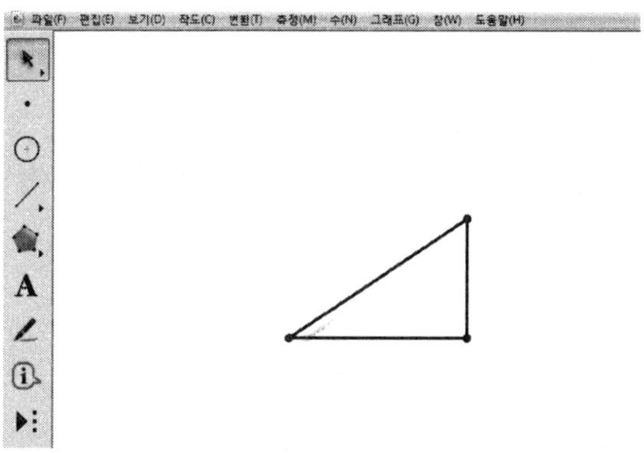

선분 도구로 세 개의 선분을 그려 직각삼각형을 완성한다.

STEP 02

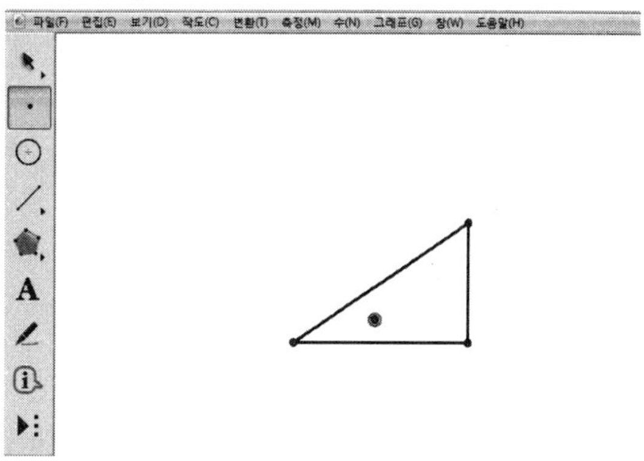

점 도구를 선택하여 삼각형의 안쪽에 점을 그린다.

STEP 03

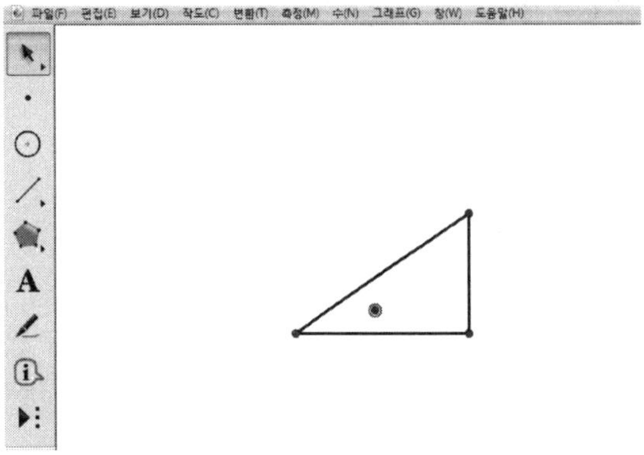

화살표 도구로 점을 선택한다.

STEP 04

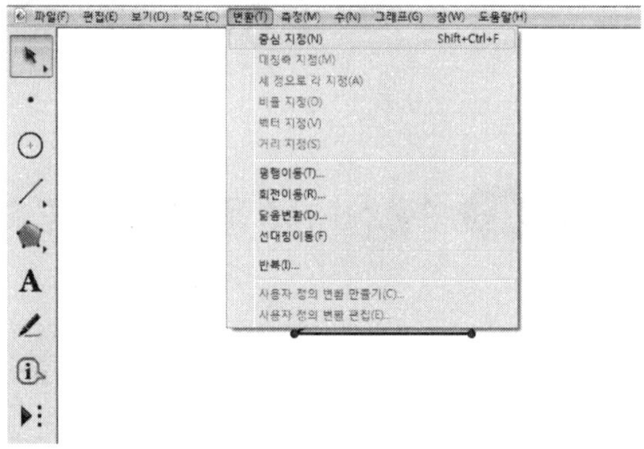

변환(T) 메뉴를 눌러 활성화된 **중심 지정(N)** 을 선택한다.

STEP 05

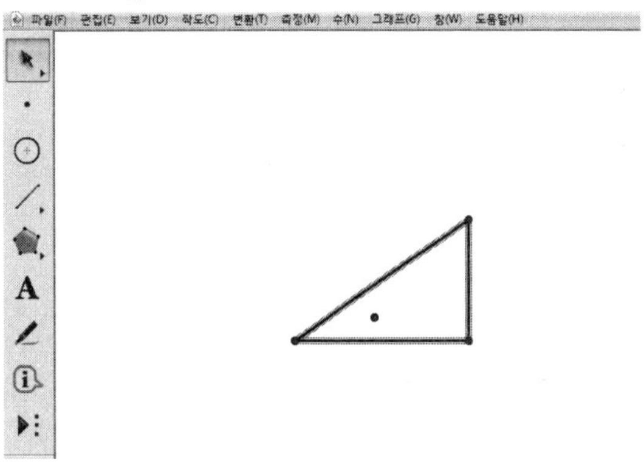

삼각형을 선택한다.

STEP 06

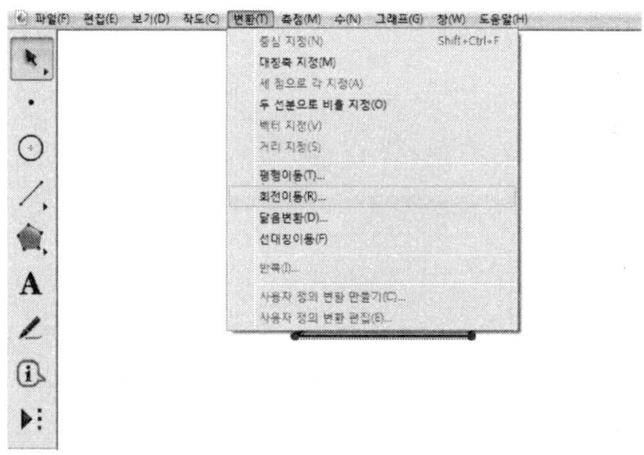

변환(T) 메뉴를 눌러 활성화된 **회전이동(R)** 을 선택한다.

STEP 07

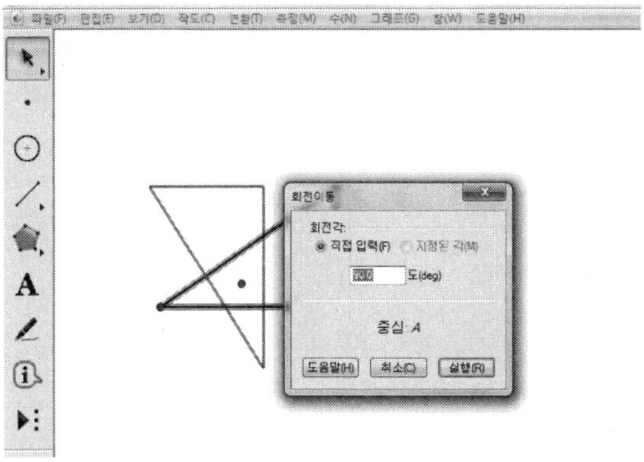

대화창에서 회전각을 직접 입력(F)으로 선택하고 90.0을 입력하고 **실행(R)** 을 눌러 도형을 왼쪽 방향으로 90 ° 만큼 돌린다.

STEP 08

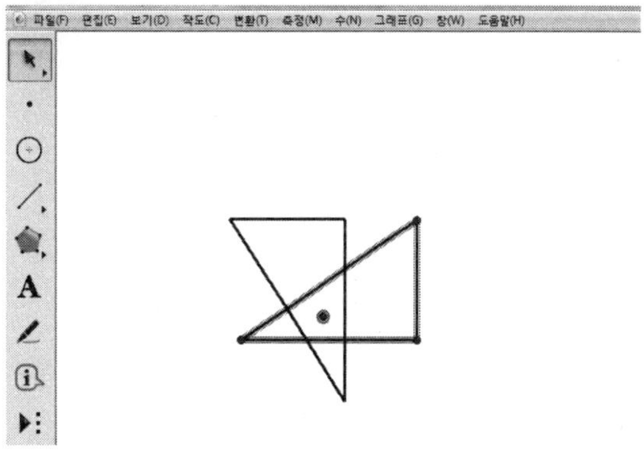

화살표 도구로 기존 삼각형과 중심점을 선택한다.

STEP 09

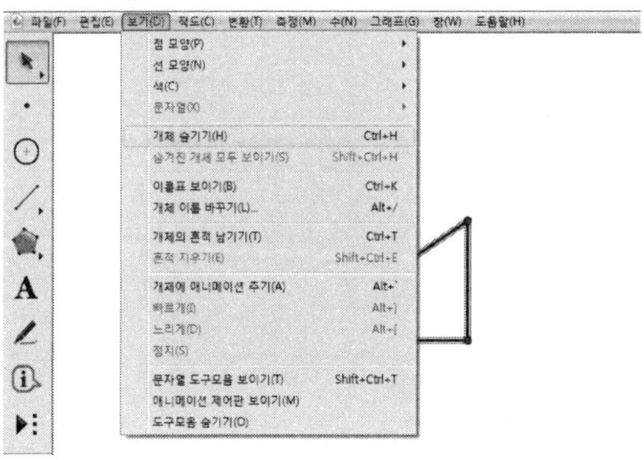

보기(D) 메뉴를 눌러 활성화된 **개체 숨기기(H)** 를 선택한다.

STEP 10

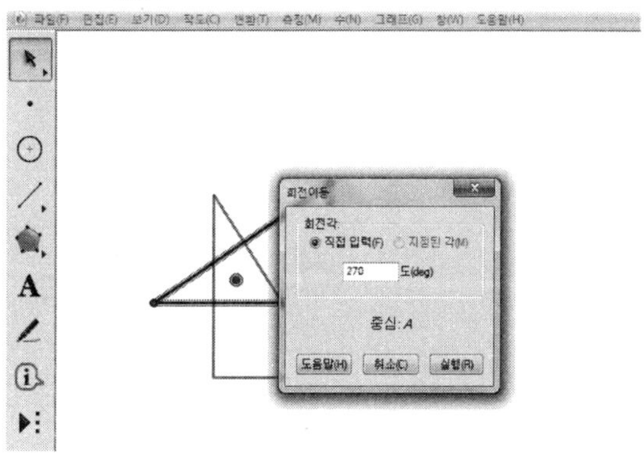

같은 방법으로 회전각을 180 °, 270 °, 360 °로 각각 입력하여 도형을 돌린다.

STEP 11

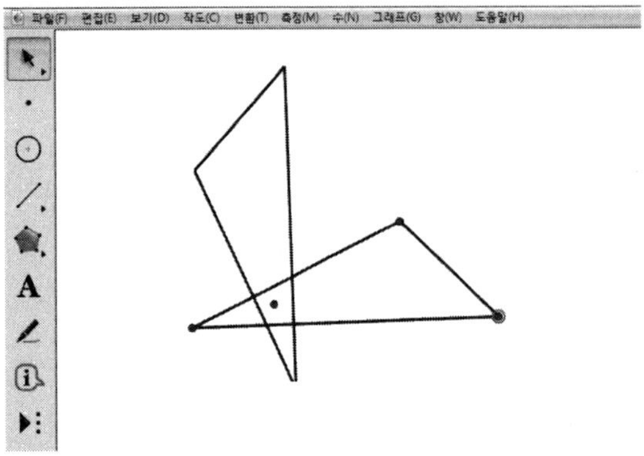

기본 도형의 모양을 변화시키면 회전이동된 도형의 모양도 함께 변한다.

활동6

선분의 중점 작도하기

방법1 '작도' 메뉴를 이용하여 선분의 중점 그리기

활용 기능

작도(C) 중점(M)

STEP 01

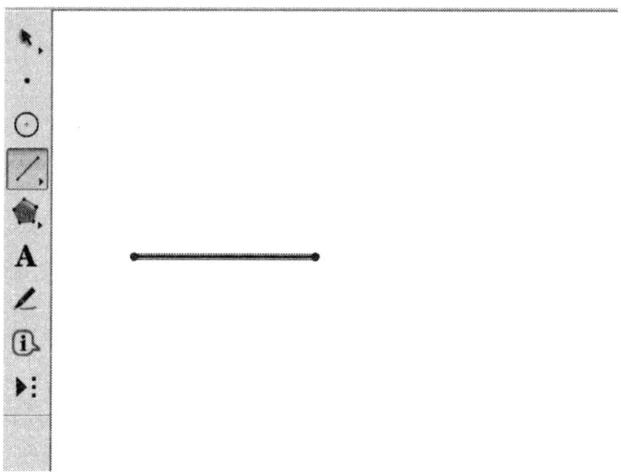

선분 도구를 이용하여 선분을 그린다.

STEP 02

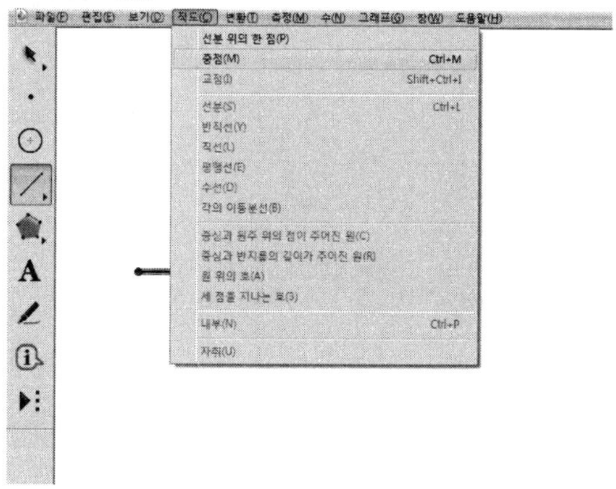

그려진 선분을 활성화한 후, 작도(C) 메뉴에 있는 중점(M) 을 클릭한다.

STEP 03

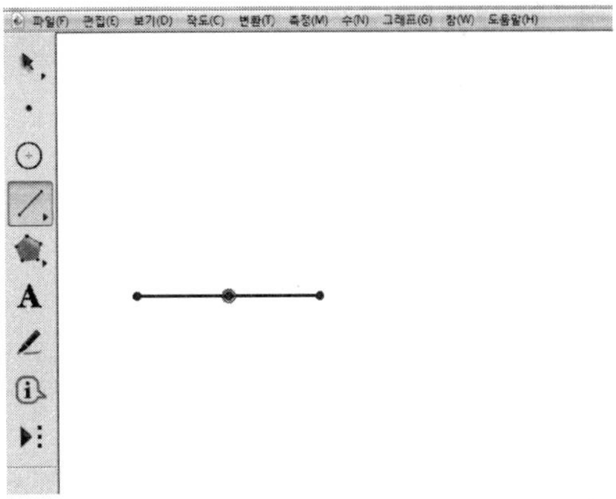

선분의 중점이 작도된 것을 볼 수 있다.

활동7

원을 이용한 여러 가지 모양 그리기

방법1 정사각형과 원을 이용하여 여러 가지 모양 그리기

활용 기능

작도(C) 중점(M) 중심과 원주 위의 점이 주어진 원(R)

STEP 01

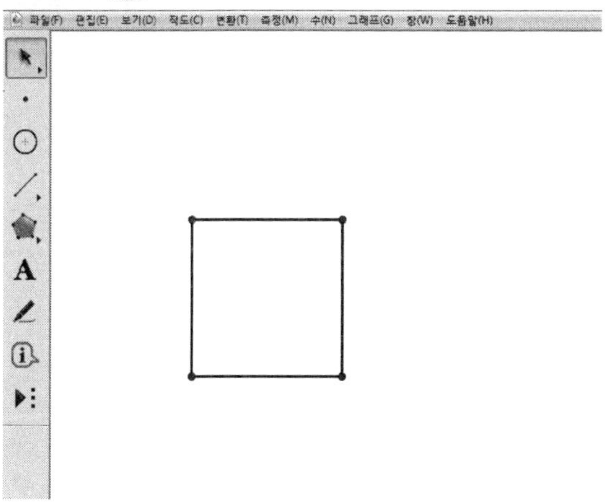

정사각형을 그린다.

STEP 02

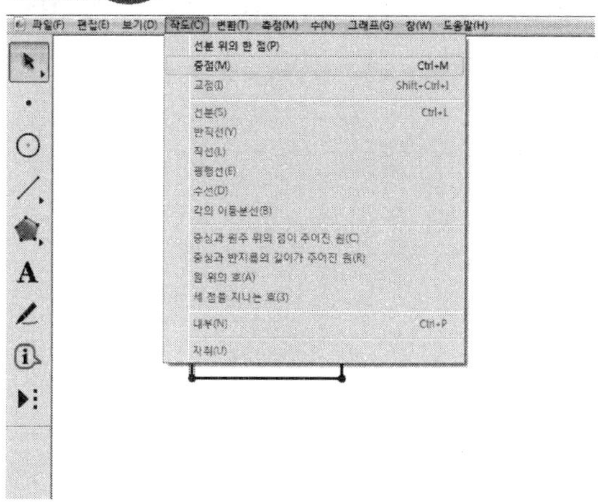

정사각형의 한 변을 활성화한 후, 작도(C) 메뉴에 있는 중점(M) 을 선택한다.

STEP 03

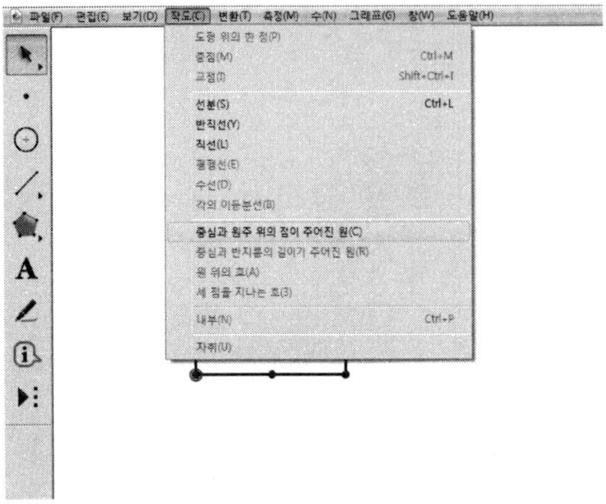

정사각형의 각 변에 생긴 중점과 꼭짓점을 이용하여 **작도(C)** 메뉴에 있는 **중심과 원주 위의 점이 주어진 원(C)** 을 선택한다.

STEP 04

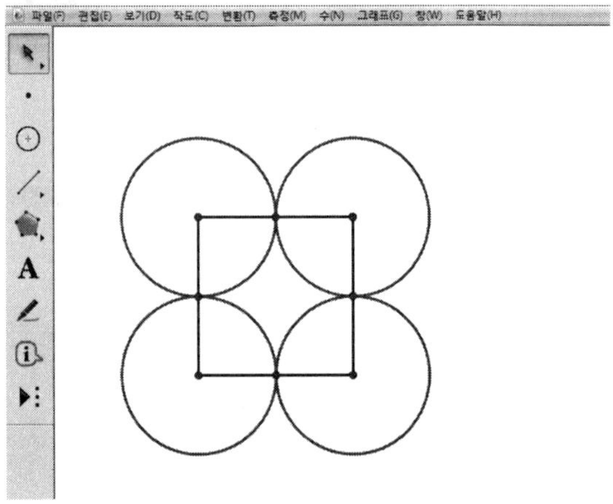

같은 방법으로 각 꼭짓점이 원의 중심이 되는 원을 그린다.

방법2 사각형과 반원 모양을 이용한 여러 가지 모양 나타내기

활용 기능

작도(C) 중점(M) 변환(T) 회전이동(R) 원 위의 호(A) 중점(M)

중심과 반지름의 길이가 주어진 원(R) 원 위의 한 점(P) 세 점을 지나는 호(3)

보기(D) 숨기기(H)

STEP 01

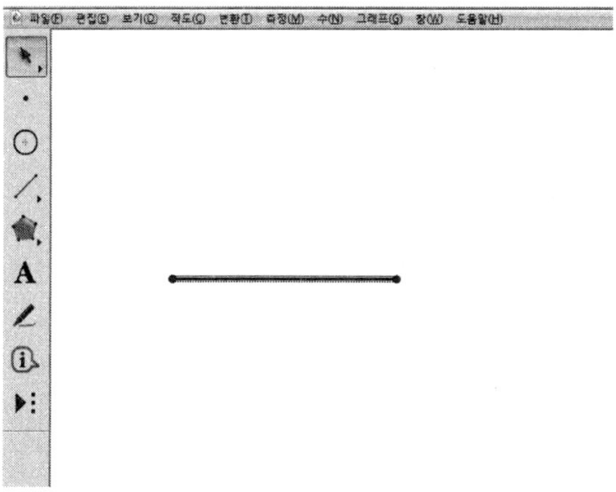

선분 도구를 이용하여 사각형의 한 변이 되는 선분을 그린다.

STEP 02

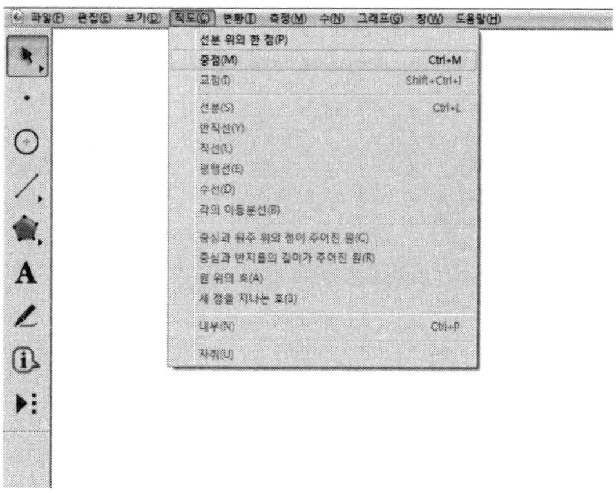

그려진 선분을 활성화한 후, 작도(C) 메뉴에 있는 중점(M) 을 선택한다.

STEP 03

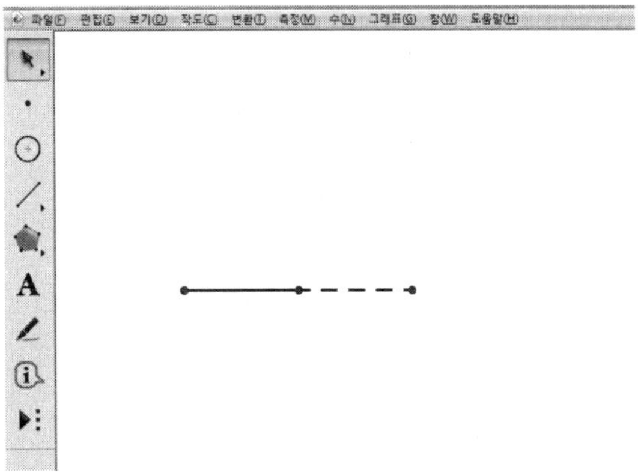

나타난 중점과 선분의 한 끝점을 **선분 도구**를 이용하여 나타낸다.

STEP 04

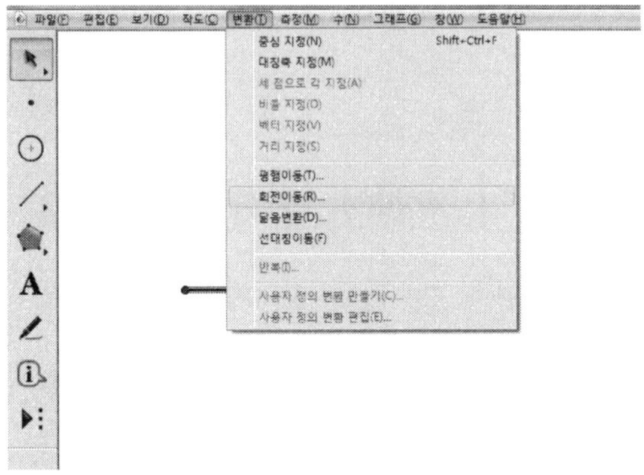

중점과 연결한 선분을 활성화한 후, **변환(T)** 메뉴에 있는 **회전이동(R)** 을 선택한다.

STEP 05

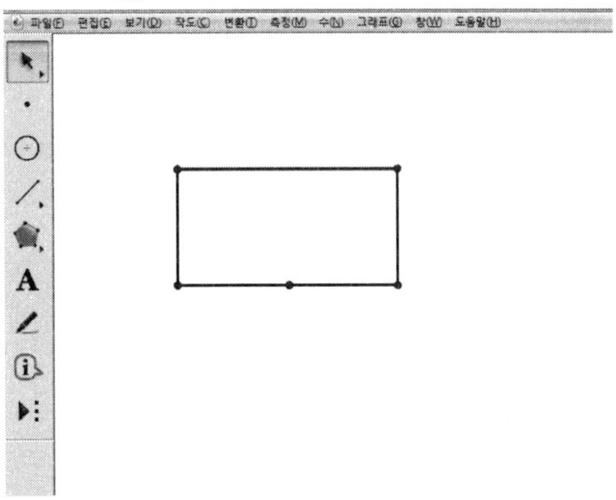

같은 방법으로 다른 한 변을 나타내고 **선분 도구**를 이용하여 윗변을 나타낸다.

STEP 06

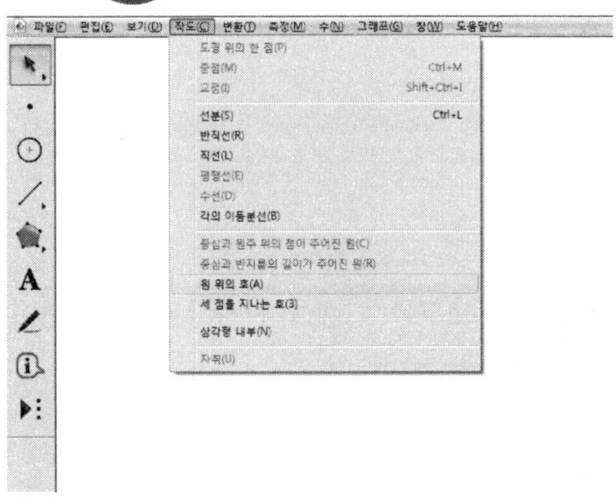

아랫변에 있는 중점과 사각형의 양 변을 구성하는 두 점을 활성화한 후, **작도(C)** 메뉴에 있는 **원 위의 호(A)** 를 선택한다.

STEP 07

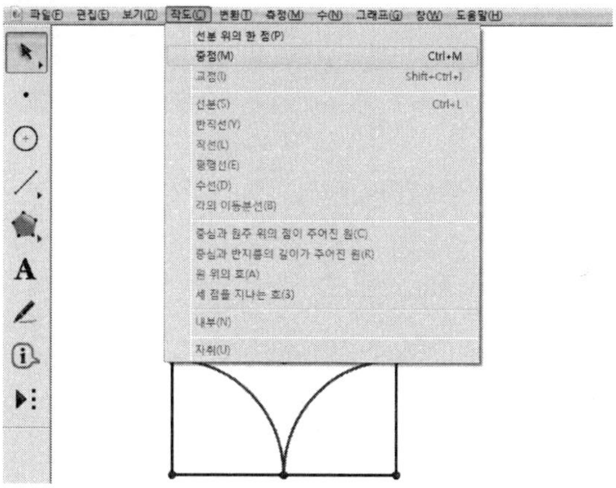

직사각형의 윗변을 지름으로 하는 반원을 나타내기 위해 직사각형의 윗변을 나타내는 선분을 활성화한 후, **작도(C)** 메뉴에 있는 **중점(M)** 을 선택한다.

STEP 08

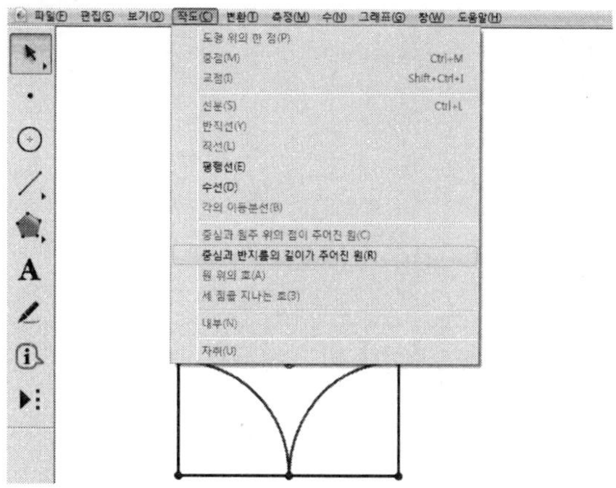

작도(C) 메뉴에 있는 **중심과 반지름의 길이가 주어진 원(R)** 을 선택하여 원을 나타낸다.

STEP 09

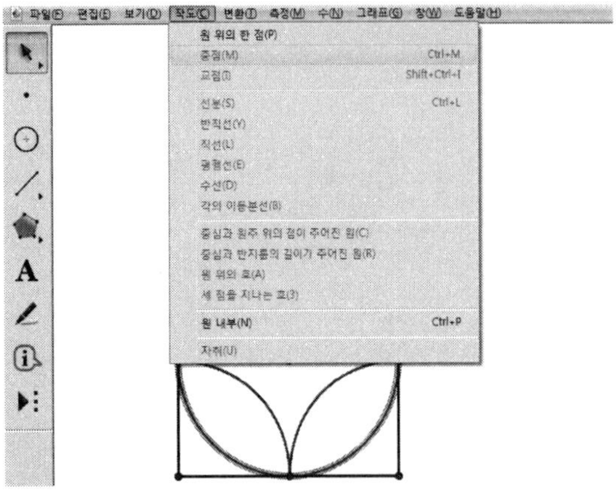

반원을 그리기 위해 나타난 원을 활성화한 후, 작도(C) 메뉴에 있는 원 위의 호(A) 을 선택한다.

STEP 10

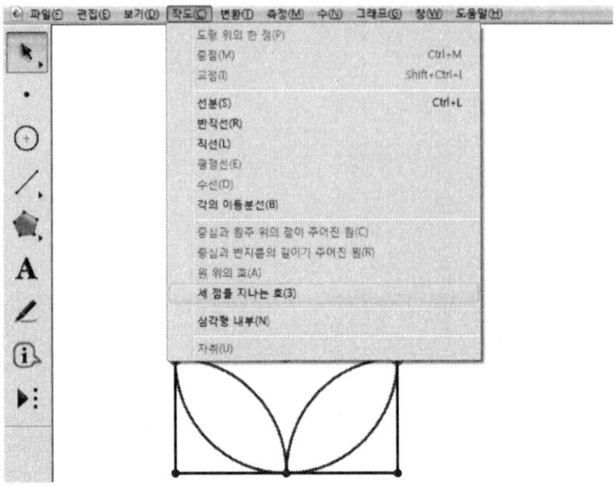

원 위에 점이 나타나면 원의 지름을 이루는 양 끝점과 원 위의 한 점을 활성화한 후, 작도(C) 메뉴에 있는 세 점을 지나는 호(3) 를 선택한다.

STEP 11

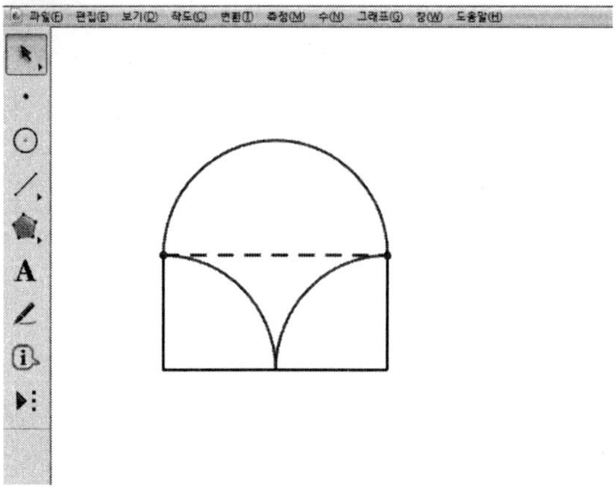

그려진 반원을 제외한 선분과 점들은 **보기(D)** 메뉴에 있는 **숨기기(H)** 를 선택하여 숨긴다.

학습목표

GSP로 전통문양을 그릴 수 있다.

활동1

태극 문양 그리기

활용 기능

작도(C) 중점(M) 중심과 반지름의 길이가 주어진 원(R)

원 위의 한 점(P) 세 점을 지나는 호(3) 보기(D) 숨기기(H)

STEP 01

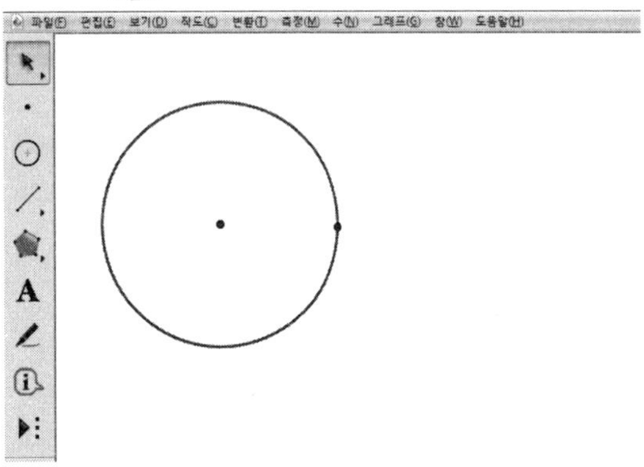

원 도구를 이용하여 원을 그린다.

STEP 02

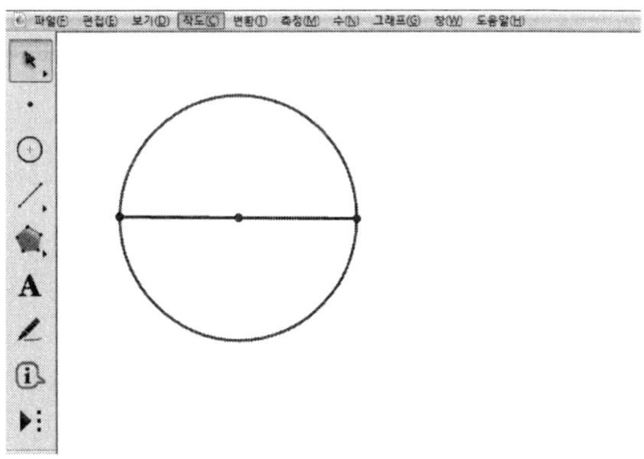

선분 도구를 이용하여 원의 지름을 나타낸다.

STEP 03

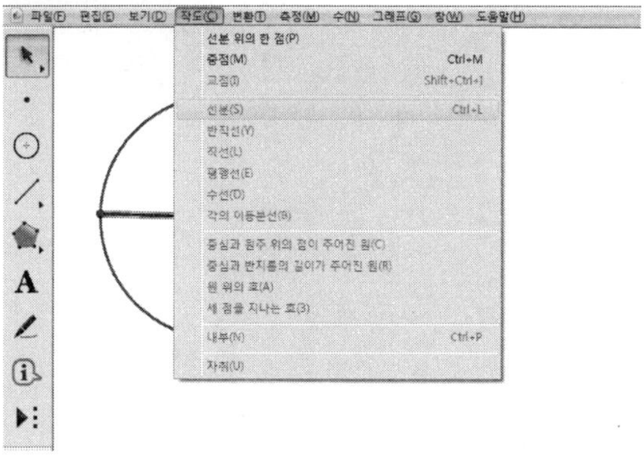

선분 도구를 이용하여 원의 중심과 원의 지름을 이루는 한 점을 연결한 후, **작도(C)** 메뉴에 있는 **중점(M)** 을 선택한다.

STEP 04

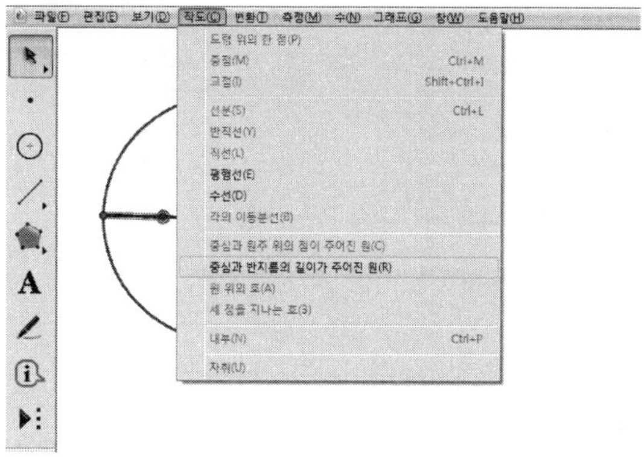

나타난 중점과 원의 한 끝점을 **선분 도구**를 이용하여 연결한 후, 선분과 점을 활성화하여 **작도(C)** 메뉴에 있는 **중심과 반지름의 길이가 주어진 원(R)** 을 선택하여 작은 원을 나타낸다.

STEP 05

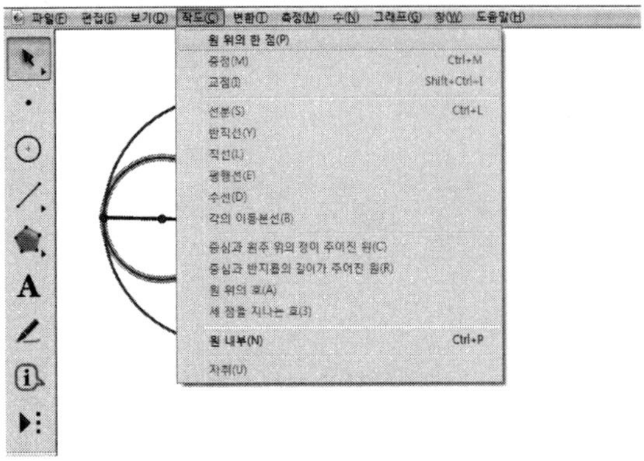

나타난 작은 원을 활성화한 후, **작도(C)** 메뉴에 있는 **원 위의 호(A)** 을 선택한다.

STEP 06

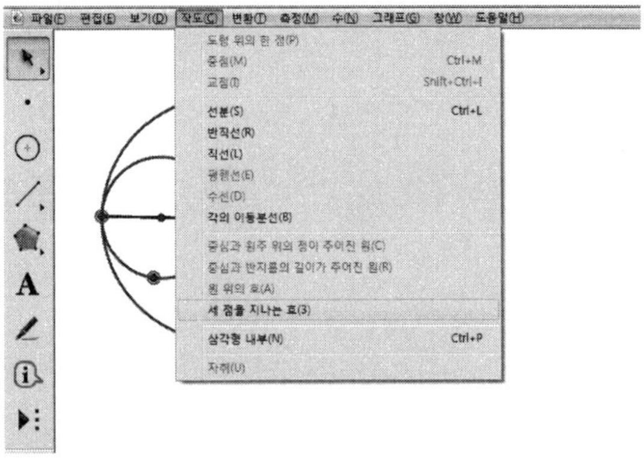

나타난 점과 원의 양 끝점을 활성화한 후, **작도(C)** 메뉴에 있는 **세 점을 지나는 호(3)** 를 선택한다.

STEP 07

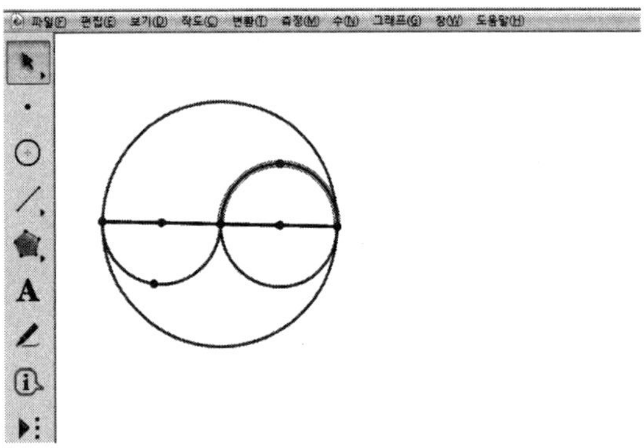

같은 방법으로 작은 원을 하나 더 그린다.

STEP 08

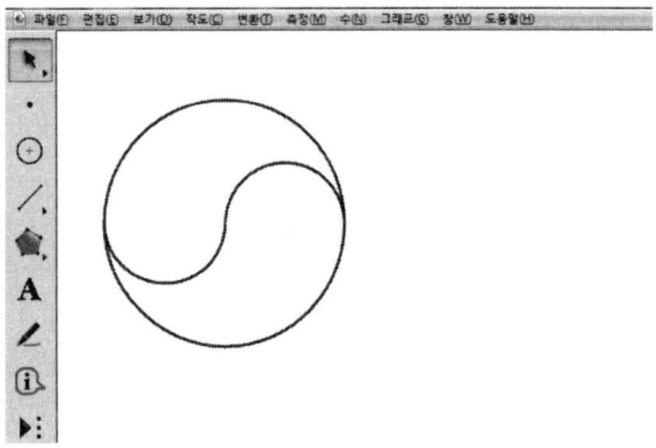

그려진 태극 모양을 제외한 선분과 점들은 **보기(D)** 메뉴에 있는 **숨기기(H)** 를 선택하여 숨긴다.

활동2

불교 문양 그리기

활용 기능

A 변환(T) 닮음변환(D) 회전이동(R)

STEP 01

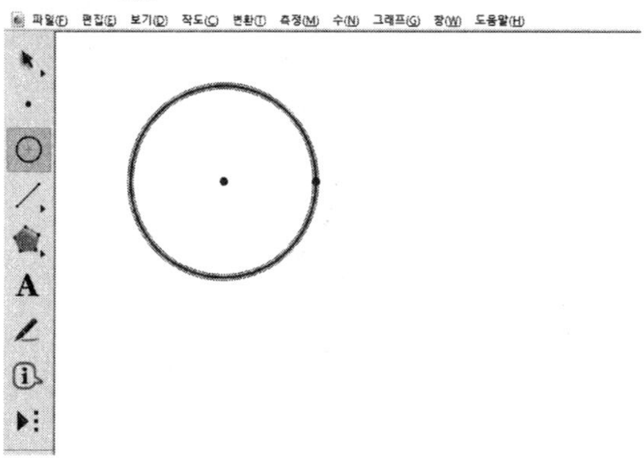

원 도구를 이용하여 원을 그린다.

STEP 02

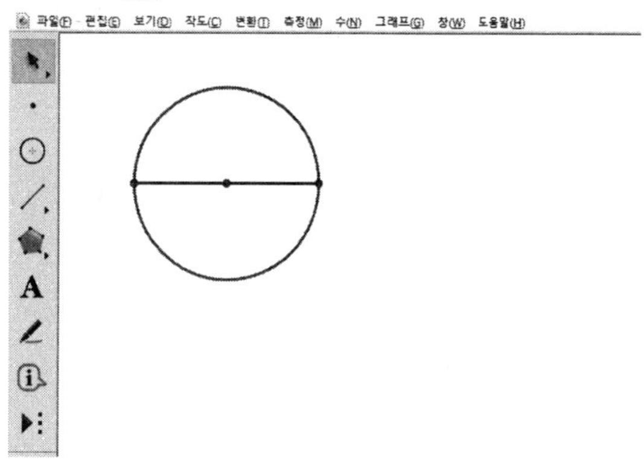

선분 도구를 SHIFT키를 이용하여 왼쪽과 오른쪽의 원의 지름을 나타낸다.

STEP 03

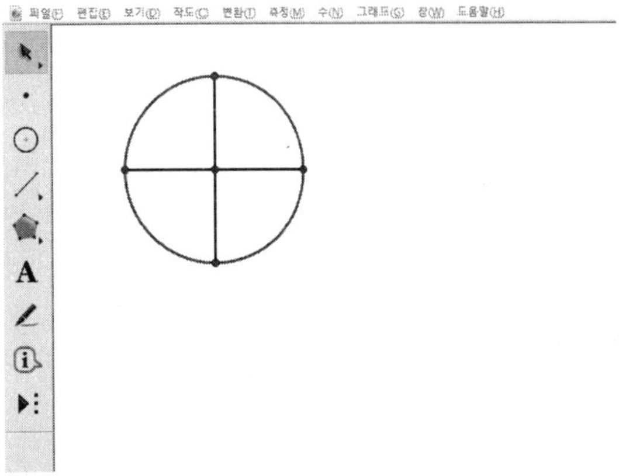

선분 도구를 SHIFT키를 이용하여 위와 아래의 원 지름을 나타낸다.

STEP 04

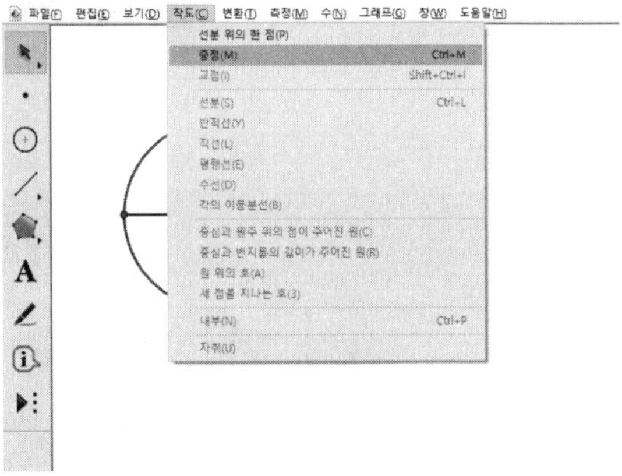

원의 중심과 윗부분을 연결한 반지름을 활성화한 뒤, **작도(C)** 메뉴에 있는 **중점(M)** 을 선택한다.

STEP 05

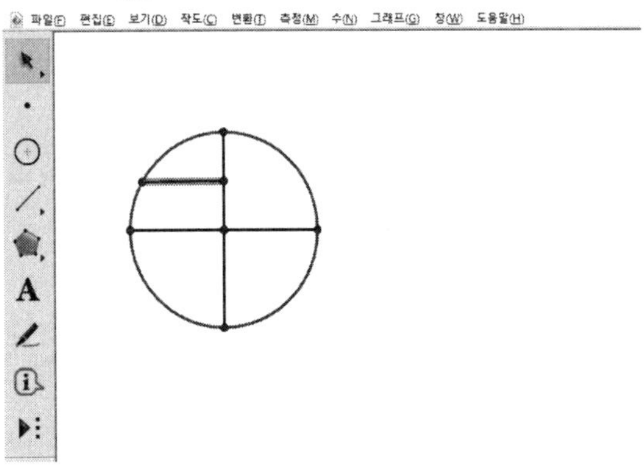

나타난 중점과 원을 **선분 도구**를 이용하여 연결한다.

STEP 06

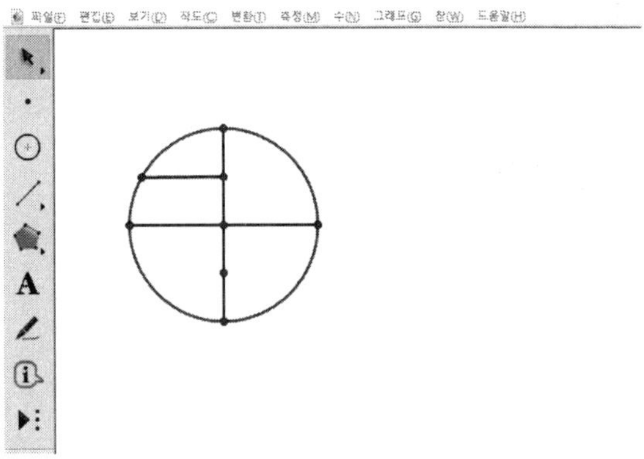

같은 방법으로 원의 중심과 아랫부분을 연결한 반지름을 활성화한 뒤, **작도(C)** 메뉴에 있는 **중점(M)** 을 선택한다.

STEP 07

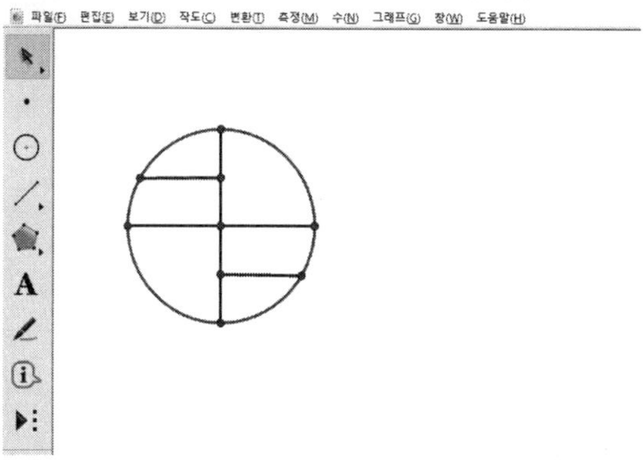

나타난 중점과 원을 **선분 도구**를 이용하여 연결한다.

STEP 08

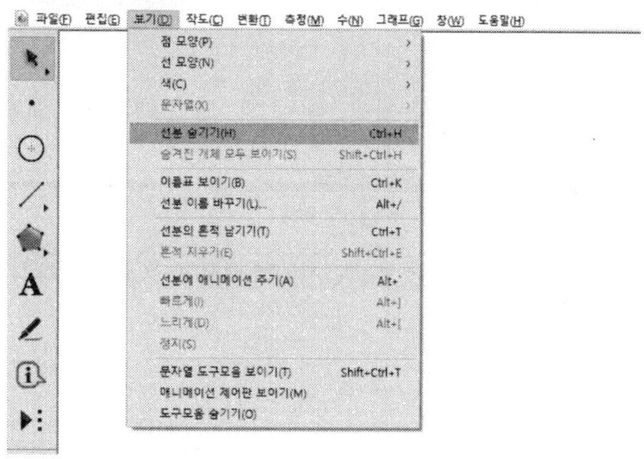

불교 문양에 나타나지 않는 선분과 점들은 **보기(D)** 메뉴에 있는 **숨기기(H)** 를 사용하여 숨기도록 한다.

STEP 09

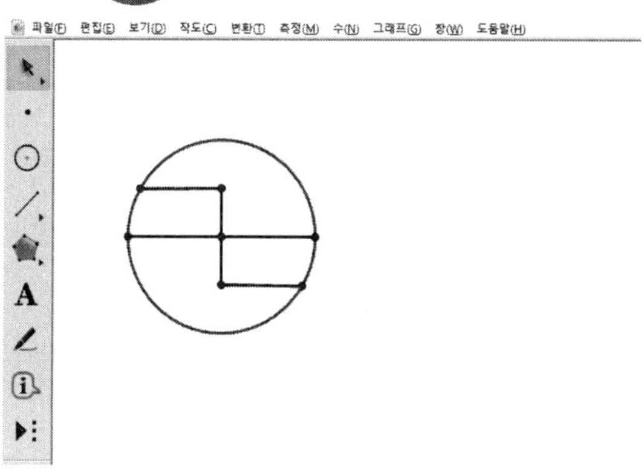

함께 지워진 선분들은 다시 **선분 도구**를 이용하여 나타내도록 한다.

심화 활동

다음에 있는 도형을 어떻게 작도했는지 생각해 보고 똑같이 작도해 봅시다.

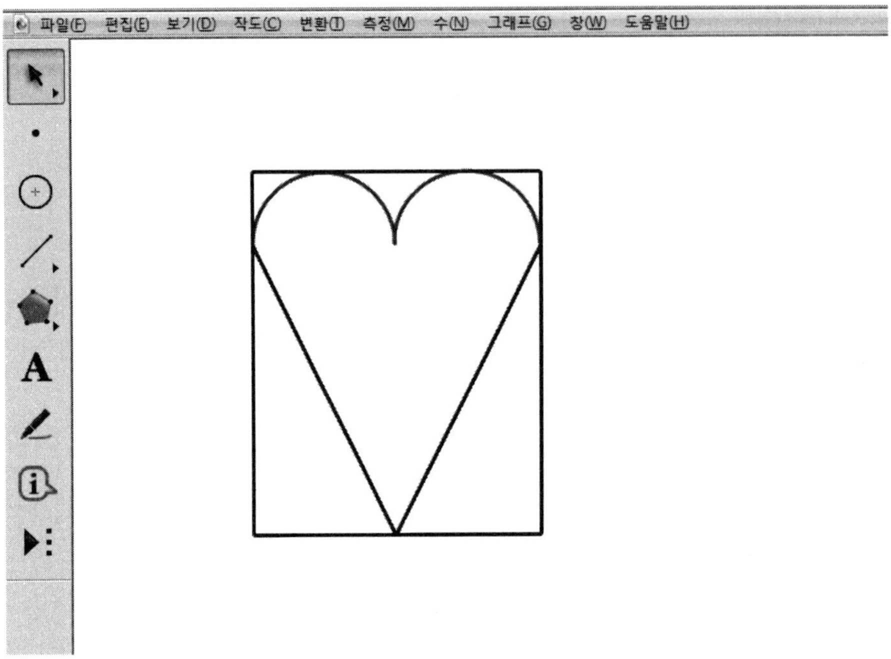

심화 활동 모범답안

STEP 01

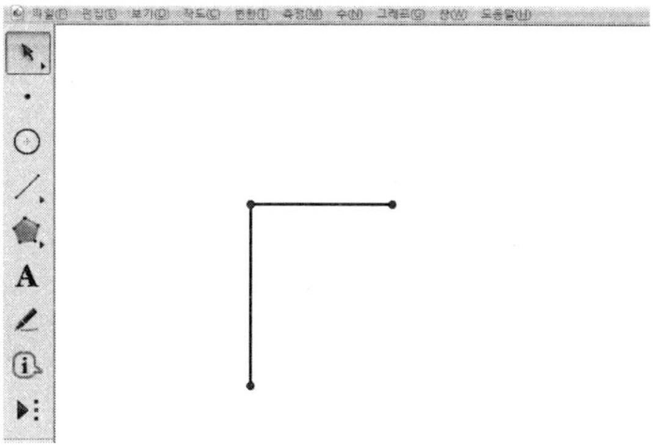

선분 도구를 이용하여 직선을 나타낸다.

STEP 02

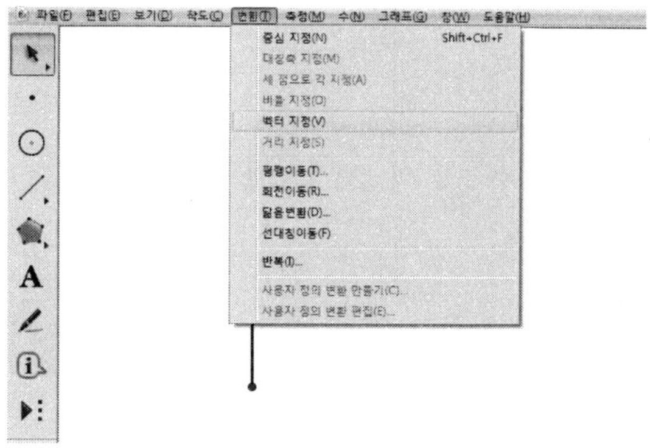

선분 도구를 이용하여 그려진 직선의 왼쪽 점과 오른쪽 점을 활성화한 뒤, **변환(T)** 메뉴에 있는 **벡터지정(V)** 을 선택한다.

STEP 03

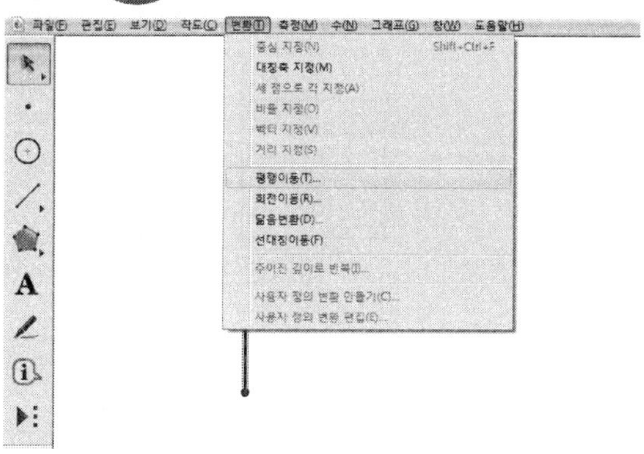

아래로 떨어지는 직선을 활성화한 뒤, **변환(T)** 메뉴에 있는 **평행이동(T)** 을 선택한다.

STEP 04

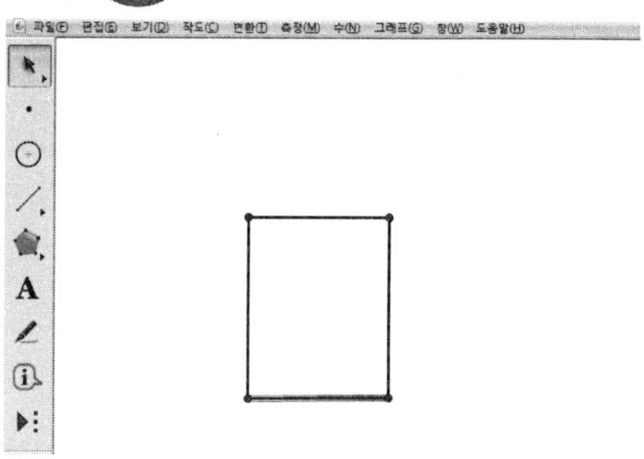

선분 도구를 이용하여 직사각형을 그린다.

STEP 05

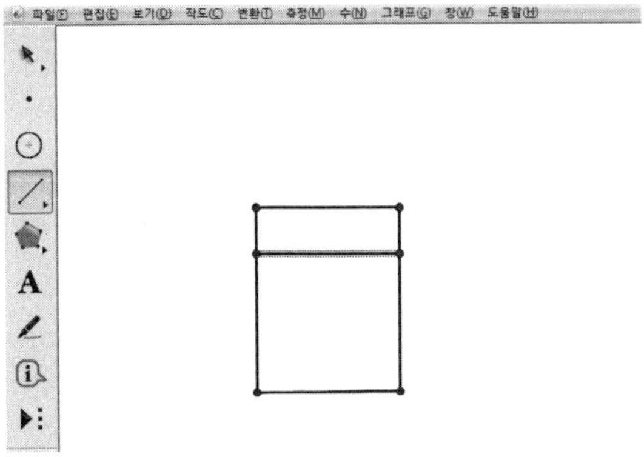

선분 도구를 이용하여 직사각형 안에 직선을 하나 나타낸다.

STEP 06

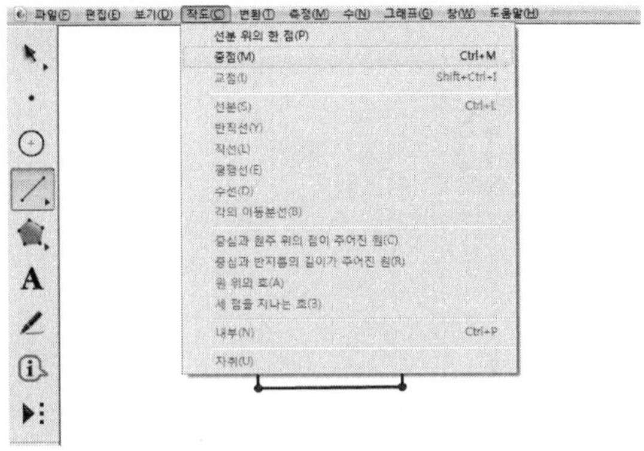

나타낸 직선을 활성화한 뒤, **작도(C)** 메뉴에 있는 **중점(M)** 을 선택한다.

STEP 07

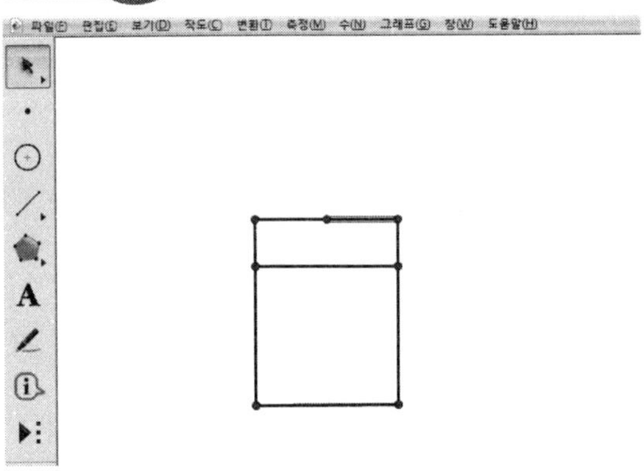

작도(C) 메뉴에 있는 **중점(M)** 을 이용하여 직사각형 윗변에 중점을 나타낸 뒤, **선분 도구**를 이용하여 중점과 직사각형 꼭짓점을 연결하는 직선을 나타낸다.

STEP 08

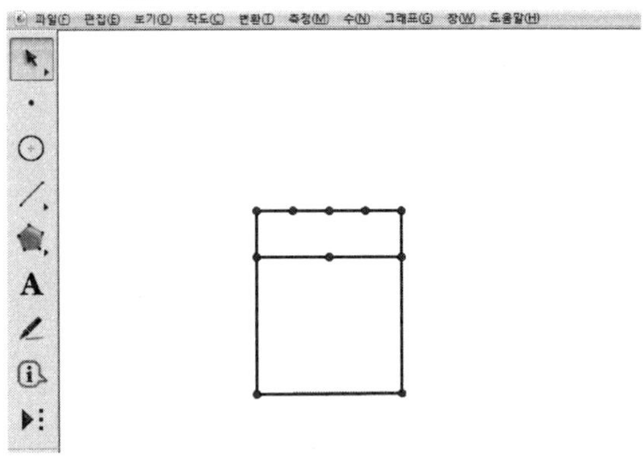

각각의 선분의 중점을 나타낸다.

STEP 09

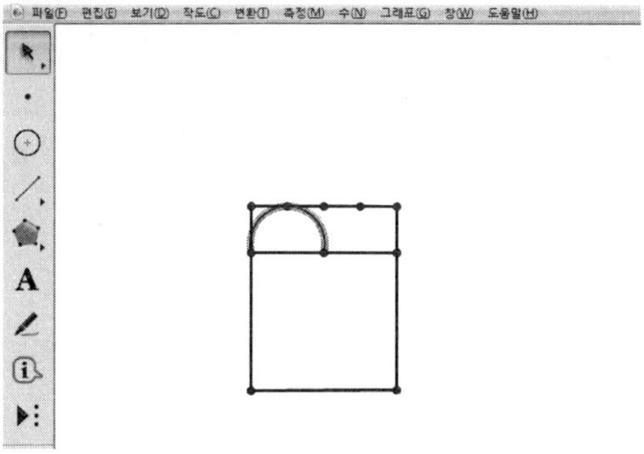

아래에 있는 선분의 중점과 직사각형 윗변의 두 번째 점, 그리고 아래에 있는 선분 왼쪽에 있는 점을 차례로 활성화한 뒤, **작도(C)** 메뉴에 있는 **세 점을 지나는 호(3)** 를 선택한다.

STEP 10

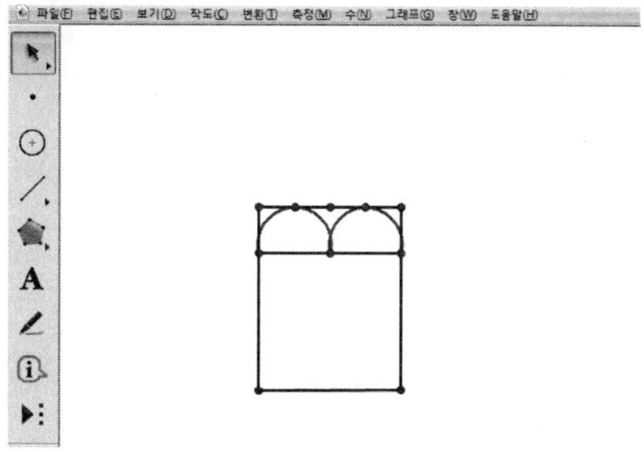

같은 방법으로 오른쪽에도 하나의 호를 나타낼 수 있다.

STEP 11

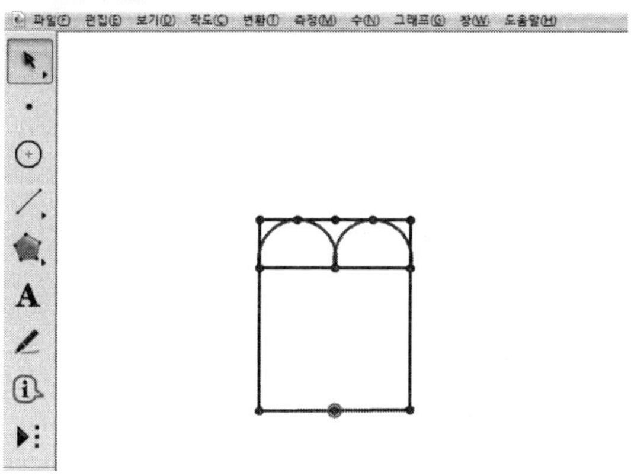

직사각형의 아랫변을 활성화한 뒤, **작도(C)** 메뉴에 있는 **중점(M)** 을 선택한다.

STEP 12

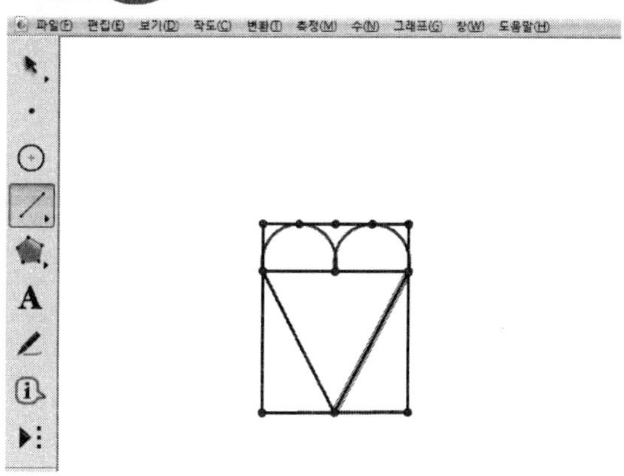

선분 도구를 이용하여 직사각형의 아랫변에 있는 중점과 연결되는 직선을 나타낸다.

시어핀스키 삼각형 그리기

프랙털 구조의 대표적인 예

프랙털은 수학, 기하학 연구 분야 중 하나로서, 자기유사성을 갖는 기하학적 구조를 뜻한다. 자기 닮음 도형이라고도 표현한다. 쉽게 말하면 어떤 도형의 작은 일부를 확대해 봤을 때 그 도형의 전체 모습이 똑같이 반복되는 도형에 관한 연구이다.

프랙털(Fractal)이라는 용어는 1975년 브누아 만델브로(Benoit Mandelbrot)의 The Fractal Geometry of Nature에서 처음으로 이 단어를 사용하면서 명명되었다. 다만 프랙털의 개념 자체는 이전부터 인지되고 있었다. 그 어원은 라틴어 frangere에서 유래되었으며 그 뜻은 "부수기 위한"이다.

프랙털 이론은 1975년 만델브로 집합(최초로 발견된 프랙털 도형)을 연구하면서 시작되었으며, 그 이후로 많은 사례들이 발견되었다. 그 후 자연계가 통계적인 프랙털 모양을 하고 있다는 사실이 밝혀지면서 카오스 이론과 접목시켜서 자연을 모델링하는 데에 굉장히 유용하게 사용된다. 학교 수학 과제 주제로도 유용하다. <출처: 나무위키 '프랙털 이론'>

우리는 이 프랙털 구조를 GSP를 이용하여 그려 볼 것이다. 수학 과제 주제로 쓰이는 대표적인 프랙털 주제 중 이번에는 '시어핀스키 삼각형'을 GSP로 그려볼 것이다. '시어핀스키 삼각형(Sierpinski triangle)'은 폴란드의 수학자 바츨라프 시어핀스키(Waclaw Sierpinski, 1882~1969)의 이름을 딴 프랙털 도형이다. 주어진 정삼각형의 각 변의 중점을 이으면 합동인 네 개의 작은 정삼각형이 만들어지는데, 이때 가운데 있는 정삼각형을 제거하여 세 개의 정삼각형만 남긴다. 남아 있는 세 개의 정삼각형에 대해서도 이런 과정을 반복하면 시어핀스키 삼각형을 얻을 수 있다. 본 주제에서 학생들의 사고를 바탕으로 프랙털의 구조와 아름다움을 체험해 보는 활동을 통해 일상 생활 속에서도 수학적인 시각으로 사물을 관찰할 수 있는 기회를 제공하였으면 하는 바람이다.

시어핀스키 삼각형

학습목표

✔ GSP로 여러 가지 모양의 삼각형을 그릴 수 있다.
✔ GSP를 활용하여 도형을 돌리 수 있다.
✔ GSP를 활용하여 시어핀스키 삼각형을 그릴 수 있다.

관련 교육과정

학년군	영역	단원	성취기준
3~4학년	도형	여러 가지 삼각형	[4수02-08] 여러 가지 모양의 삼각형에 대한 분류 활동을 통하여 이등변삼각형, 정삼각형을 이해한다.
3~4학년	도형	여러 가지 삼각형	[4수02-09] 여러 가지 모양의 삼각형에 대한 분류 활동을 통하여 직각삼각형, 예각삼각형, 둔각삼각형을 이해한다.
3~4학년	도형	여러 가지 삼각형	[4수02-09] 여러 가지 모양의 삼각형에 대한 분류 활동을 통하여 직각삼각형, 예각삼각형, 둔각삼각형을 이해한다.

지도계획

전개단계	활동명	주요 수업활동	주요수업 형태
계획 수립하기	1. 시어핀스키 삼각형 알기	• 단원 소개 • 시어핀스키 삼각형을 이루는 기본 요소	• 교사 강의 • 개인 실습 • 전체 토론
지식 및 기능 습득하기	2. 여러 가지 삼각형 그리기 (예각, 둔각, 이등변)	• 변환과 회전이동을 활용해 예각삼각형 그리기 • 변환과 회전이동을 활용해 둔각삼각형 그리기 • 변환과 회전이동을 활용해 이등변삼각형 그리기	• 교사 강의 • 개인 실습 • 전체 토론
	3. 중심지정을 이용한 도형 돌리기	• 변환과 중심지정을 활용해 도형 돌리기	• 교사 강의 • 개인 실습 • 전체 토론
	4. 반복 기능을 활용하여 같은 모양 그리기	• 반복과 규칙 메뉴를 활용하여 같은 모양 그리기	• 교사 강의 • 개인 실습 • 전체 토론
수행하기	5. 시어핀스키삼각형 그리기	• 배운 기능을 활용하여 시어핀스키 삼각형 그리기	• 교사 강의 • 개인 실습 • 전체 토론
	6. 이등변 삼각형을 그리고 시어핀스키 삼각형 그리기	• 배운 기능을 활용하여 이등변 삼각형을 그리고 시어핀스키 삼각형 그리기	• 교사 강의 • 개인 실습 • 전체 토론

학습목표

GSP 기본기능을 익혀 시어핀스키 삼각형을 그릴 수 있다.

활동1

여러 가지 삼각형 그려보기

방법1 둔각삼각형 그리기

활용 기능

변환(T) 회전이동(R)

STEP 01

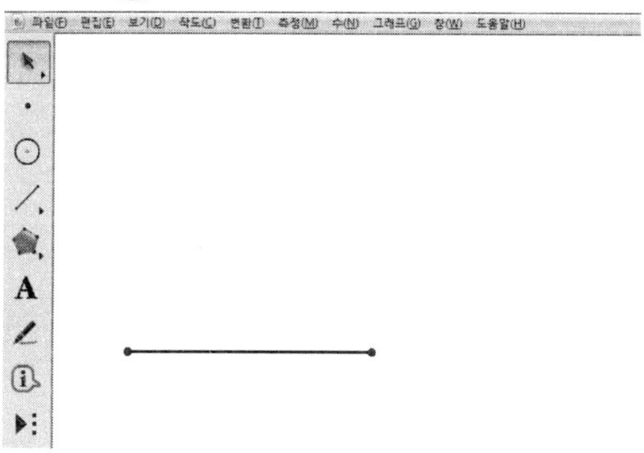

선분 도구를 이용하여 선분을 그린다.

STEP 02

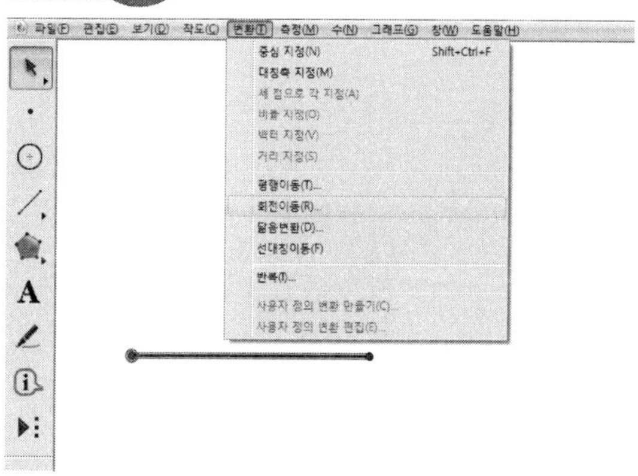

그려진 선분을 활성화한 후, 변환(T) 메뉴에 있는 회전이동(R) 을 클릭한다.

STEP 03

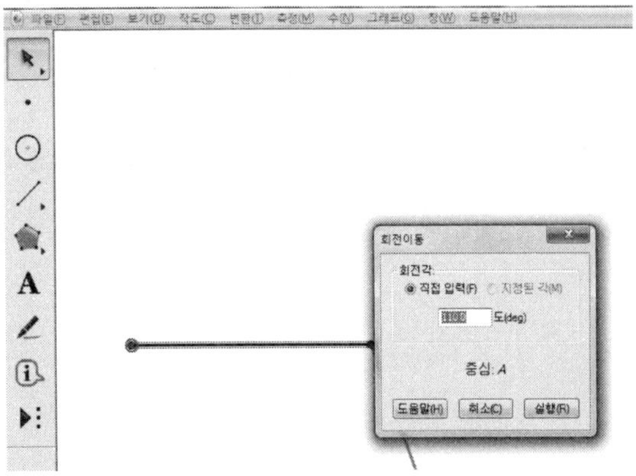

회전각에 90 초과 180 미만의 임의의 수를 입력한다.

STEP 04

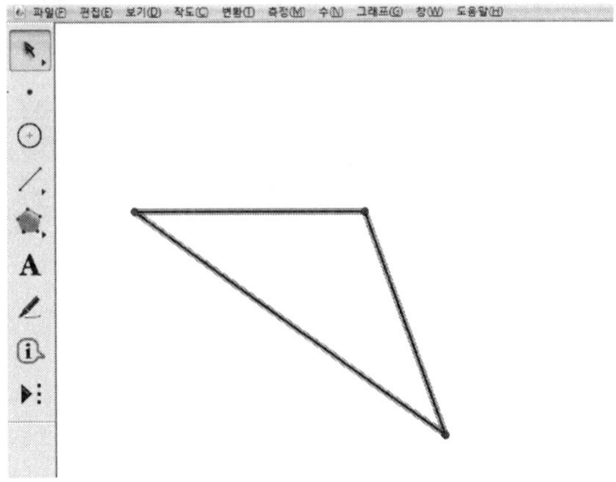

회전이동한 선분이 화면에 나타나면 **선분 도구**를 이용하여 점과 회전이동된 선분을 이어 둔각삼각형을 만든다.

방법2 예각삼각형 그리기

활용 기능

변환(T) 회전이동(R)

STEP 01

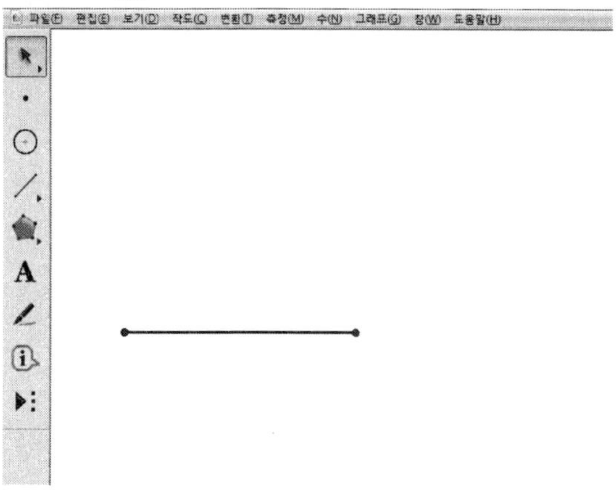

선분 도구를 이용하여 선분을 그린다.

STEP 02

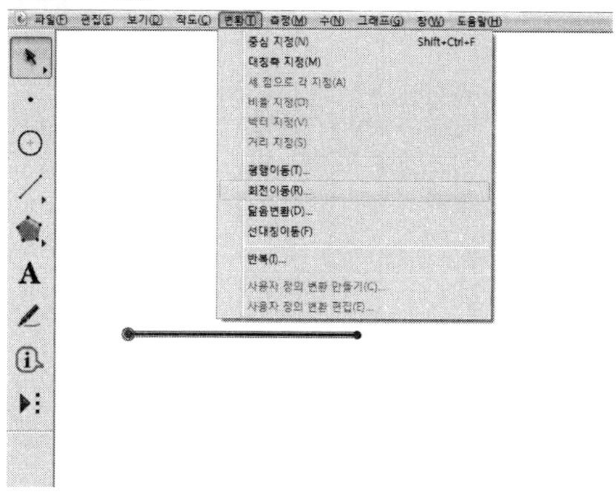

회전각에 1 이상 90 미만의 임의의 수를 입력한다.

STEP 03

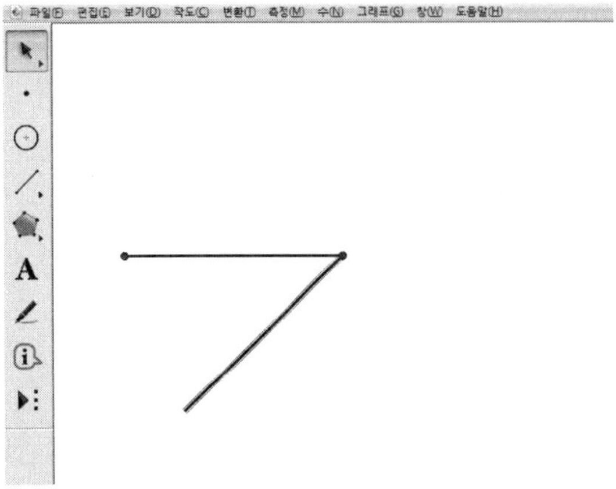

회전각에 1 이상 90 미만의 임의의 수를 입력한다.

STEP 04

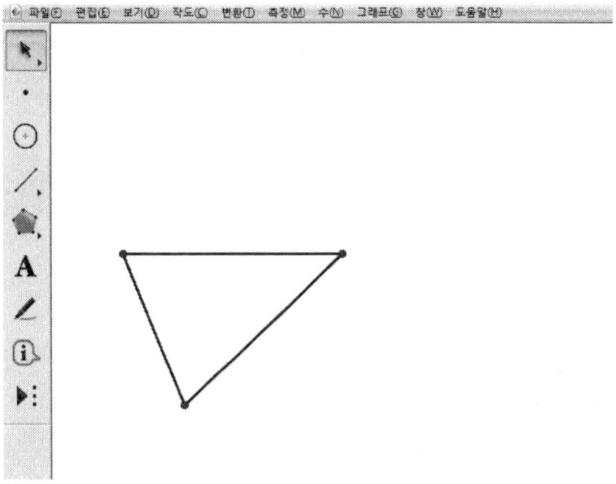

기존에 그려져 있던 선분과 같은 길이의 회전이동한 선분이 화면에 나타나면 **선분 도구**를 이용하여 점과 회전이동된 선분을 이어 예각삼각형을 만든다.

방법3 이등변삼각형 그리기

활용 기능

변환(T) 회전이동(R)

STEP 01

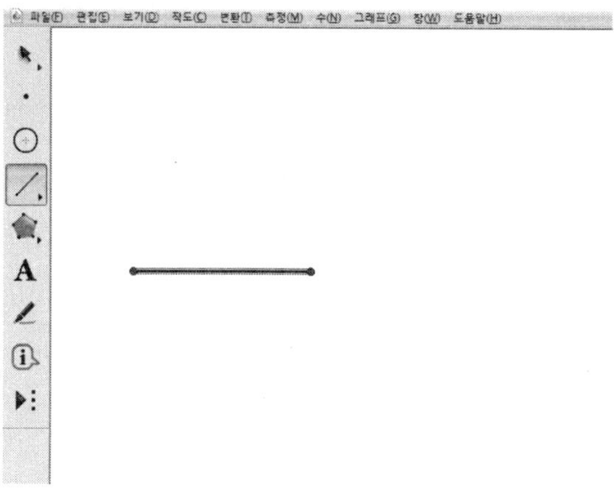

선분 도구를 이용하여 선분을 그린다.

STEP 02

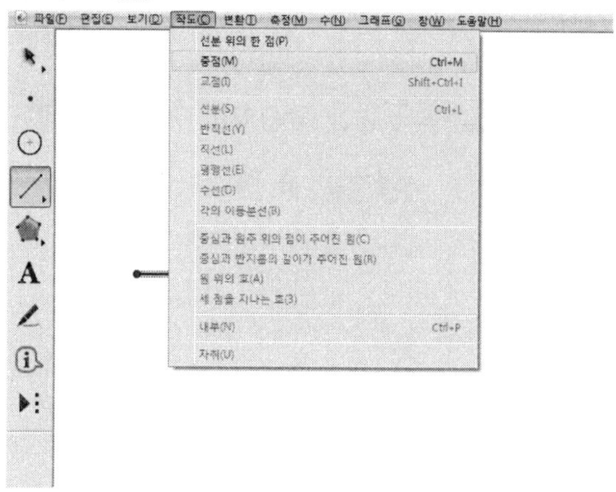

그려진 선분을 활성화한 후, **작도(C)** 메뉴에 있는 **중점(M)** 을 클릭한다.

STEP 03

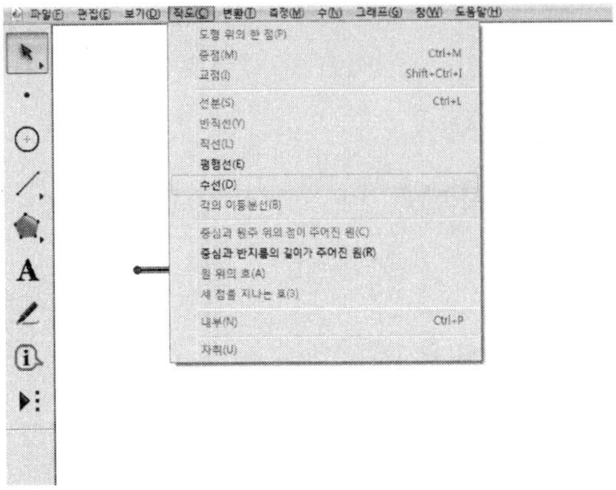

선분과 선분의 중점을 활성화한 후, **작도(C)** 메뉴에 있는 **수선(D)** 을 클릭한다.

STEP 04

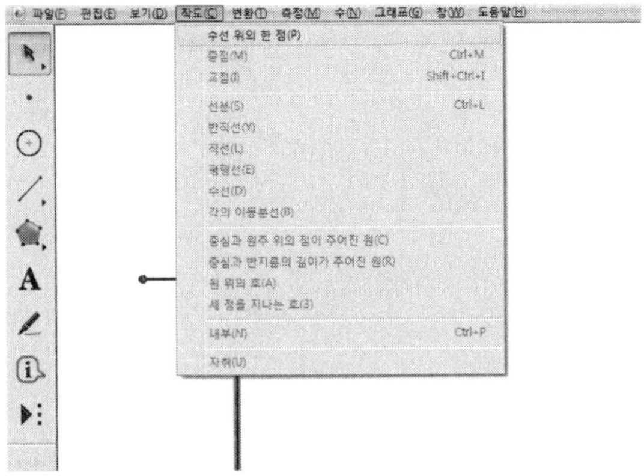

나타난 수선을 활성화한 후, **작도(C)** 메뉴에 있는 **수선 위의 한 점(P)** 을 클릭하고, 수선 위에 나타난 한 점과 선분의 양 끝점을 연결하여 완성한다.

방법4 정삼각형 그리기

활용 기능

작도(C) 중심과 반지름의 길이가 주어진 원(R)

STEP 01

선분 도구를 이용하여 선분을 그린다.

STEP 02

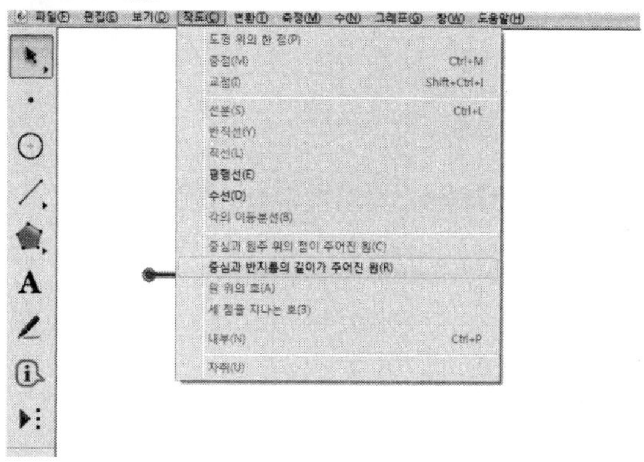

선분과 선분의 다른 끝점을 활성화한 후, 작도(C) 메뉴에 있는 중심과 반지름의 길이가 주어진 원(R) 을 클릭한다.

STEP 03

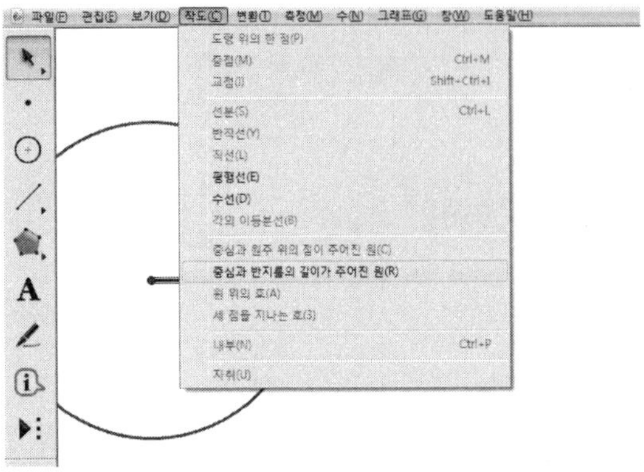

선분과 선분의 다른 끝점을 활성화한 후, **작도(C)** 메뉴에 있는 **중심과 반지름의 길이가 주어진 원(R)** 을 클릭한다.

STEP 04

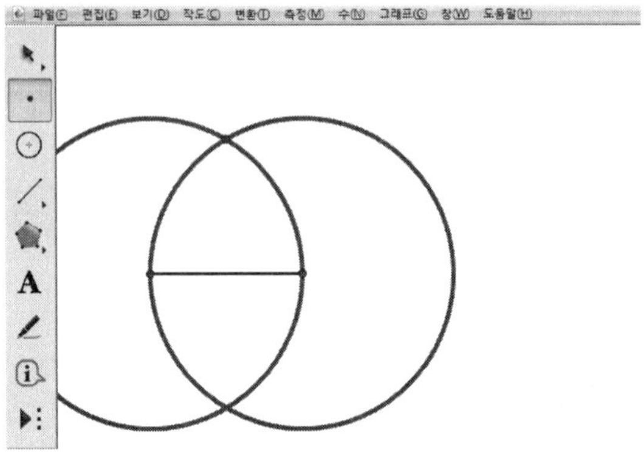

나타난 두 원이 교차하는 곳에 **점 도구**를 이용하여 점을 찍는다.

STEP 05

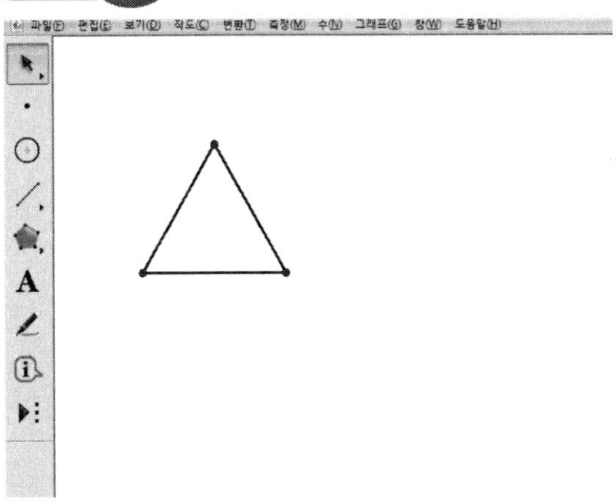

두 원이 교차하는 점과 선분의 양 끝점을 연결하여 정삼각형을 그린다.

활동2

'중심지정'을 이용한 도형 돌리기

방법1 '중심지정'을 이용하여 회전이동하기

활용 기능

변환(T) 중심 지정(N) 회전이동(R) 보기(D) 개체 숨기기(H)

STEP 01

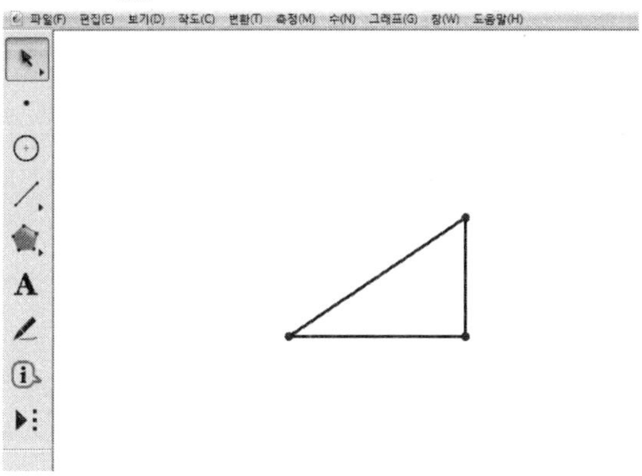

선분 도구로 세 개의 선분을 그려 직각삼각형을 완성한다.

STEP 02

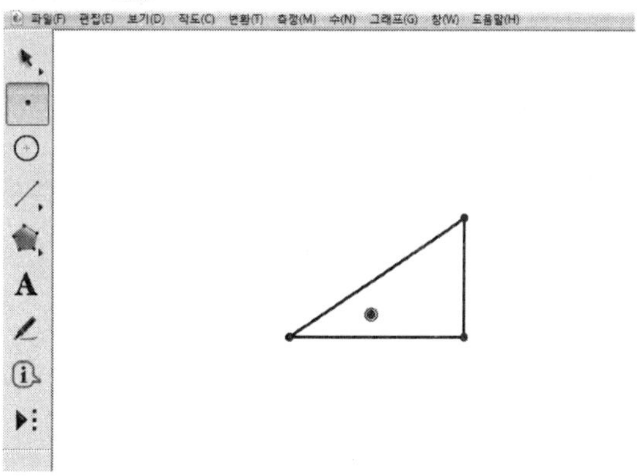

점 도구를 선택하여 삼각형의 안쪽에 점을 그린다.

STEP 03

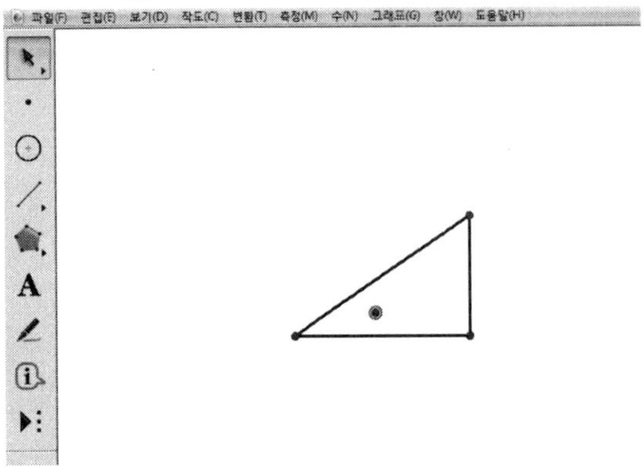

화살표 도구로 점을 선택한다.

STEP 04

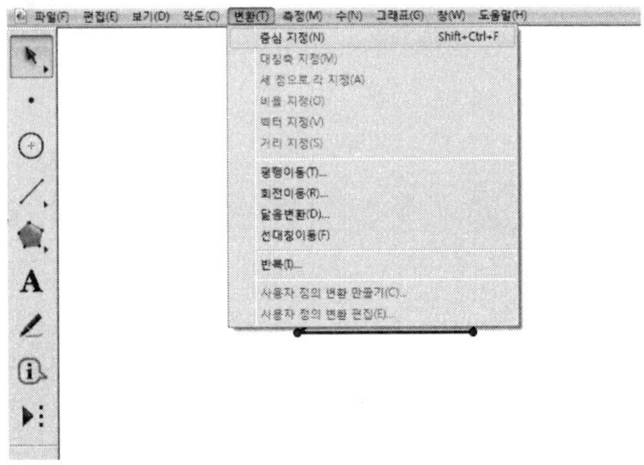

변환(T) 메뉴를 눌러 활성화된 **중심 지정(N)** 을 선택한다.

STEP 05

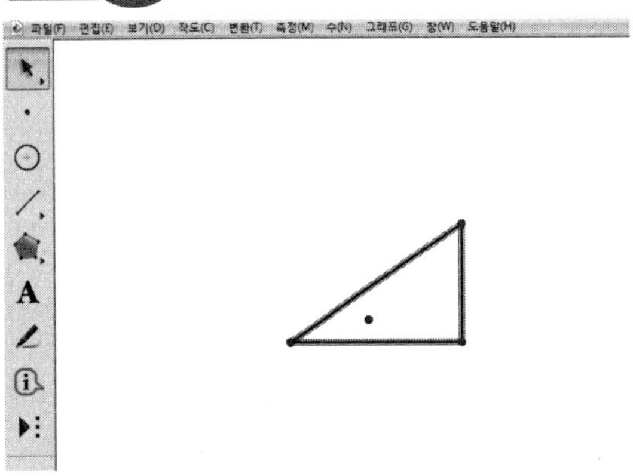

삼각형을 선택한다.

STEP 06

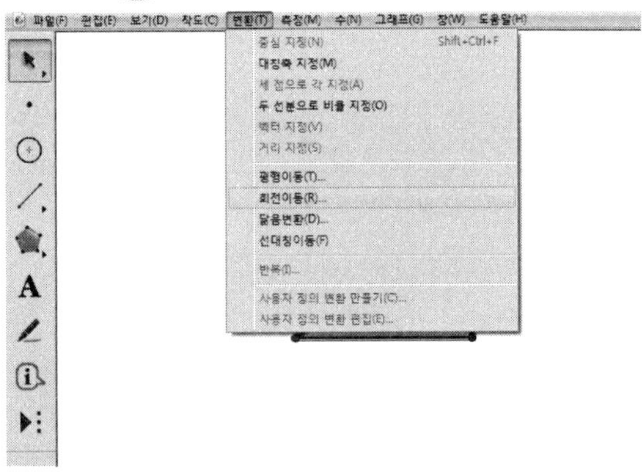

변환(T) 메뉴를 눌러 활성화 **회전이동(R)** 을 선택한다.

STEP 07

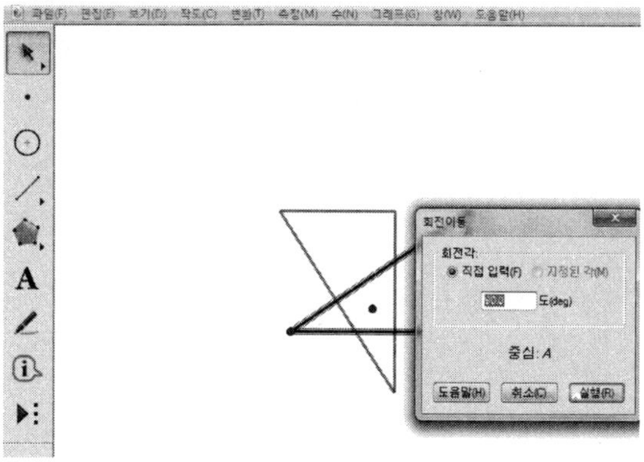

대화창에서 회전각을 직접 입력(F)으로 선택하고 90.0을 입력하고 **실행(R)** 을 눌러 도형을 왼쪽 방향으로 90° 만큼 돌린다.

STEP 08

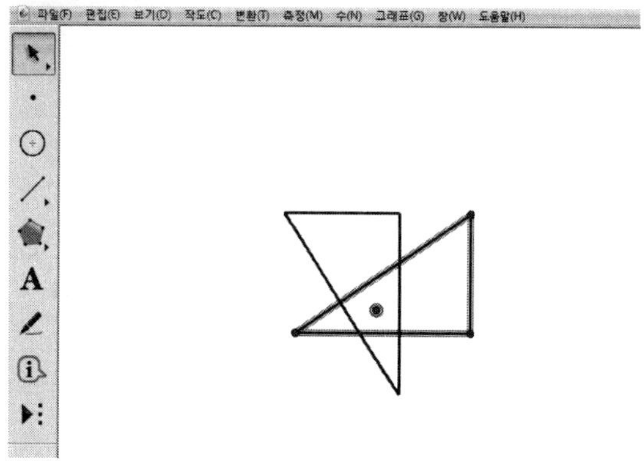

화살표 도구로 기존 삼각형과 중심점을 선택한다.

STEP 09

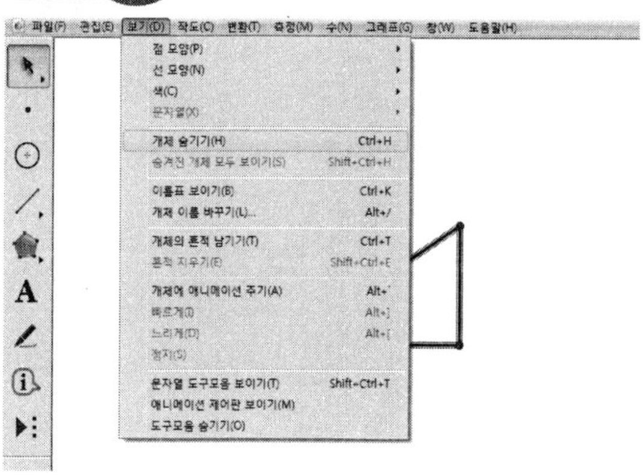

보기(D) 메뉴를 눌러 활성화된 **개체 숨기기(H)** 를 선택한다.

STEP 10

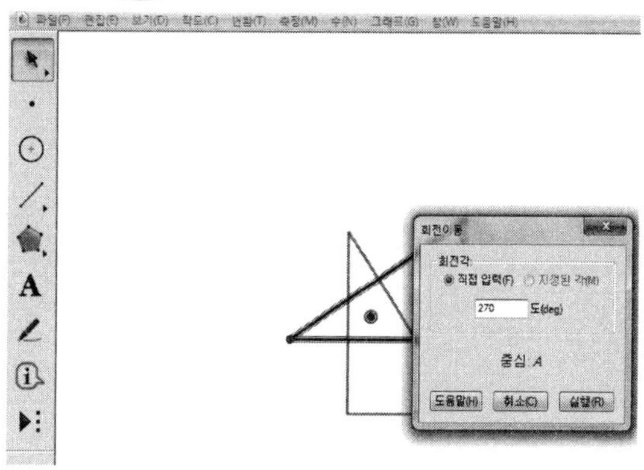

같은 방법으로 회전각을 180°, 270°, 360°로 각각 입력하여 도형을 돌린다.

STEP 11

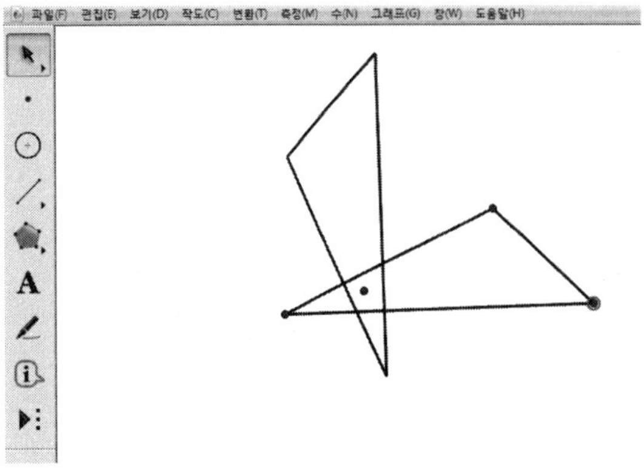

기본 도형의 모양을 변화시키면 회전이동된 도형의 모양도 함께 변한다.

활동3

선분의 중점 작도하기

방법1 '작도' 메뉴를 이용하여 선분의 중점 그리기

활용 기능

작도(C) 중점(M)

STEP 01

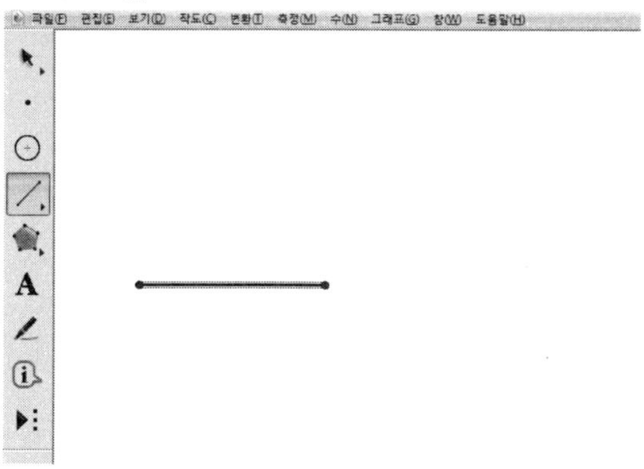

선분 도구를 이용하여 선분을 그린다.

STEP 02

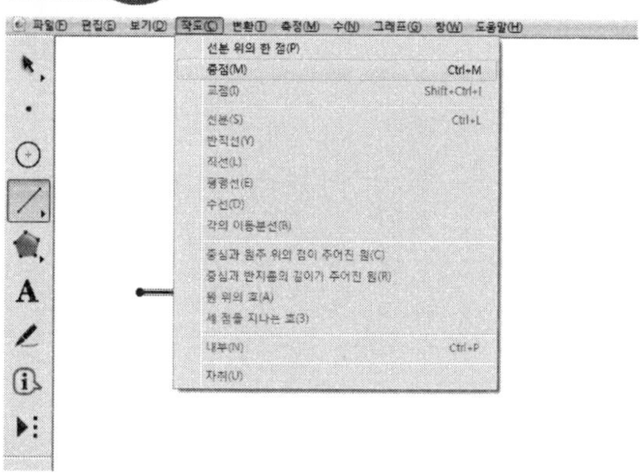

그려진 선분을 활성화한 후, 작도(C) 메뉴에 있는 중점(M) 을 클릭한다.

STEP 03

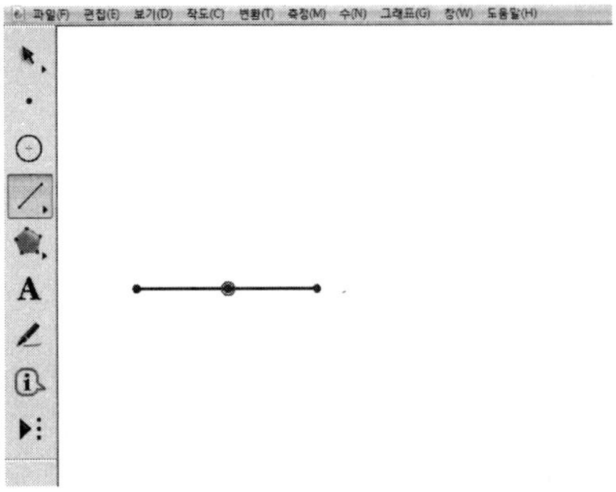

선분의 중점이 작도된 것을 볼 수 있다.

활동4

반복 기능 활용하기

방법1 '반복' 기능을 이용하여 삼각형 그리기

활용 기능

작도(C) 중점(M) 반복(I) 규칙(S)

STEP 01

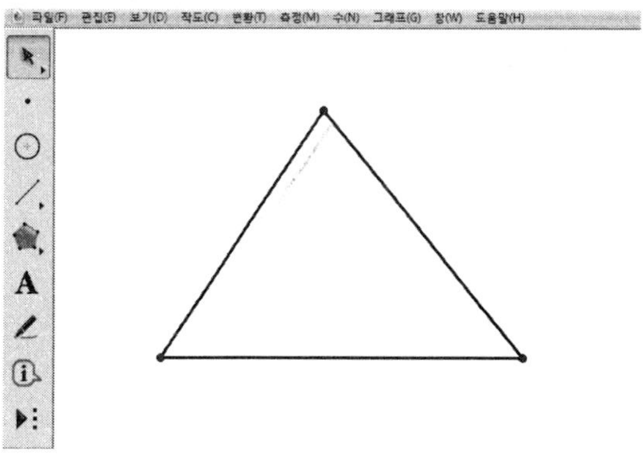

선분 도구를 활용하여 삼각형을 그린다.

STEP 02

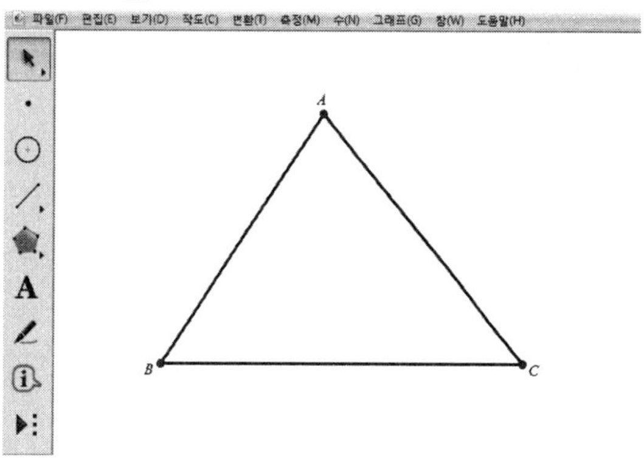

글 도구를 이용하여 사각형의 꼭짓점 이름표를 붙인다.

STEP 03

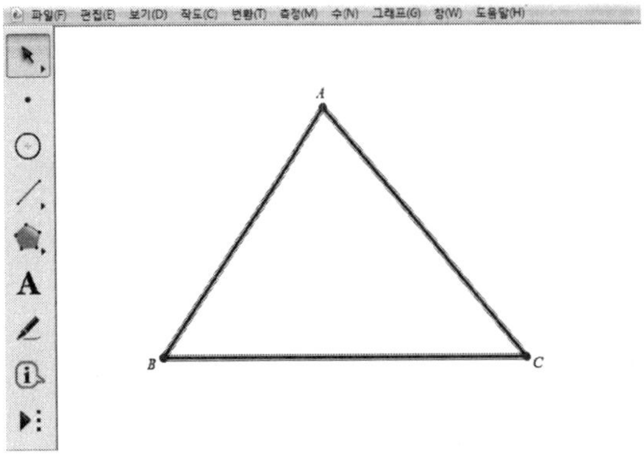

화살표 도구로 삼각형의 세 개의 변을 선택한다.

STEP 04

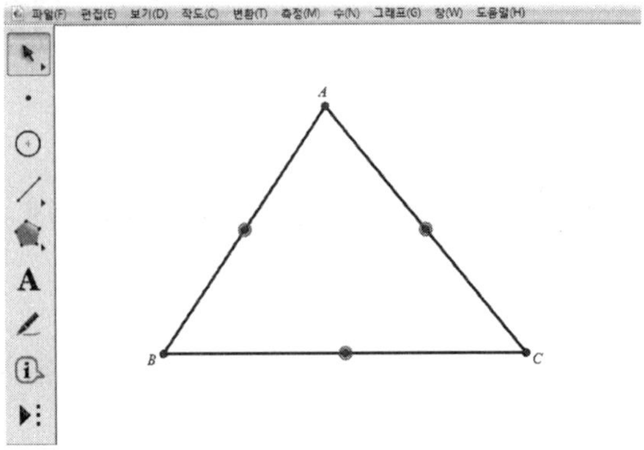

작도(C) 메뉴의 중점(M) 을 선택하여 중점을 그린다.

STEP 05

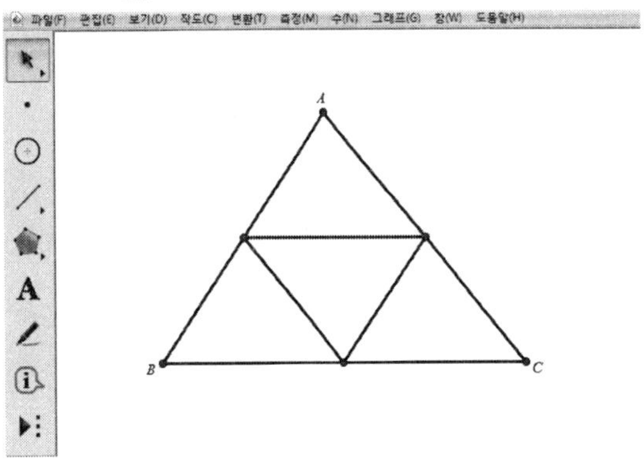

선분 도구를 활용하여 중점들을 선분으로 연결한다.

STEP 06

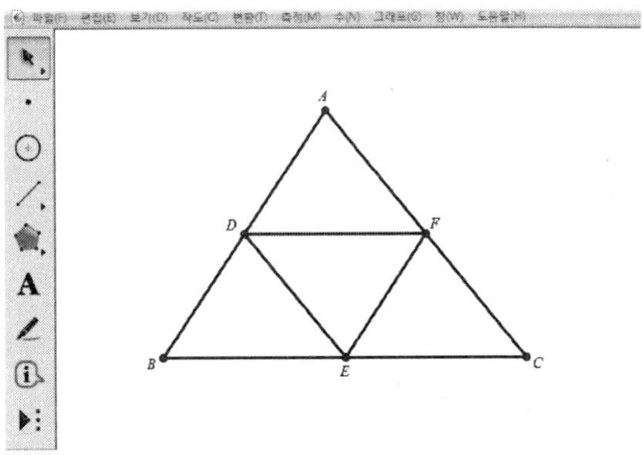

A 글 도구를 이용하여 그려진 삼각형의 꼭짓점 이름표를 붙인다.

STEP 07

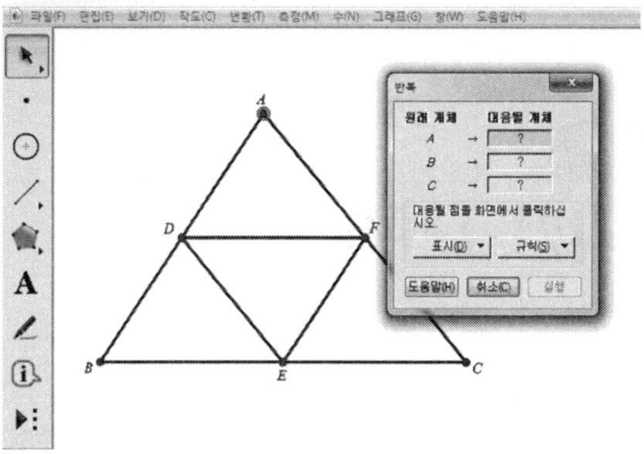

화살표 도구로 점 A, 점 B, 점 C를 선택하고 **변환(T)** 메뉴의 **반복(I)** 을 클릭한다.

STEP 08

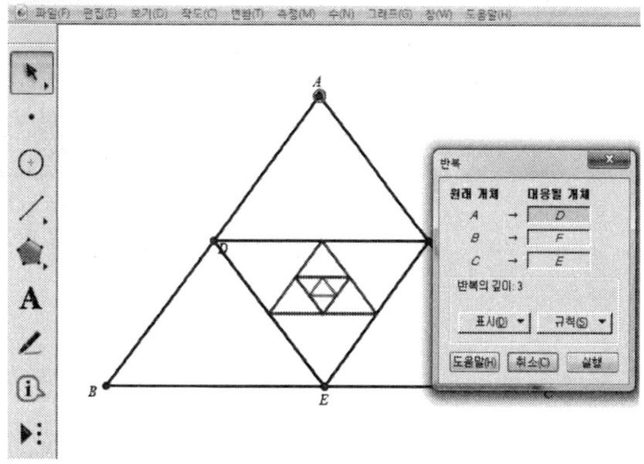

각 개체에 대응될 개체에 선택한다. 점 D, 점 E, 점 F를 순서대로 선택하면 삼각형 DEF 안에 같은 모양의 삼각형이 세 개 더 생긴 것을 볼 수 있다.

STEP 09

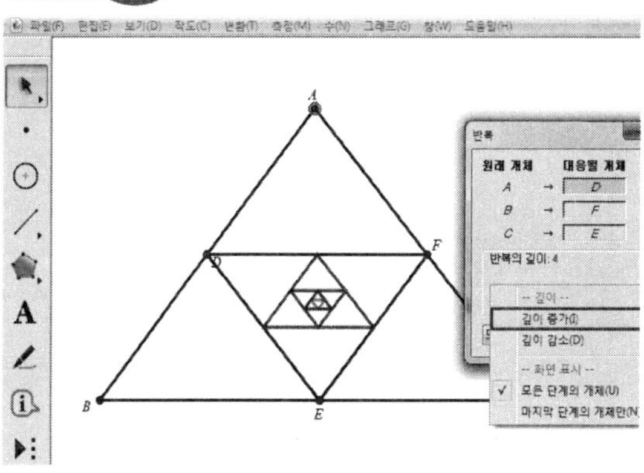

'표시(D)'를 클릭하여 **'깊이증가'**를 클릭하면 같은 모양의 삼각형이 네 개 더 생긴 것을 볼 수 있다. **'깊이증가'**, **'깊이감소'**를 선택하여 반복할 모양의 횟수를 지정할 수 있다.

학습목표

GSP로 시어핀스키 삼각형을 그릴 수 있다.

활동1

시어핀스키 삼각형그리기

활용 기능

A 작도(C) 중점(M) 반복(I) 규칙(S) 표시(D)

STEP 01

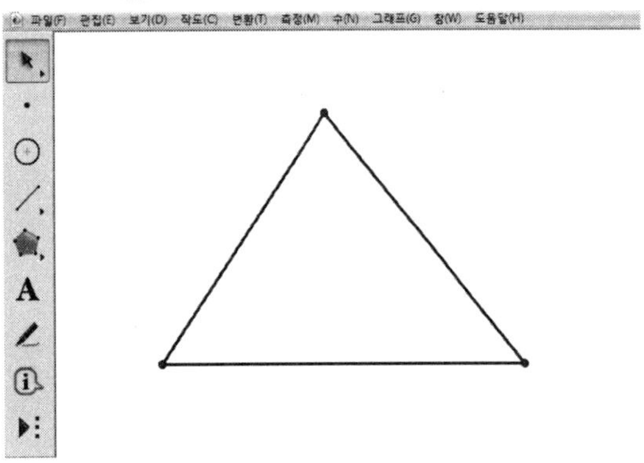

선분 도구를 활용하여 삼각형을 그린다.

STEP 02

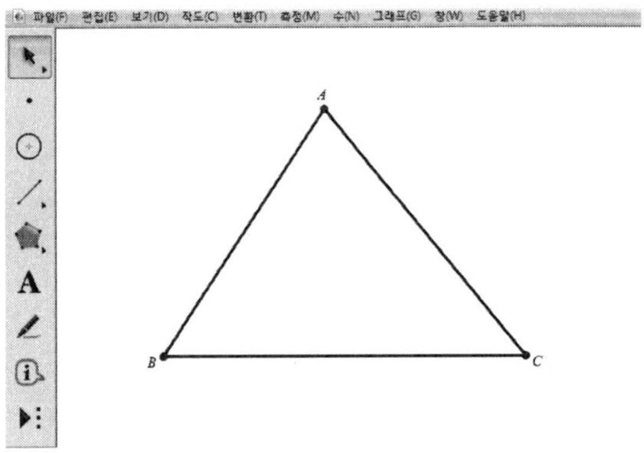

A **글 도구**를 이용하여 사각형의 꼭짓점 이름표를 붙인다.

STEP 03

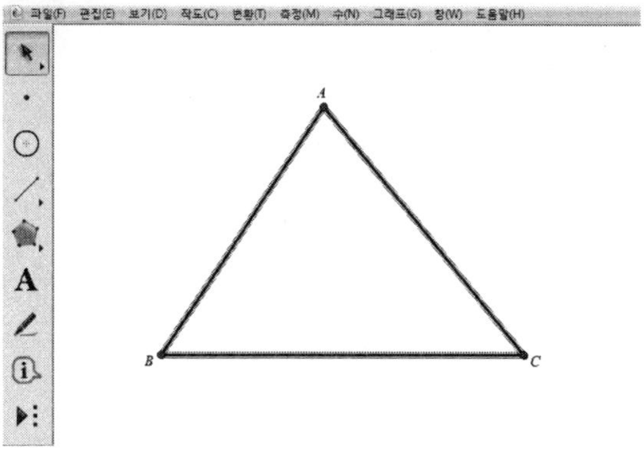

화살표 도구로 삼각형의 세 개의 변을 선택한다.

STEP 04

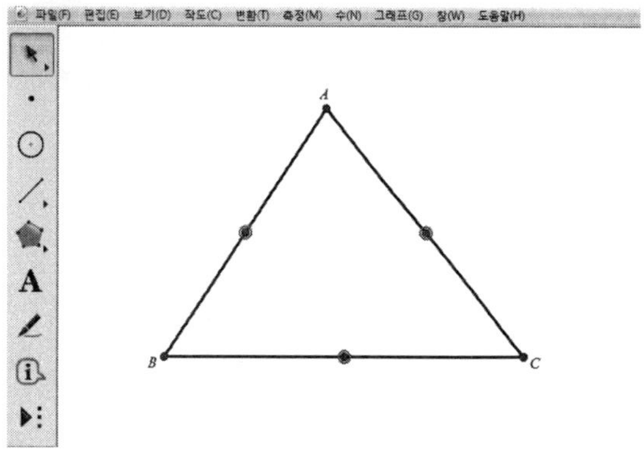

작도(C) 메뉴의 중점(M) 을 선택하여 중점을 그린다.

STEP 05

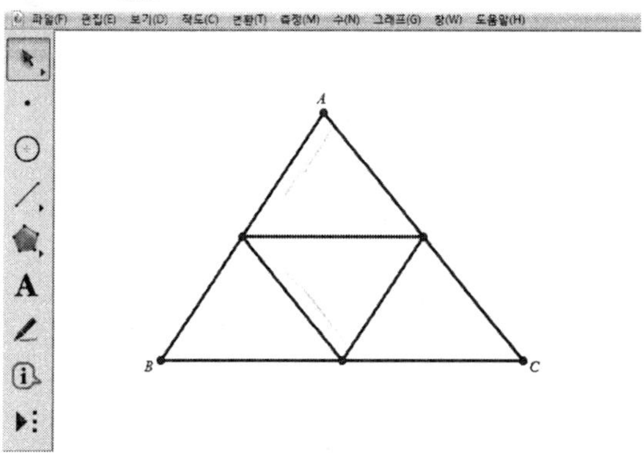

선분 도구를 활용하여 중점들을 선분으로 연결한다.

STEP 06

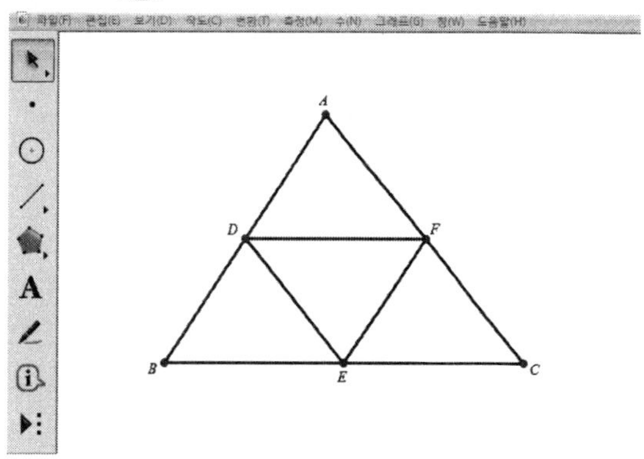

A 글 도구를 이용하여 그려진 삼각형의 꼭짓점 이름표를 붙인다.

STEP 07

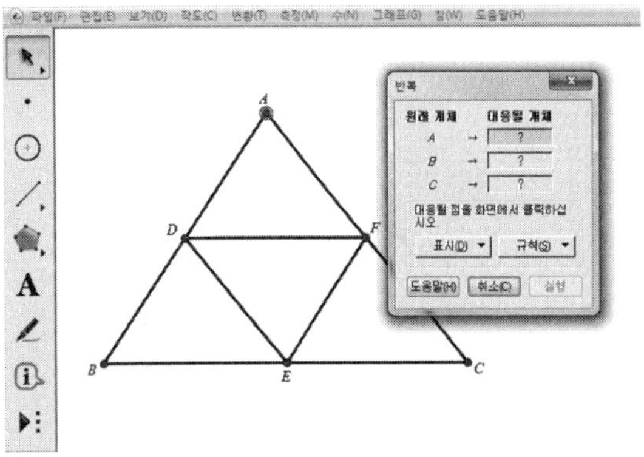

화살표 도구로 점 A, 점 B, 점 C를 선택하고 변환(T) 메뉴의 반복(I) 을 클릭한다.

STEP 08

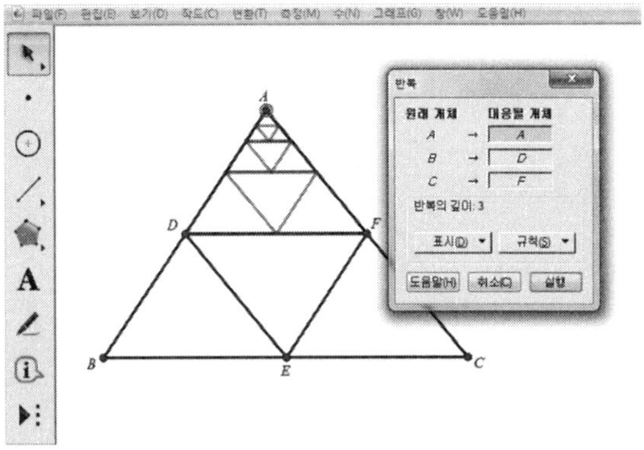

각 개체에 대응될 개체에 선택한다. 점 A, 점 D, 점 F를 순서대로 선택한다.

STEP 09

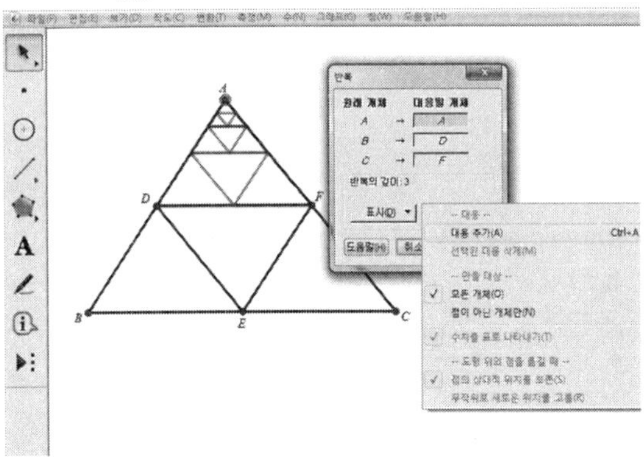

규칙(S) 을 클릭하여 대응추가(A) 를 선택한다.

STEP 10

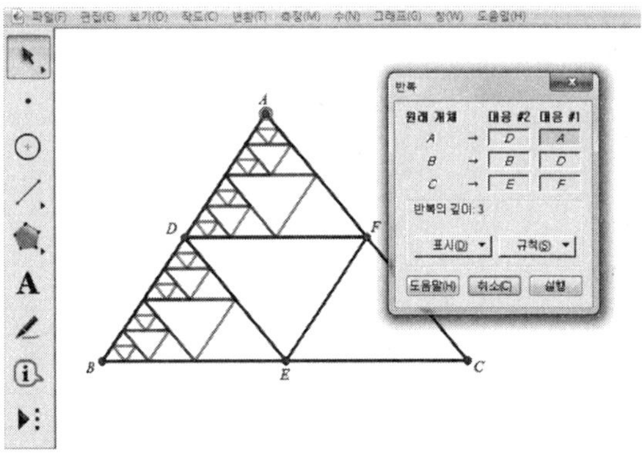

화살표 도구로 점 D, 점 B, 점 E를 순서대로 클릭한다.

STEP 11

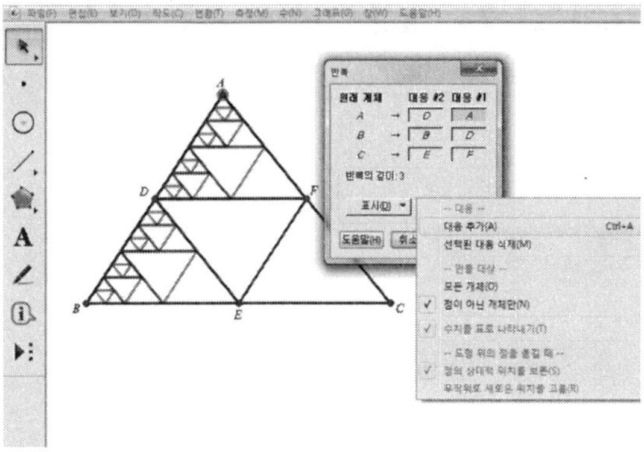

규칙(S) 을 클릭하여 대응추가(A) 를 선택한다.

STEP 12

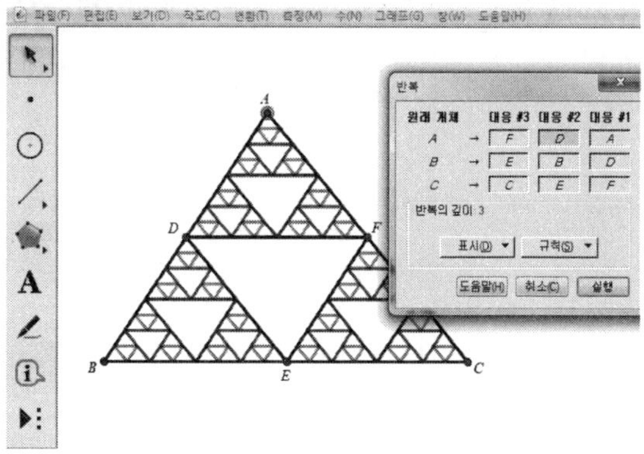

화살표 도구로 점 D, 점 B, 점 E를 순서대로 클릭한다.

STEP 13

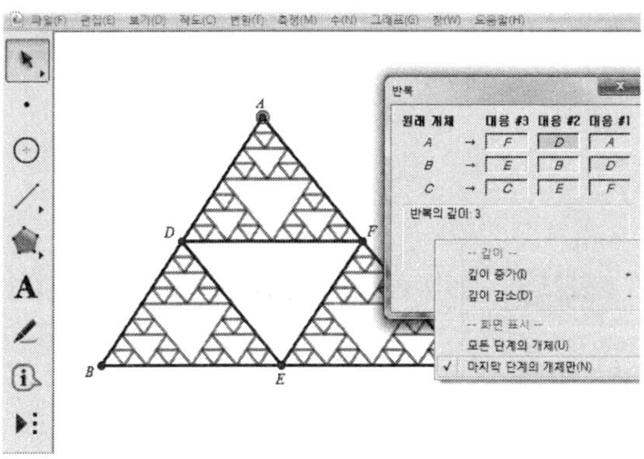

표시(D) 를 클릭하여 마지막 단계의 개체만(N) 을 선택한다.

STEP 14

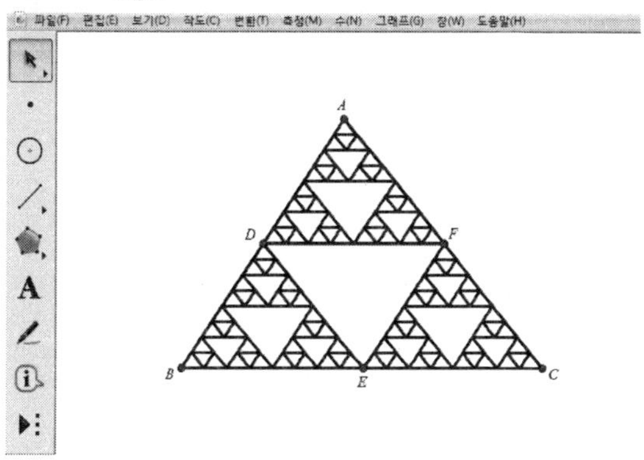

실행(R) 을 클릭하여 시어핀스키 삼각형을 완성한다.

활동2

이등변삼각형 안에 시에르핀스키 삼각형그리기

활용 기능

A 작도(C) 중점(M) 반복(I) 규칙(S) 표시(D)

STEP 01

선분 도구를 이용하여 선분을 그리고 A **글 도구**를 이용하여 선분 AB의 이름표를 붙인다.

STEP 02

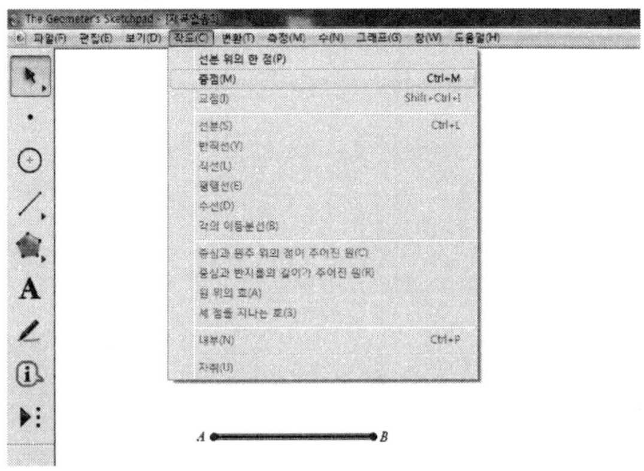

작도(C) 메뉴의 중점(M)을 선택하여 선분 AB의 중점을 작도한다.

STEP 03

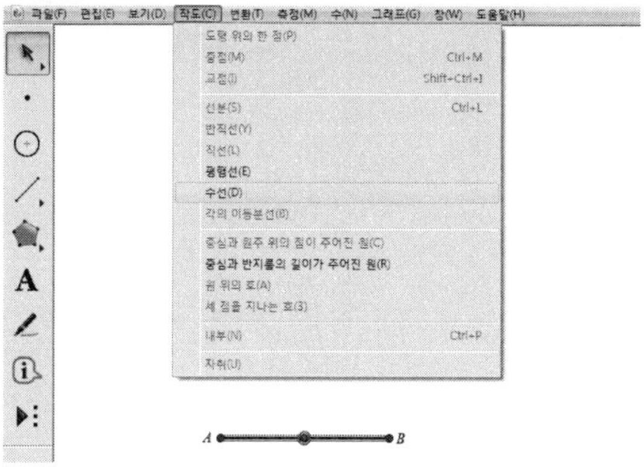

화살표 도구를 이용하여 선분과 중점을 드래그하여 모두 선택한 후, 작도(C) 메뉴의 **수선(D)**를 선택한다.

STEP 04

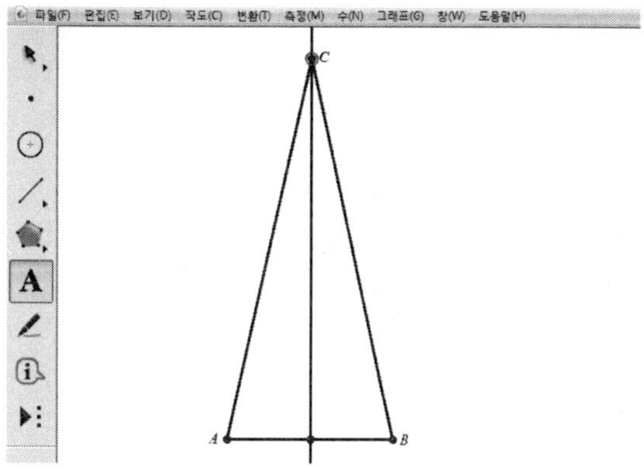

그려진 수선위에 임의의 점 C를 그리고, **선분 도구**를 이용하여 이등변 삼각형 ABC를 작도한다.

STEP 05

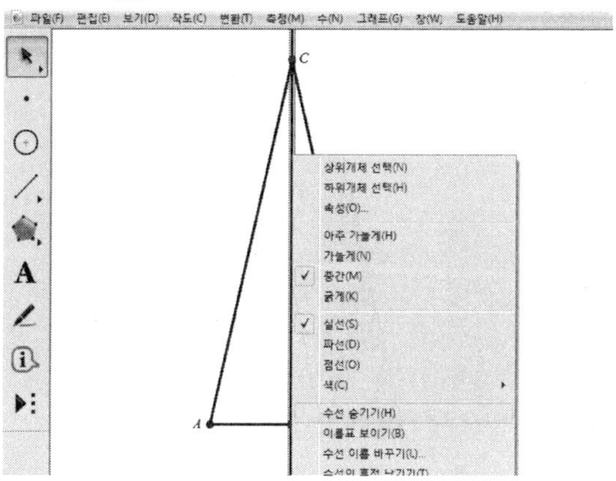

화살표 도구를 이용하여 작도했던 수선을 클릭한 후 마우스 오른쪽 버튼을 눌러 **수선숨기기(H)**를 선택한다.(단축키: Ctrl+H)

STEP 06

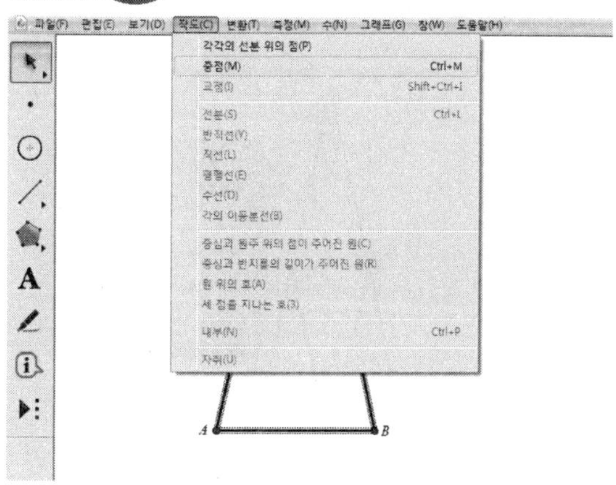

화살표 도구를 이용하여 삼각형의 세변을 모두 선택한 후 작도(C) 메뉴의 중점(M)을 선택한다.

STEP 07

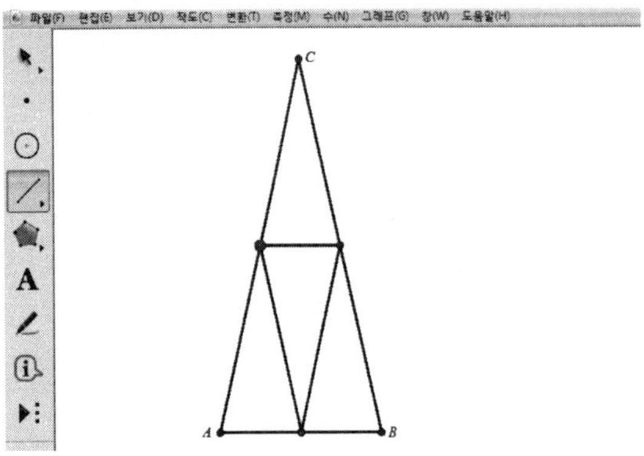

선분 도구를 이용하여 작도된 중점들을 이어 이등변삼각형 내부에 삼각형을 작도한다.

STEP 08

화살표 도구를 이용하여 점 A와 점 B를 모두 선택한 후 **변환(T)** 메뉴의 **반복(I)**를 선택한다.

STEP 09

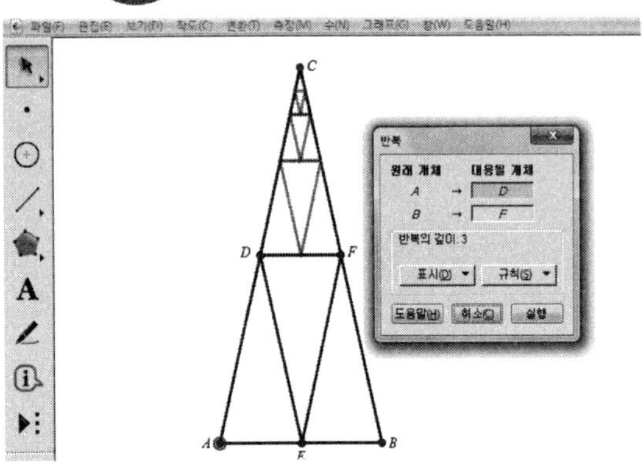

반복 대화창의 **'대응될 개체'**에 점 D와 점 F를 차례로 클릭하고, **규칙(S)** 버튼을 눌러 **'대응추가'**를 클릭한다.

STEP 10

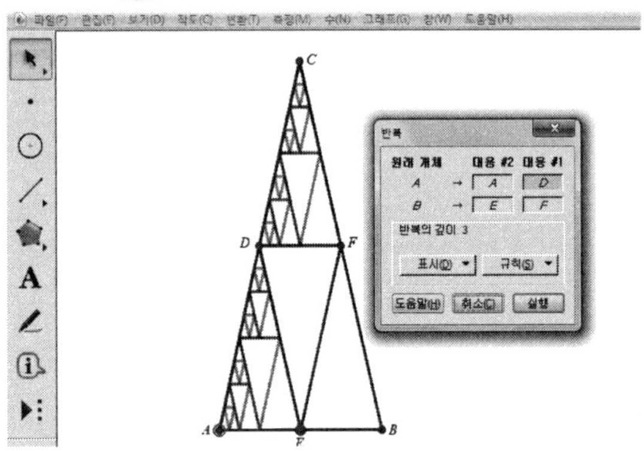

추가된 대응#2에 점 A와 점 E를 차례로 클릭하고, **규칙(S)** 버튼을 눌러 **'대응추가'**를 클릭한다.

STEP 11

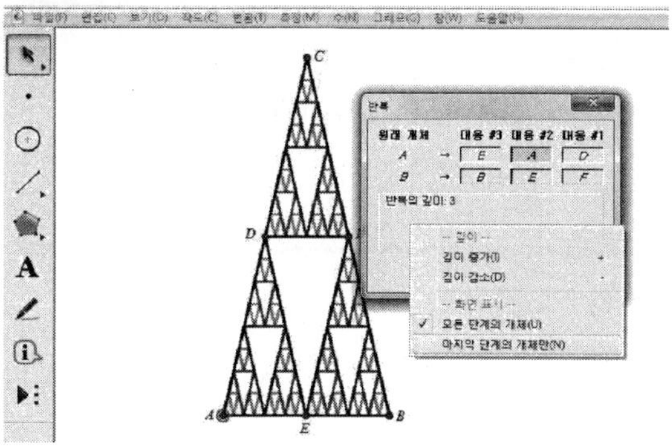

추가된 대응#3에 점 E와 점 B를 차례로 클릭하고, 표시(D) 버튼을 클릭하여 **'마지막 단계의 개체만'**을 클릭하고 **실행** 버튼을 클릭하면 완성된다.

심화 활동

다음에 있는 도형을 어떻게 작도했는지 생각해 보고 똑같이 작도해 봅시다.
(정삼각형을 활용하세요.)

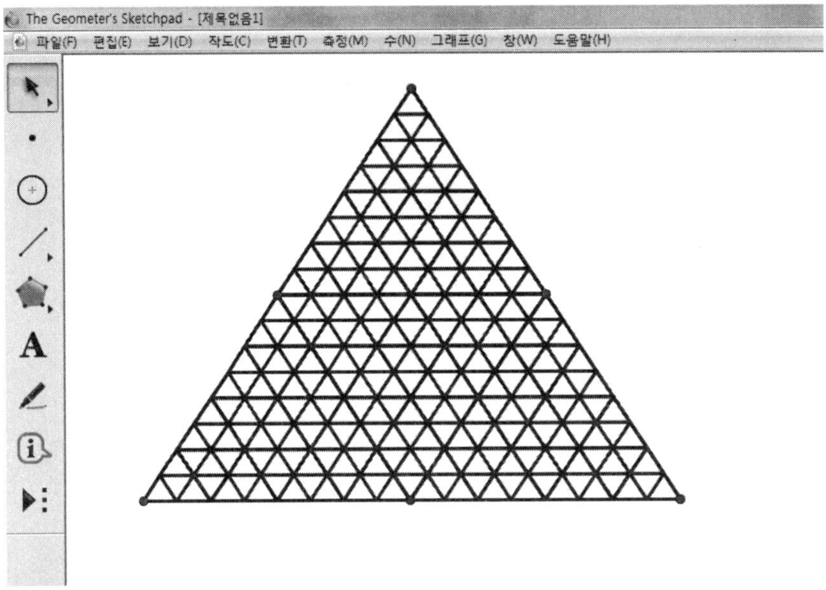

심화 활동 모범답안

STEP 01

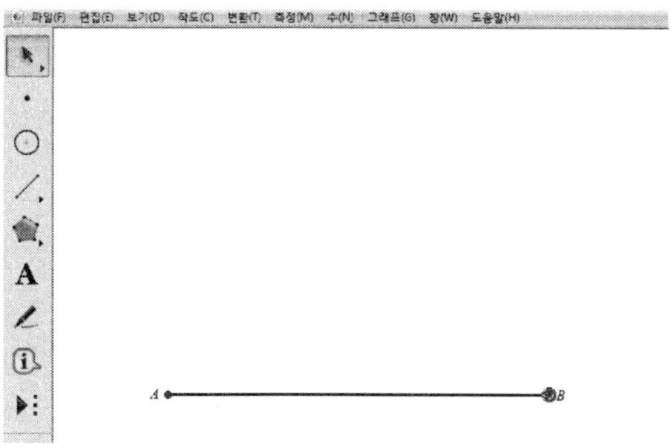

선분 도구를 이용하여 선분을 그리고, A 글 도구를 이용하여 선분 AB에 이름표를 붙인다. 화살표 도구로 점 B를 더블클릭하여 **중심지정**한다.

STEP 02

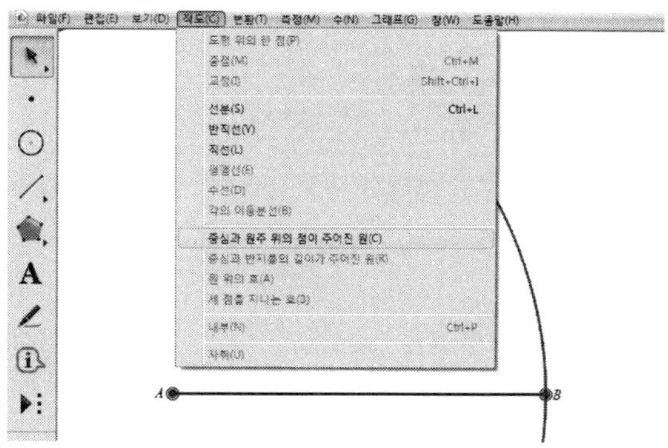

작도(C) 메뉴의 '**중심과 원주위의 점이 주어진 원**'을 선택한다.

STEP 03

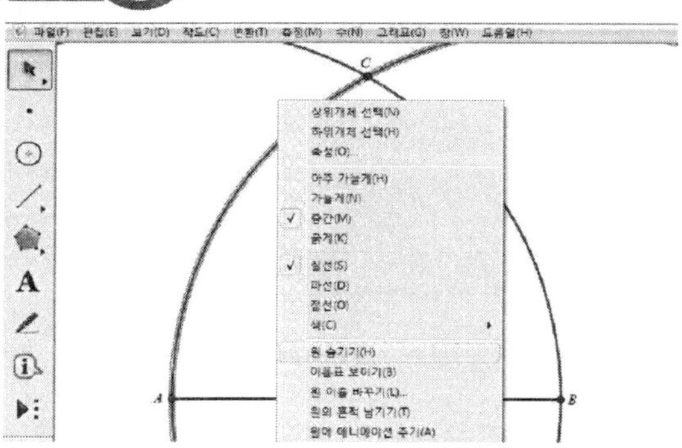

같은 방법으로 점 A를 **중심지정**한 후에, 작도(C) 메뉴의 '**중심과 원주위의 점이 주어진 원**'을 선택한다. 그려진 원은 숨긴다.

STEP 04

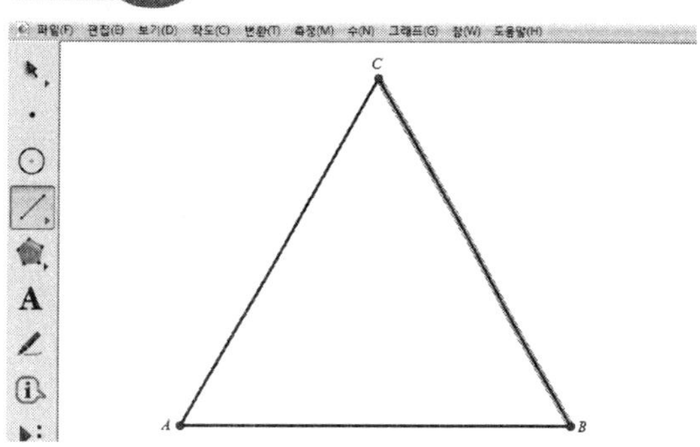

정삼각형이 작도된 것을 볼 수 있다.

STEP 05

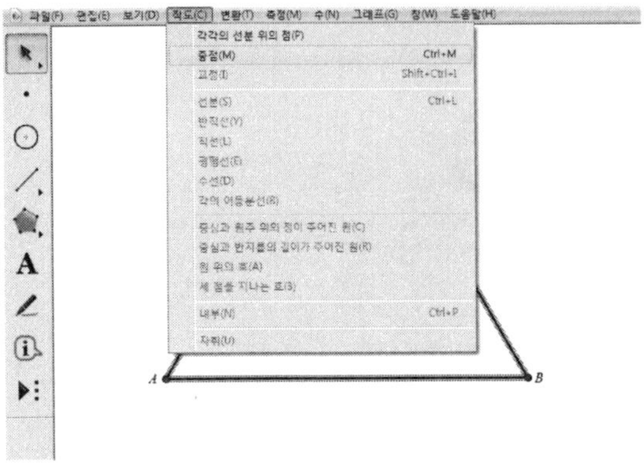

화살표 도구로 세 개의 변을 모두 선택한 후에, 작도(C) 메뉴의 **중점(M)**을 선택한다.

STEP 06

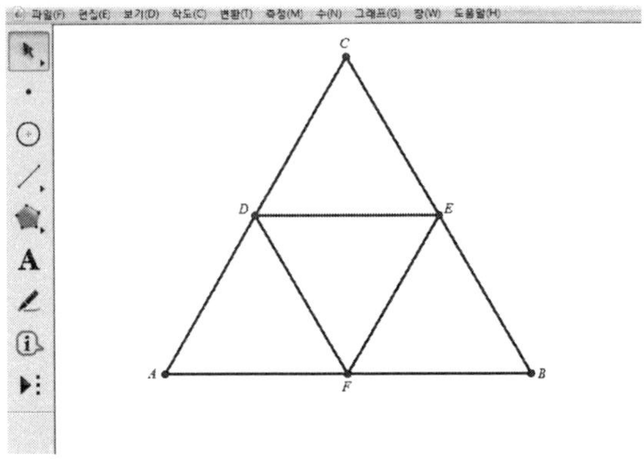

글 도구를 이용하여 작도된 중점에 점 D, 점 F, 점 E의 이름표를 붙인다. **선분 도구**를 이용하여 중점을 이은 삼각형을 작도한다.

STEP 07

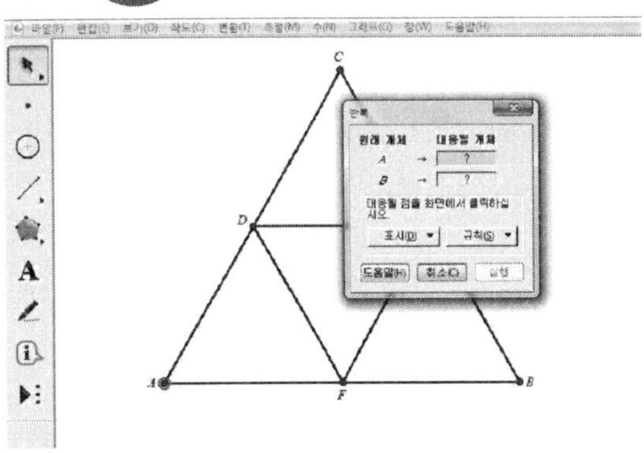

화살표 도구로 점 A와 점 B를 선택한 후에 변환(T) 메뉴의 **반복(I)**을 선택한다.

STEP 08

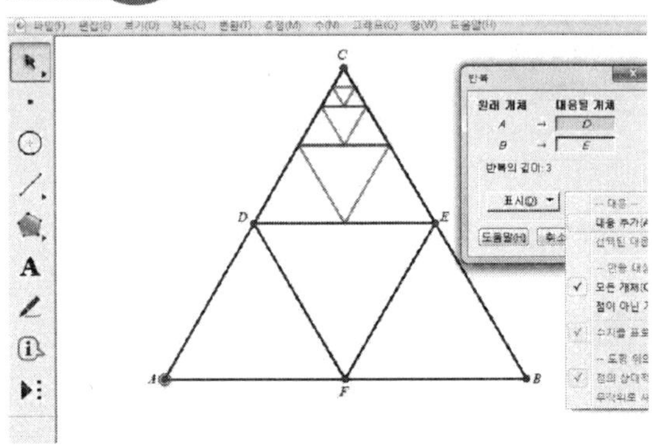

반복 대화창의 '**대응될 개체**'에 점 D와 점 E를 차례로 클릭하고, 규칙(S) 버튼을 눌러 '**대응추가**'를 클릭한다.

STEP 09

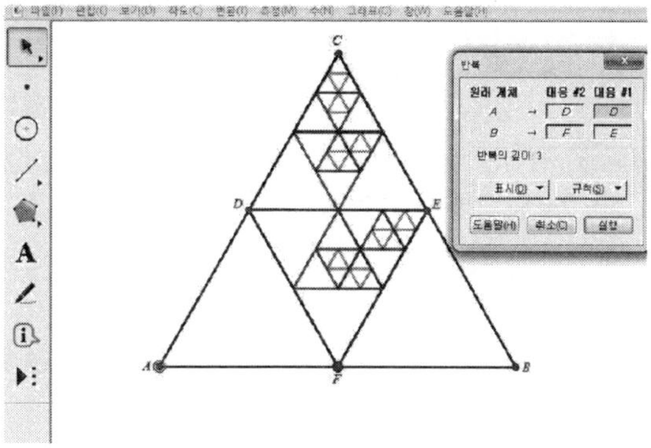

반복 대화창의 '**대응될 개체**'에 점 D와 점 F를 차례로 클릭하고, **규칙(S)** 버튼을 눌러 '**대응추가**'를 클릭한다.

STEP 10

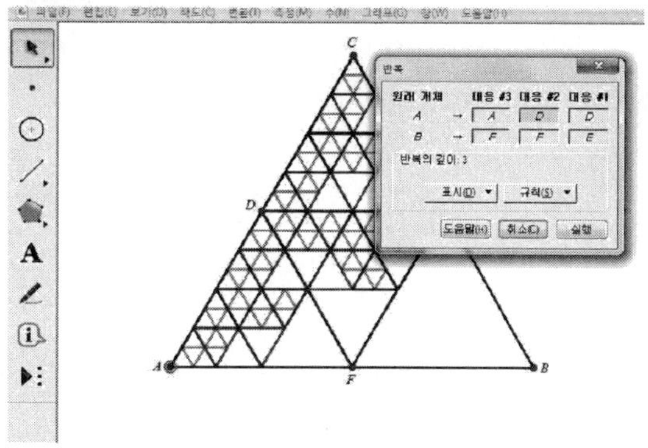

반복 대화창의 '**대응될 개체**'에 점 A와 점 F를 차례로 클릭하고, **규칙(S)** 버튼을 눌러 '**대응추가**'를 클릭한다.

STEP 11

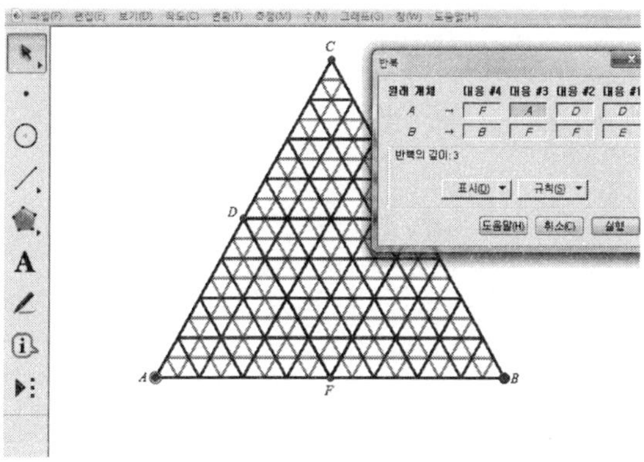

반복 대화창의 '**대응될 개체**'에 점 F와 점 B를 차례로 클릭하고, **규칙(S)** 버튼을 눌러 '**대응추가**'를 클릭한다.

STEP 12

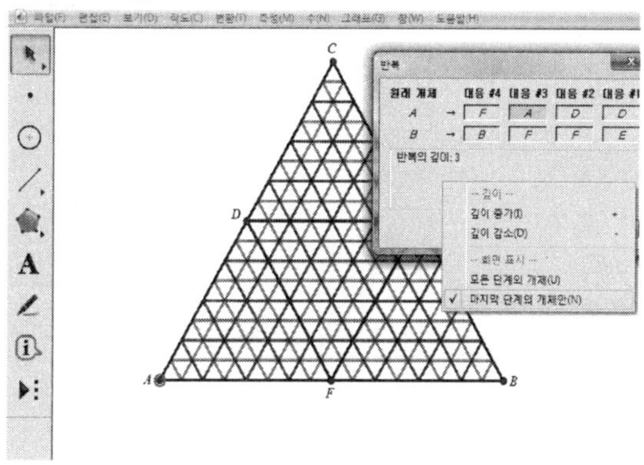

'**표시**' 버튼을 클릭하여 '**마지막 단계의 개체만**'을 클릭하고 **실행** 버튼을 클릭하여 완성한다.

멩거 양탄자 그리기

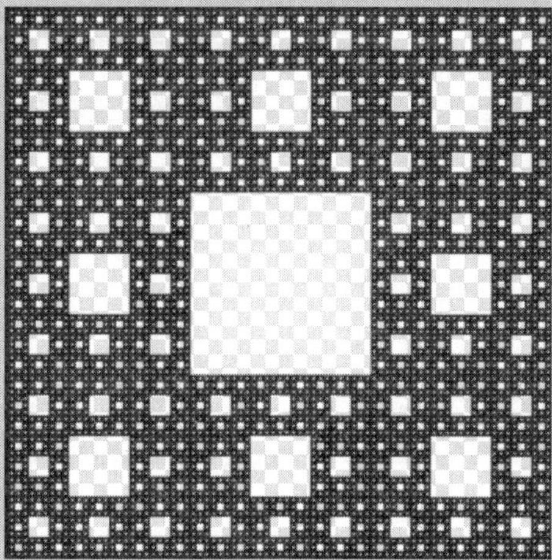

멩거 양탄자

앞서 체험해 보았던 프랙털 구조의 또 다른 모습을 GSP로 그려보기 위해 이번에는 멩거 양탄자를 그려보려 한다. 멩거 양탄자는 '시어핀스키 양탄자' 또는 '시어핀스키 카펫'라고 부르기도 한다. 멩거 양탄자를 만드는 과정은 시어핀스키 삼각형을 만드는 과정과 같다. 무한히 좀 벌레가 먹은 것 같은 모양의 멩거 양탄자를 만들려면 첫 단계에 정사각형의 한 변을 세 부분으로 나누어 9조각의 창살을 만들고 가운데 사각형을 빼내면 된다. 이 도형의 프랙털 차원은 log8/log3 = 1.8928...으로서 이는 이 도형이 실제의 양탄자보다 울퉁불퉁한 곡선에 더 가깝다는 것을 나타낸다.

멩거 양탄자를 3차원으로 만든 것을 멩거 스펀지(Menger sponge)라고 부른다. 정육면체로 시작해서 27개의 작은 정육면체로 나누고 중앙의 정육면체와 함께 처음 정육면체의 각 면의 중앙에 있는 정육면체를 빼내는 조작을 단계별로 해가면 맹거 스펀지라고 불리는 진기한 도형을 얻게 된다. 이 도형의 각 구멍을 감싸는 표면적의 총합은 유한하지만, 전체 부피는 사라진다. 코흐 곡선과 마찬가지로 이 스펀지 역시 극한으로만 있을 수 있다. 이 도형의 차원은 2보다 3에 가깝기 때문에, 멩거 스펀지는 매끄러운 곡선이라기보다는 입체이다.

멩거 스펀지

<출처: 수학속에 풍덩 'http://cluster1.cafe.daum.net>

이 활동을 통해 학생들이 GSP를 활용하여 프랙털에 대한 이해를 심화하고 다음에 소개되는 '코흐 눈송이 곡선' 그리기에서도 흥미를 이어갔으면 하는 바람이다.

멩거 스펀지가 만들어지는 과정

학습목표

- ✔ GSP를 활용하여 여러 가지 사각형을 그릴 수 있다.
- ✔ 닮음비를 활용하여 GSP에서 작도할 수 있다.
- ✔ GSP를 활용하여 멩거 양탄자를 그릴 수 있다.

관련 교육과정

학년군	영역	단원	성취기준
3~4학년	도형	평면도형의 이동	[4수02-05] 평면도형의 이동을 이용하여 규칙적인 무늬를 꾸밀 수 있다.
3~4학년	도형	여러 가지 사각형	[4수02-10] 여러 가지 모양의 사각형에 대한 분류 활동을 통하여 직사각형, 정사각형, 사다리꼴, 평행사변형, 마름모를 알고, 그 성질을 이해한다.
5~6학년	규칙성	비와 비율	[6수04-02] 두 양의 크기를 비교하는 상황을 통해 비의 개념을 이해하고, 그 관계를 비로 나타낼 수 있다.

지도계획

전개단계	활동명	주요 수업활동	주요수업 형태
계획 수립하기	1. 멩거 양탄자 알기	• 단원 소개 • 멩거 양탄자를 이루는 기본 요소	• 교사 강의 • 개인 실습 • 전체 토론
지식 및 기능 습득하기	2. 닮음변환 활용하기	• 변환, 닮음변환 메뉴를 활용하여 선분 3등분하기	• 교사 강의 • 개인 실습 • 전체 토론
	3. 회전이동 활용하기	• 변환, 회전이동 메뉴를 활용하여 선분 회전하기	• 교사 강의 • 개인 실습 • 전체 토론
	4. 반복기능 활용하기	• 변환, 회전이동 메뉴를 활용하여 사각형 모양을 반복하여 그리기	• 교사 강의 • 개인 실습 • 전체 토론
수행하기	5. 멩거 양탄자 그리기	• 변환, 닮음변환, 회전이동 메뉴를 활용하여 멩거 양탄자 그려보기	• 교사 강의 • 개인 실습 • 전체 토론
	6. 다양한 모양 그리기	• 멩거 양탄자를 그리는 방법을 익혀 다양한 모양 그려보기	• 교사 강의 • 개인 실습 • 전체 토론

학습목표

GSP 기본기능을 익혀 멩거 양탄자를 그릴 수 있다.

활동1

'닮음변환'을 이용한 닮음비 작도하기

방법1 '닮음변환' 활용하기

활용 기능

변환(T) 닮음변환(D)

STEP 01

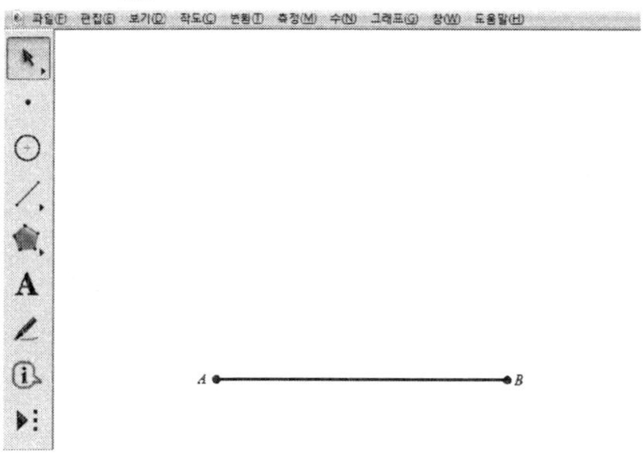

선분 도구와 A 글 도구를 이용하여 선분 AB를 그린다.

STEP 02

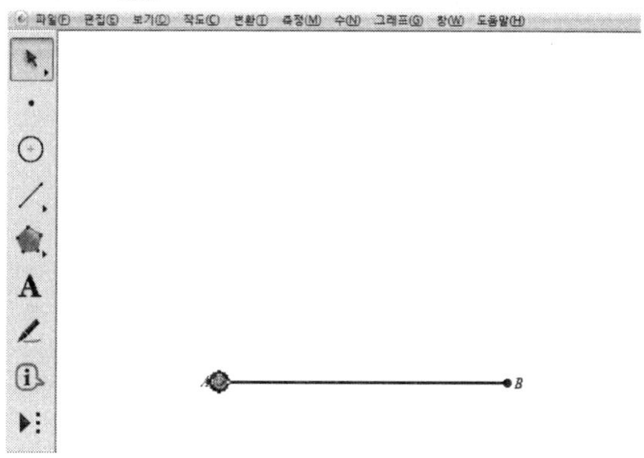

화살표 도구로 점 A를 더블클릭하여 **중심으로 지정**한다.

STEP 03

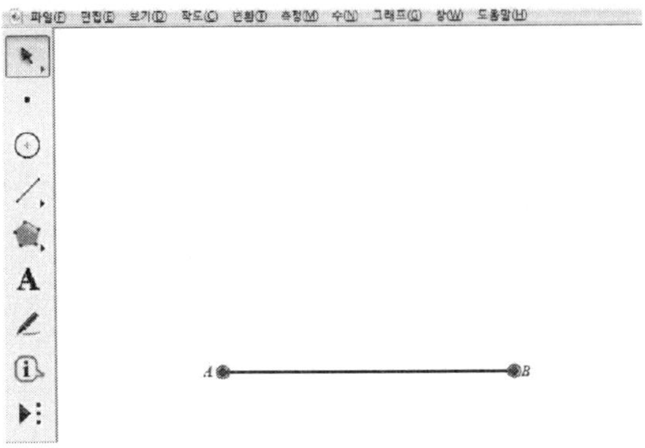

화살표 도구로 점 A와 점 B를 선택한다.

STEP 04

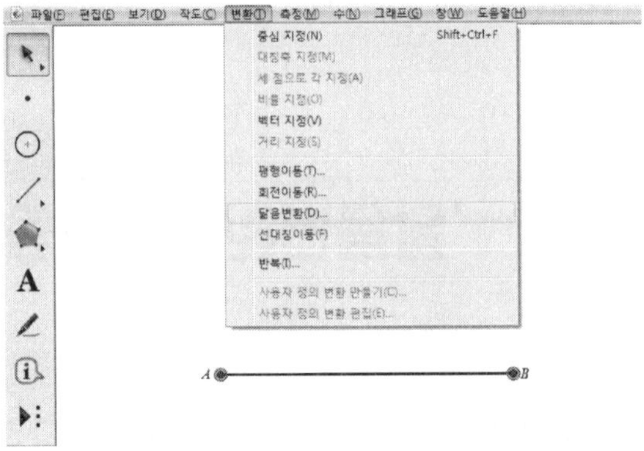

변환(T) 메뉴의 닮음변환(D) 을 선택한다.

STEP 05

직접 입력(F) 직접 입력으로 $\frac{1}{3}$로 입력한다.

STEP 06

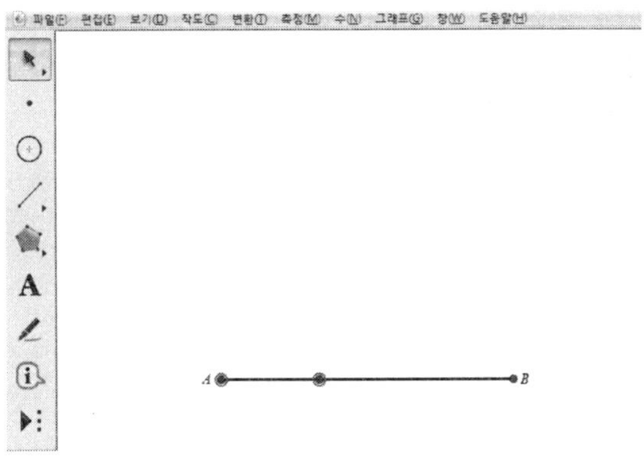

실행(R) 을 선택하면 선분 AB를 $\frac{1}{3}$등분하는 점이 그려진 것을 볼 수 있다.

활동2

'회전이동'을 활용한 선분 회전

방법1 '회전이동' 활용하여 선분 회전하기

활용 기능

변환(T) 회전이동(R) 실행(T)

STEP 01

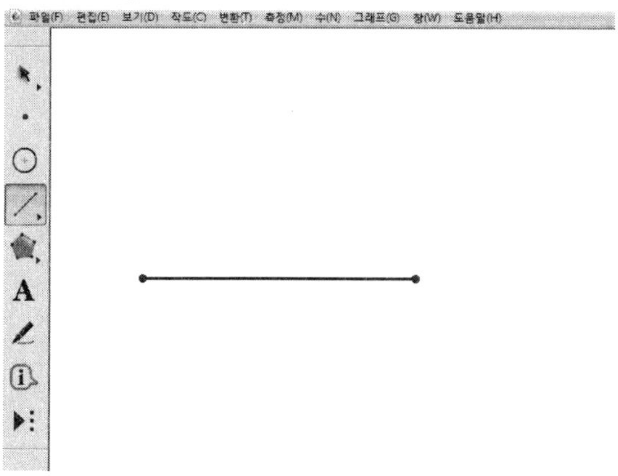

선분 도구를 활용하여 선분을 그린다.

STEP 02

A 글 도구를 이용하여 선분 AB의 이름표를 붙인다.

STEP 03

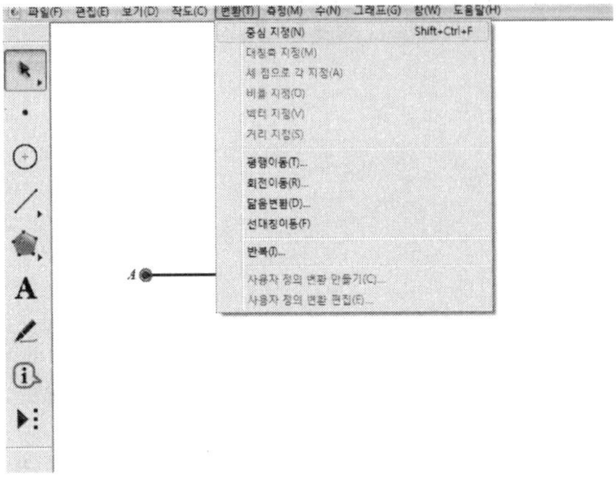

화살표 도구로 점 A를 선택하고 변환(T) 메뉴의 **중심 지정(N)**을 선택한다.

STEP 04

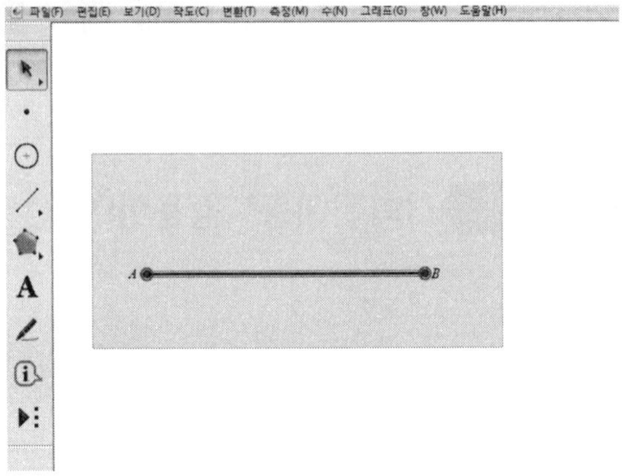

화살표 도구로 선분 AB를 드래그하여 선택한다.

STEP 05

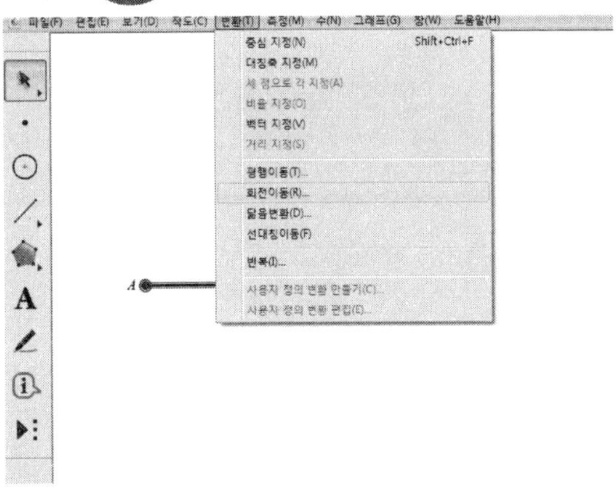

변환(T) 메뉴의 **회전이동(R)**을 선택한다.

STEP 06

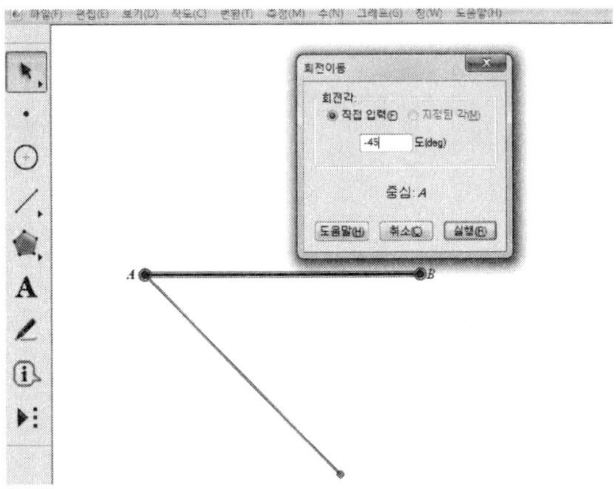

−45도 회전하도록 입력하고 실행(R) 을 선택하여 선분을 회전이동한다.

STEP 07

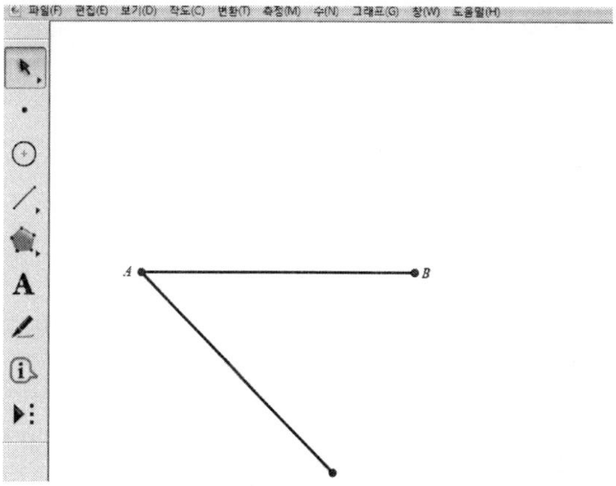

선분이 -45도만큼 회전이동된 것을 확인한다.

활동3

반복기능 활용하기

방법1 '반복' 기능을 이용하여 사각형 그리기

활용 기능

변환(T) 회전이동(R) 실행(T)

STEP 01

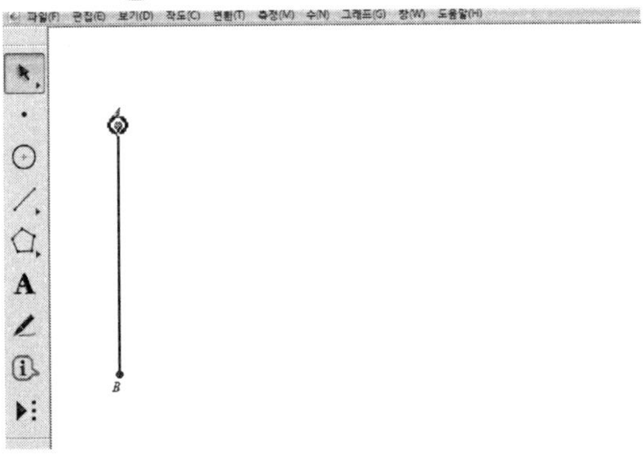

선분 도구와 A 글 도구를 이용하여 선분 AB를 그리고, 점 A를 더블클릭하여 **중심 지정**한다.

STEP 02

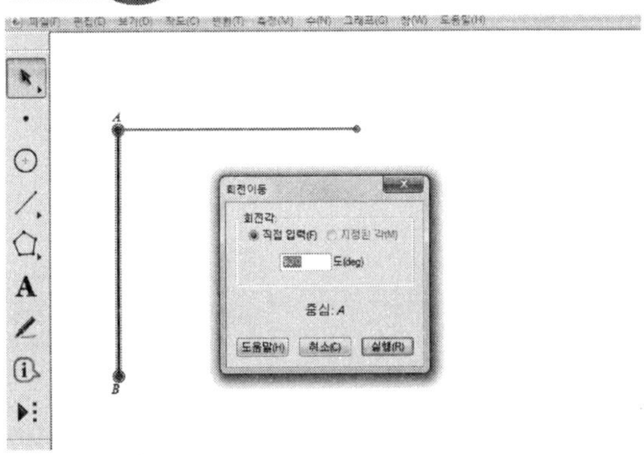

변환(T) 메뉴의 회전이동(R) 을 실행하고, 회전각은 90도로 지정한다.

STEP 03

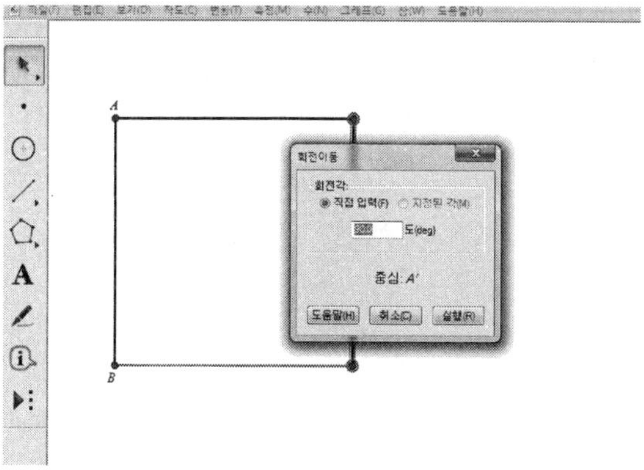

같은 방법으로 **변환(T)** 메뉴의 **회전이동(R)**을 실행하여 정사각형을 작도한다.

STEP 04

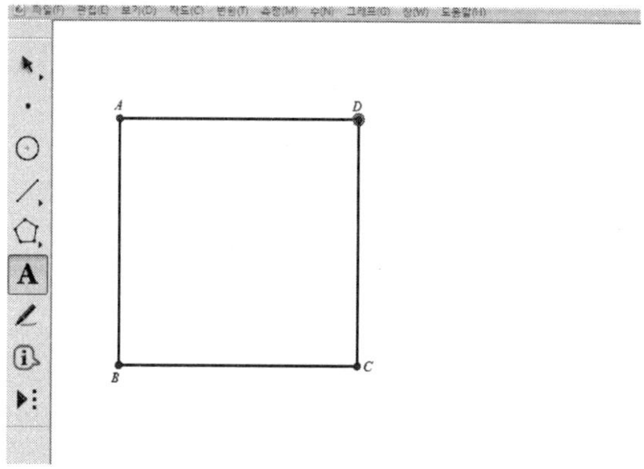

A **글 도구**를 이용하여 정사각형 ABCD의 이름표를 붙인다.

STEP 05

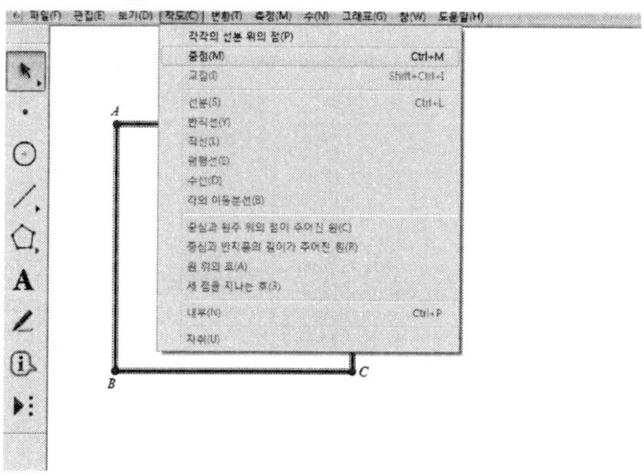

화살표 도구로 선분 AB, 선분 BC, 선분 CD, 선분 AD를 선택한 후, **작도(C)** 메뉴의 **중점(M)**을 선택한다.

STEP 06

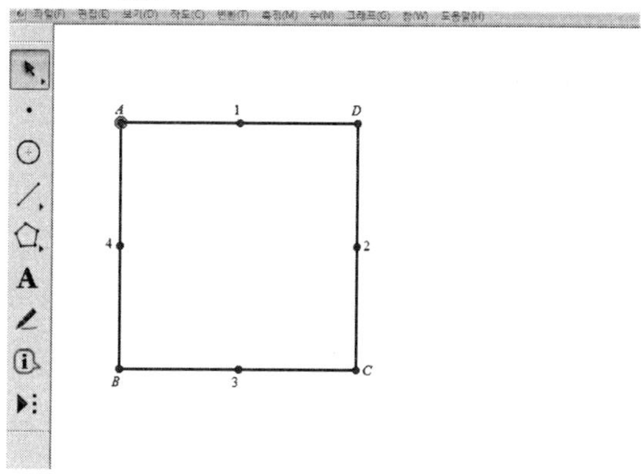

A **글 도구**를 이용하여 점 1, 2, 3, 4의 이름표를 붙인다.

STEP 07

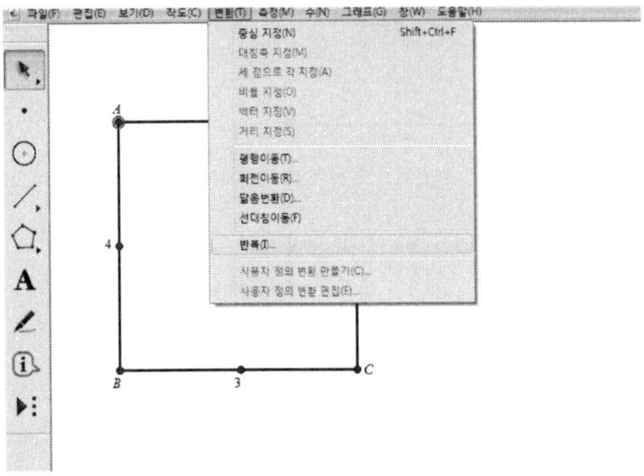

화살표 도구로 점 A를 선택한 후, 변환(T) 메뉴의 반복(I)를 선택한다.

STEP 08

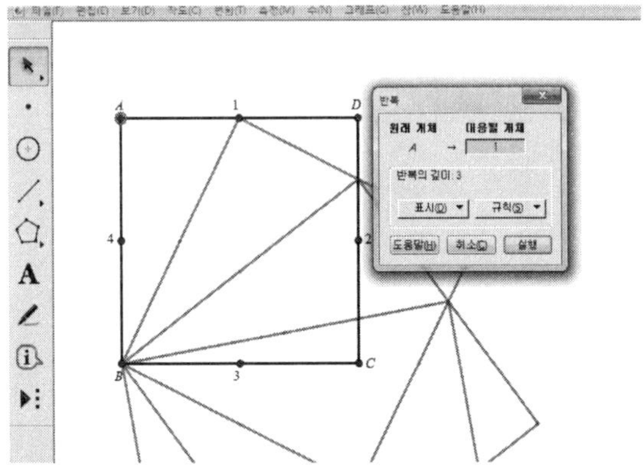

대응될 개체 입력에 점 1을 클릭하여 반복되는 모습을 확인한다.

STEP 09

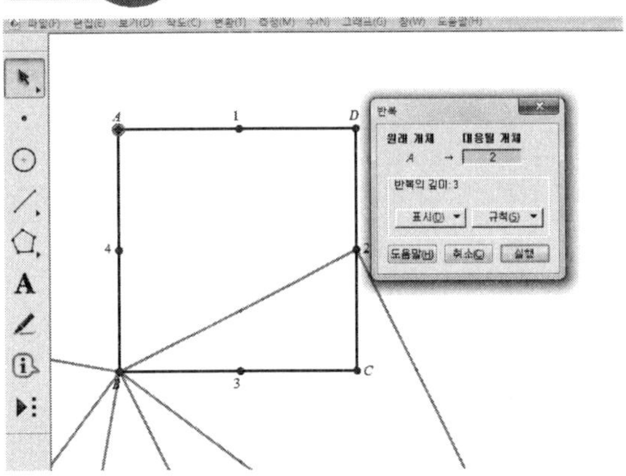

대응될 개체 입력에 점 2를 클릭하여 반복되는 모습을 확인한다.

STEP 10

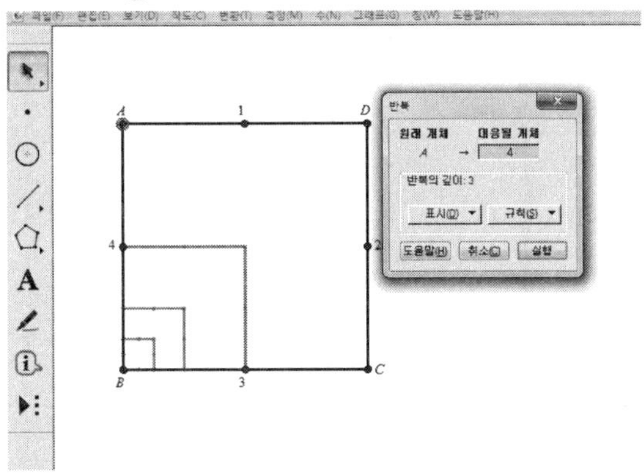

대응될 개체 입력에 점 4를 클릭하여 반복되는 모습을 확인한다.

STEP 11

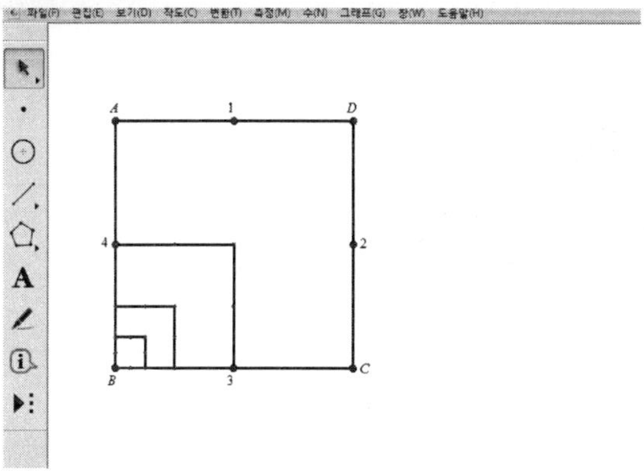

'실행' 버튼을 클릭하여 사각형이 반복되어 그려지는 것을 확인한다.

학습목표

GSP로 멩거 양탄자를 그릴 수 있다.

활동1

멩거 양탄자 그리기

활용 기능

A 변환(T) 닮음변환(D) 회전이동(R)

STEP 01

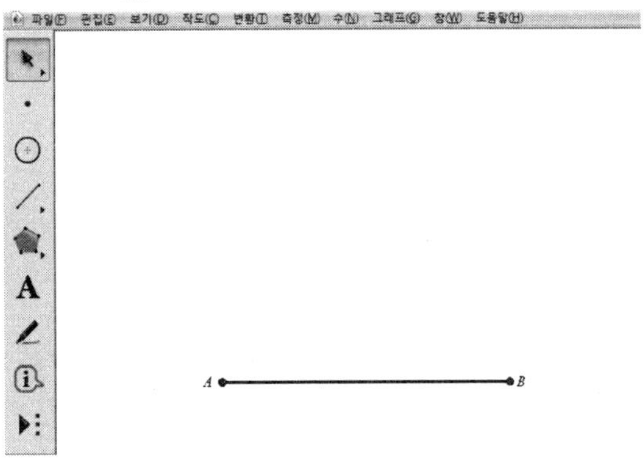

선분 도구와 A 글 도구를 이용하여 선분 AB를 그린다.

STEP 02

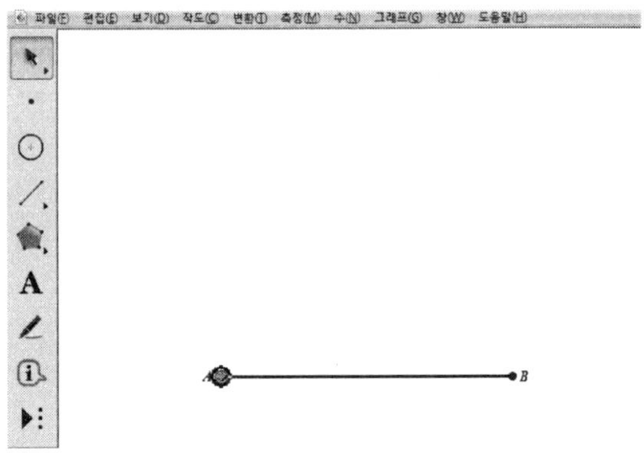

화살표 도구로 점 A를 더블클릭하여 **중심으로 지정**한다.

STEP 03

변환(T) 메뉴의 닮음변환(D) 을 선택한다.

STEP 04

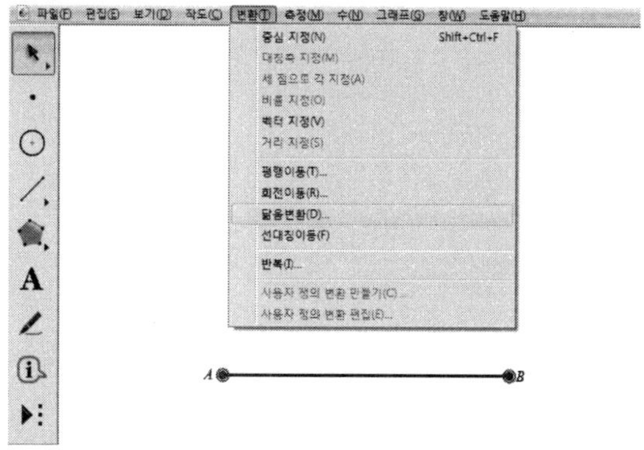

변환(T) 메뉴의 닮음변환(D) 을 선택한다.

STEP 05

직접 입력(F) 으로 $\frac{1}{3}$ 을 입력한다.

STEP 06

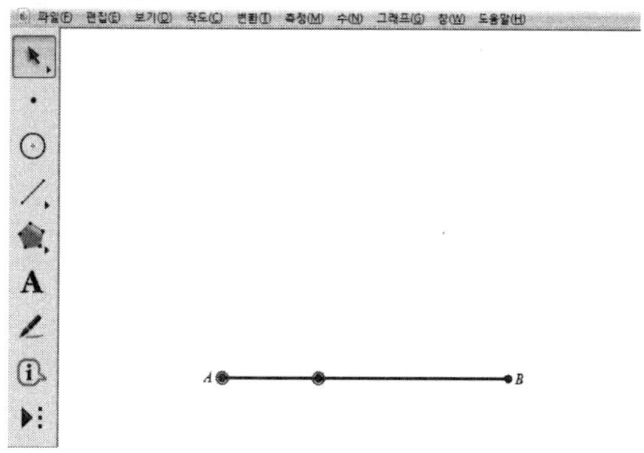

실행(R) 을 선택한다.

STEP 07

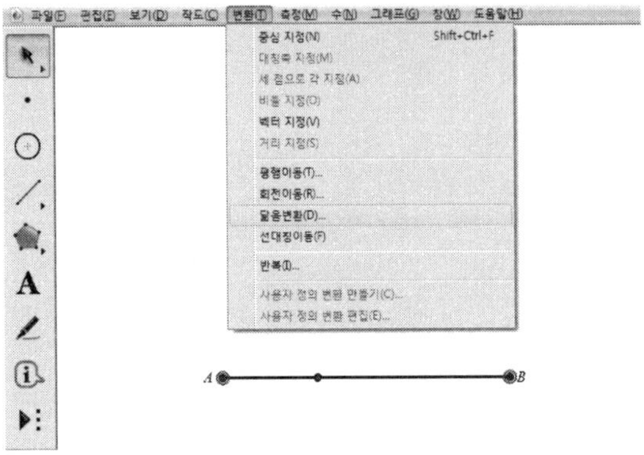

화살표 도구로 점 A와 점 B를 순서대로 선택한다. **변환(T)** 메뉴의 **닮음변환(D)** 을 선택한다.

STEP 08

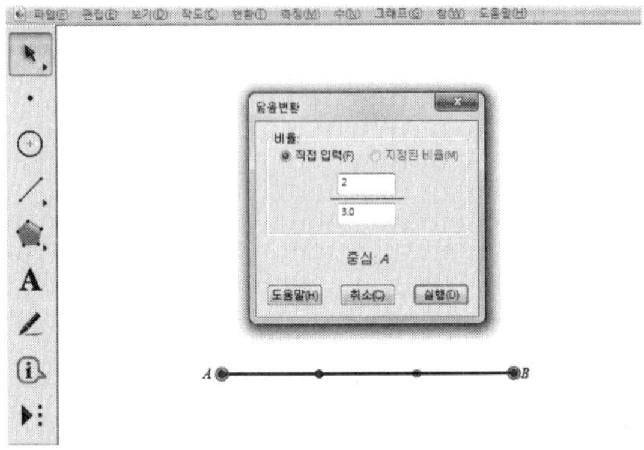

직접 입력(F) 으로 $\frac{2}{3}$를 입력한다.

STEP 09

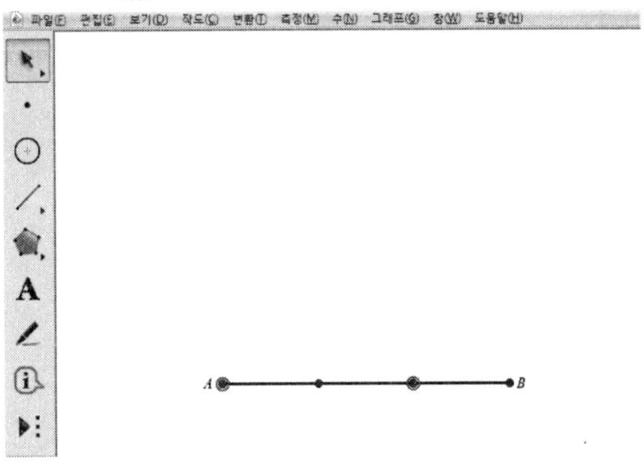

실행(R) 을 선택한다.

STEP 10

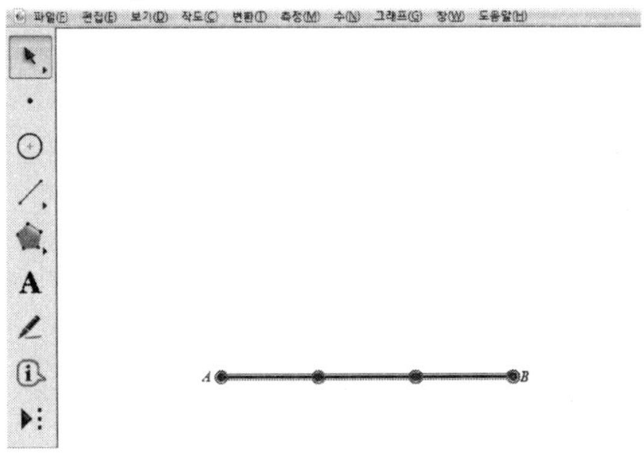

화살표 도구로 선분 AB와 $\frac{1}{3}$, $\frac{2}{3}$ 지점의 점을 모두 선택한다.

STEP 11

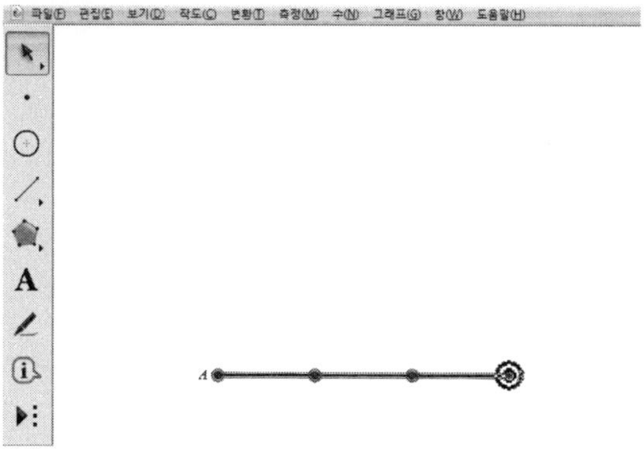

화살표 도구로 점 B를 더블클릭하여 **중심으로 지정**한다.

STEP 12

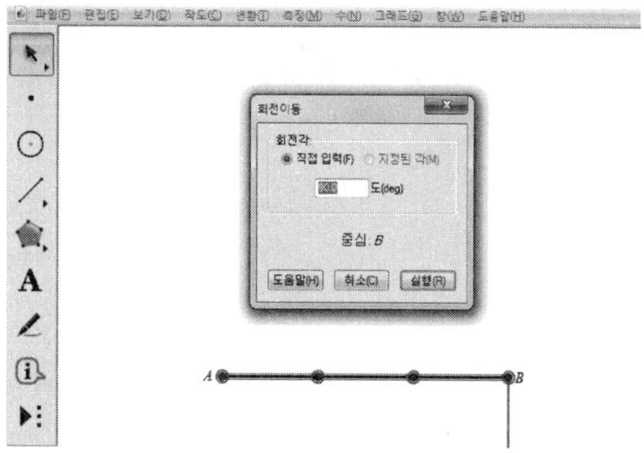

변환(T) 메뉴의 **회전이동(R)** 을 실행한다.

STEP 13

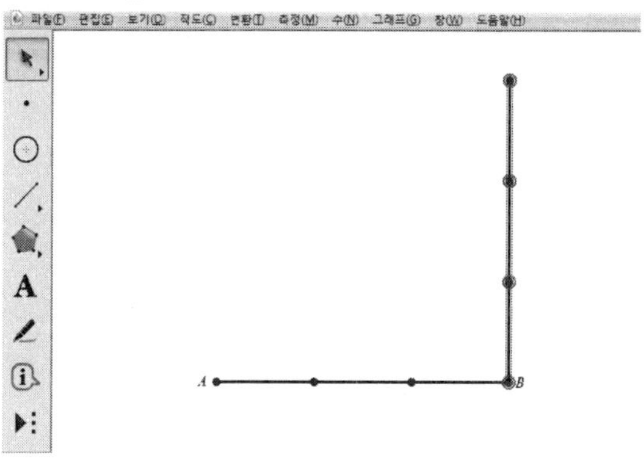

–90도 회전하도록 입력하고 **실행(R)** 을 선택하여 선분을 회전이동한다.

STEP 14

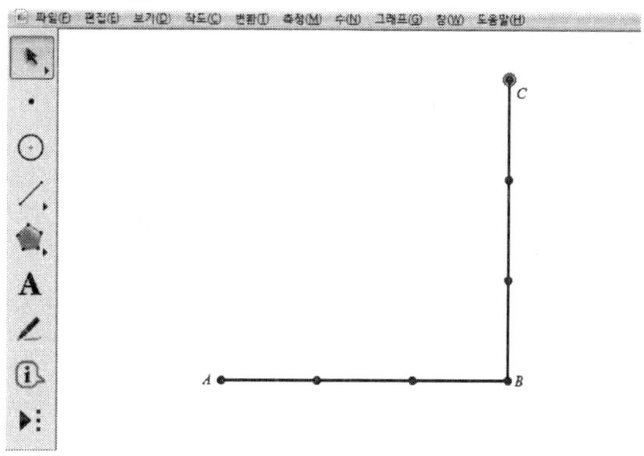

A **글 도구**를 이용하여 점 C의 이름표를 붙인다.

STEP 15

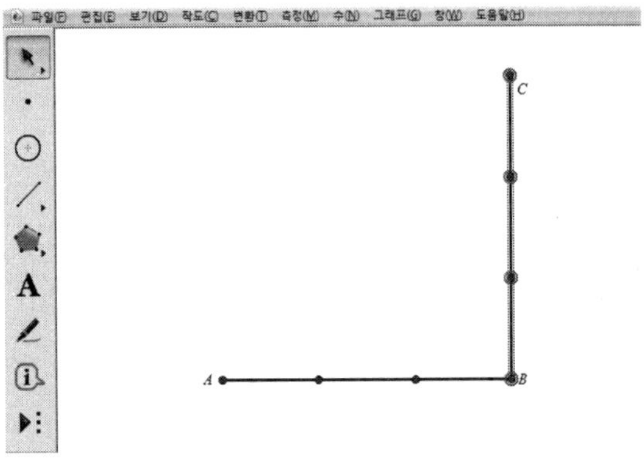

화살표 도구로 선분 BC와 $\frac{1}{3}$, $\frac{2}{3}$ 지점의 점을 모두 선택한다.

STEP 16

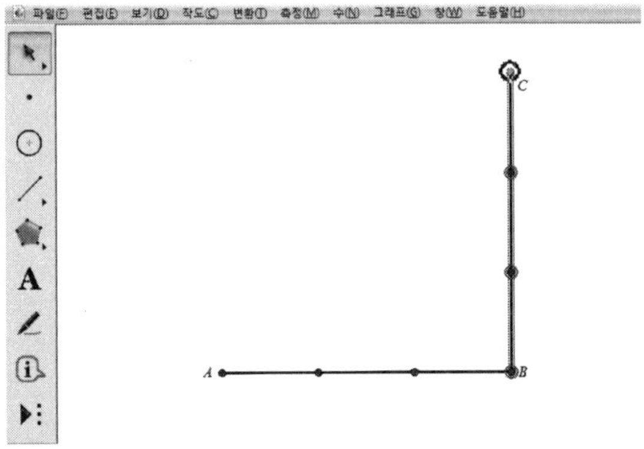

화살표 도구로 점 C를 더블클릭하여 **중심으로 지정**한다.

STEP 17

변환(T) 메뉴의 **회전이동(R)** 을 실행한다.

STEP 18

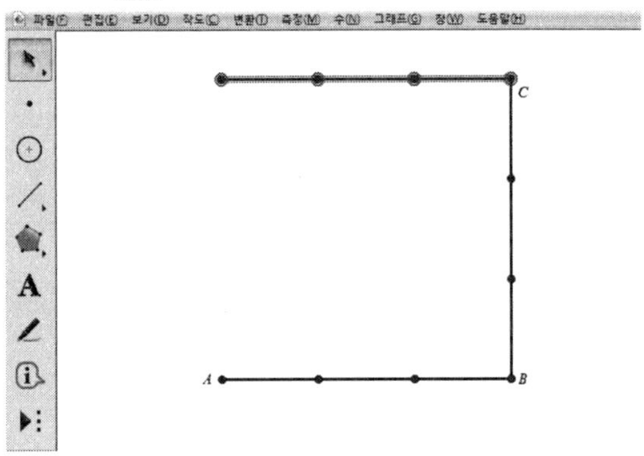

-90도 회전하도록 입력하고 **실행(R)** 을 선택하여 선분을 회전이동한다.

STEP 19

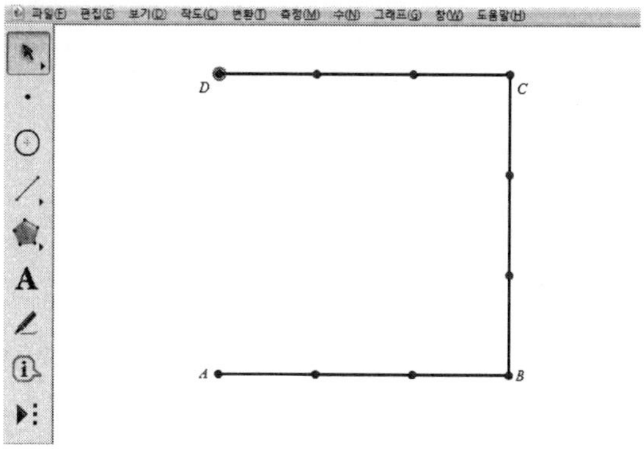

A **글 도구**를 이용하여 점 D의 이름표를 붙인다.

STEP 20

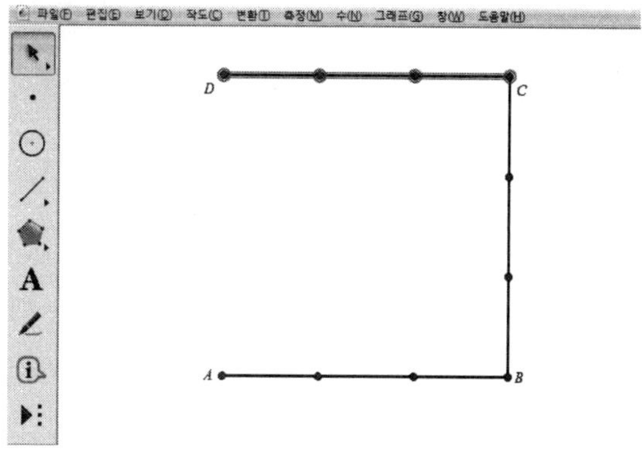

화살표 도구로 선분 CD와 $\frac{1}{3}$, $\frac{2}{3}$ 지점의 점을 모두 선택한다.

STEP 21

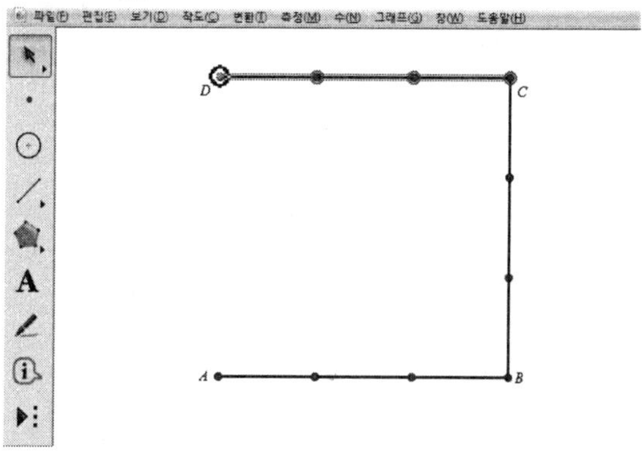

화살표 도구로 점 D를 더블클릭하여 **중심으로 지정**한다.

STEP 22

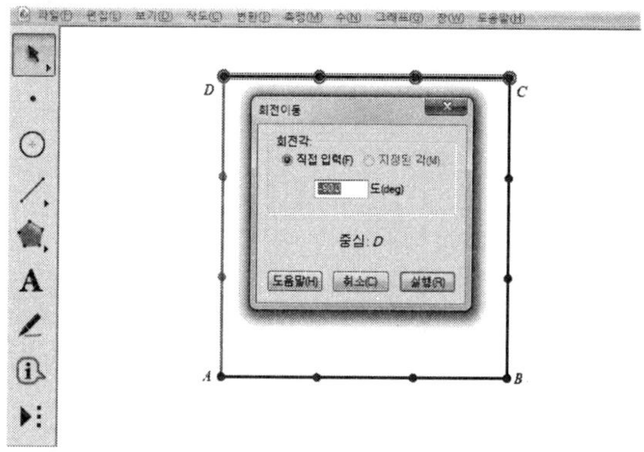

변환(T) 메뉴의 **회전이동(R)** 을 실행한다.

STEP 23

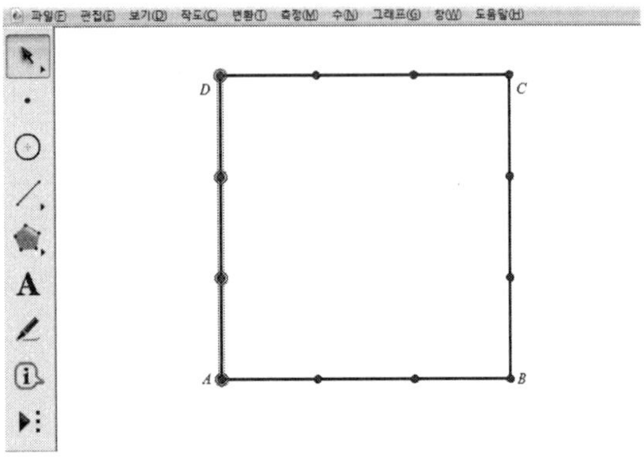

-90도 회전하도록 입력하고 **실행(R)** 을 선택하여 선분을 회전이동한다.

STEP 24

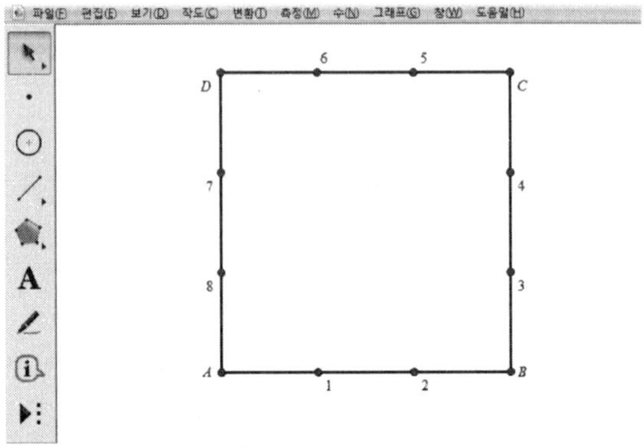

A **글 도구**를 이용하여 점 1, 점 2, 점 3, 점 4, 점 5, 점 6, 점 7, 점 8의 이름표를 각각 붙인다.

STEP 25

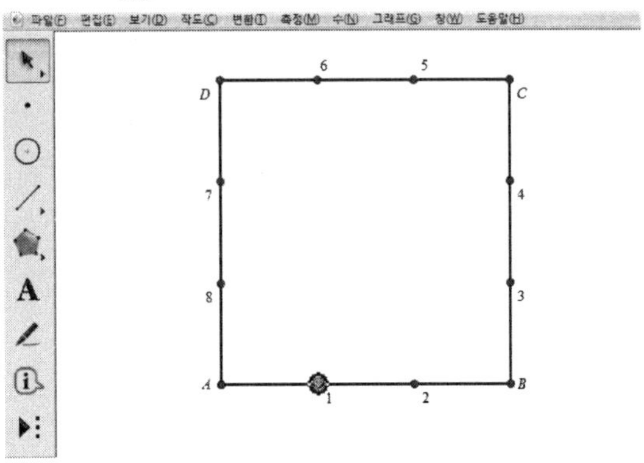

화살표 도구로 점 1을 더블클릭하여 **중심으로 지정**한다.

STEP 26

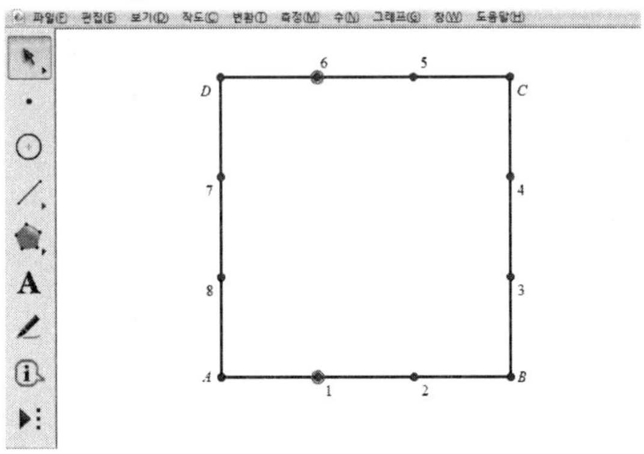

화살표 도구로 점 1과 점 6을 선택한다.

STEP 27

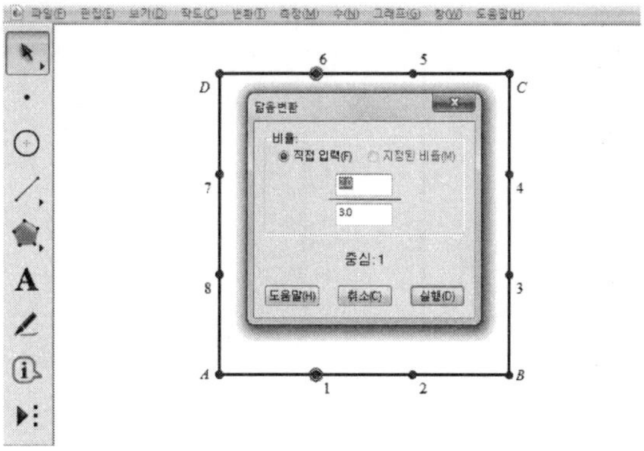

변환(T) 메뉴의 닮음변환(D) 을 선택한다.

STEP 28

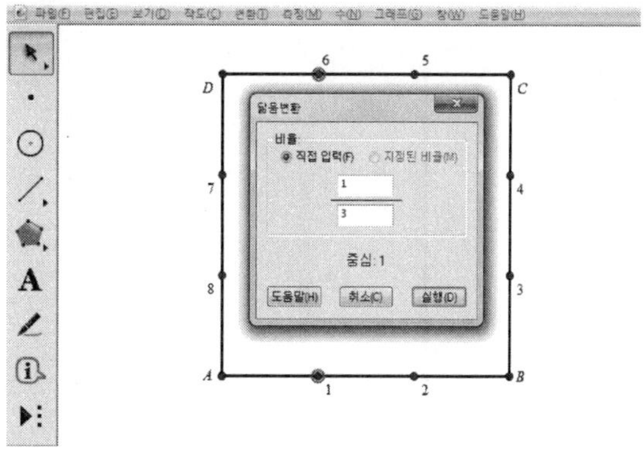

직접 입력(F) 으로 $\frac{1}{3}$을 입력한다.

STEP 29

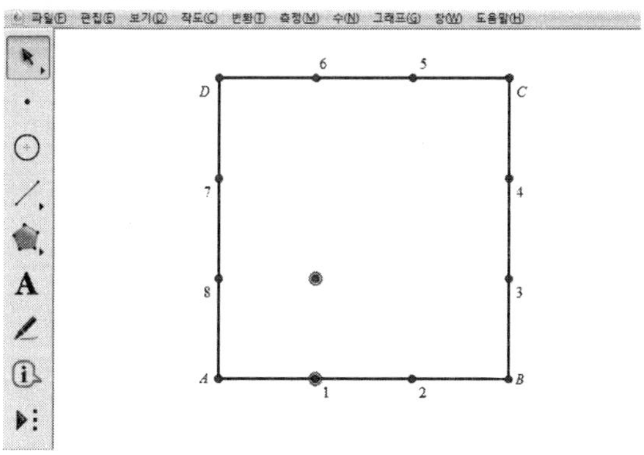

실행(R) 을 선택한다.

STEP 30

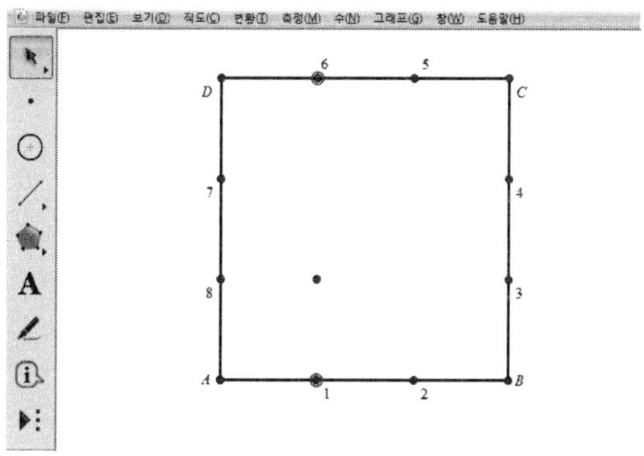

화살표 도구로 점 1과 점 6을 선택한다.

STEP 31

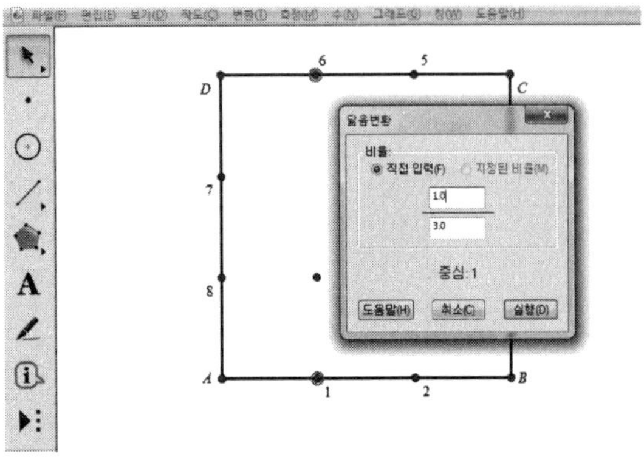

변환(T) 메뉴의 **닮음변환(D)** 을 선택한다.

STEP 32

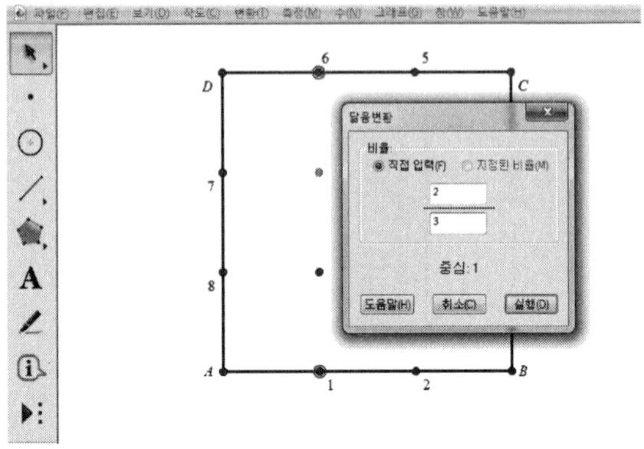

직접 입력(F) 으로 $\frac{2}{3}$를 입력한다.

STEP 33

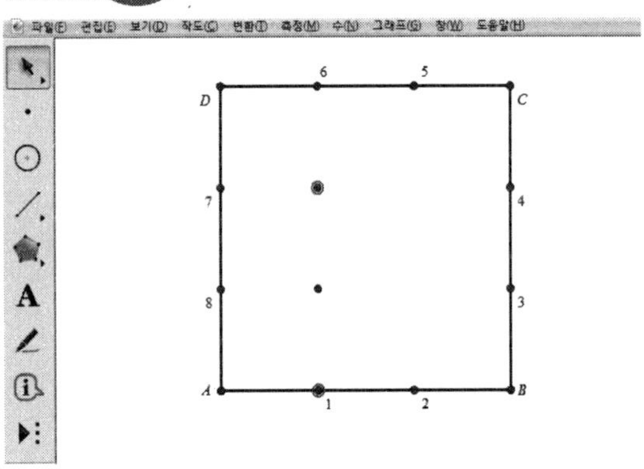

실행(R) 을 선택한다.

STEP 34

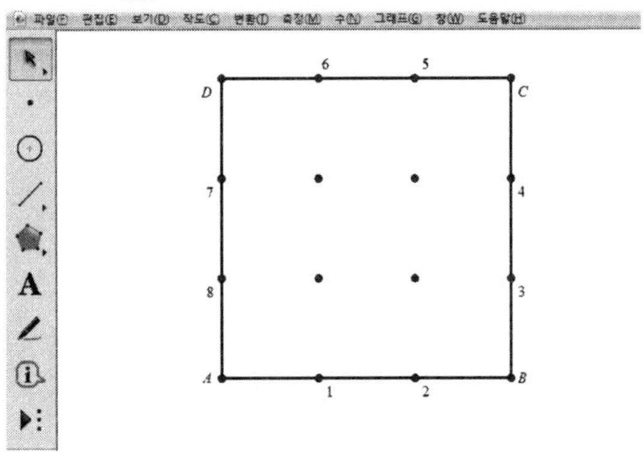

같은 방식으로 점 2와 점 5 사이의 $\frac{1}{3}$, $\frac{2}{3}$지점에 점을 그린다.

STEP 35

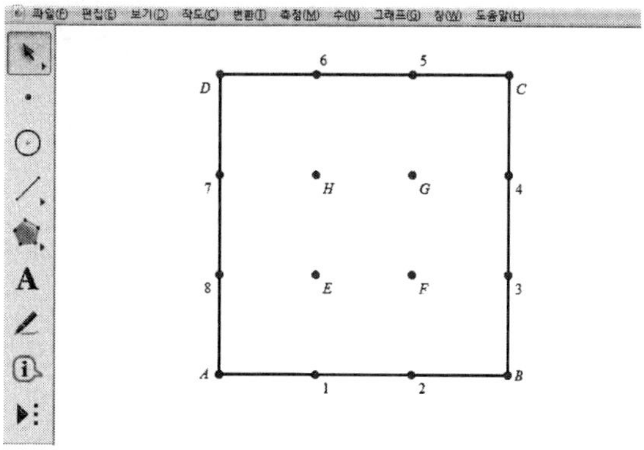

A **글 도구**를 이용하여 점 E, 점 F, 점 G, 점 H의 이름표를 각각 붙인다.

STEP 36

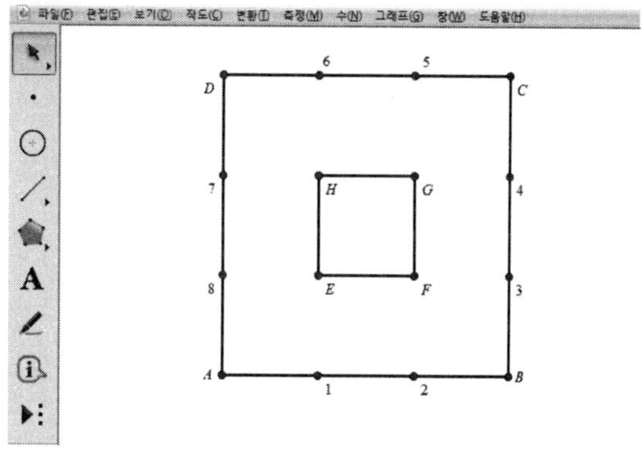

선분 도구로 사각형 EFGH를 그린다.

STEP 37

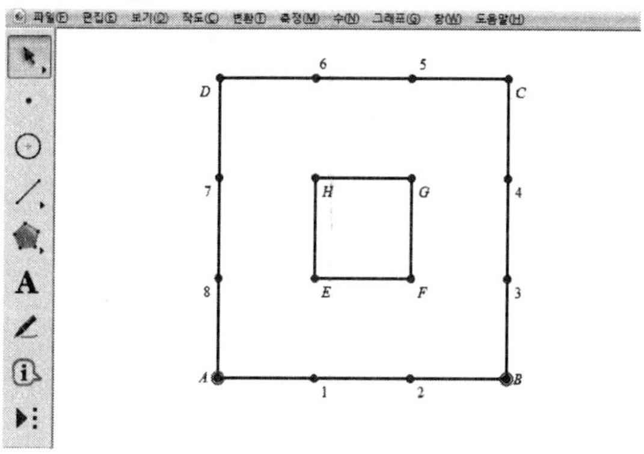

화살표 도구로 점 A와 점 B를 선택한다.

STEP 38

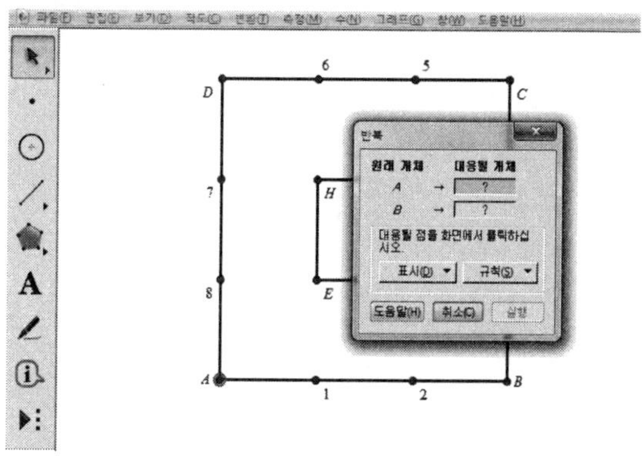

변환(T) 메뉴의 **반복(I)** 을 클릭한다.

STEP 39

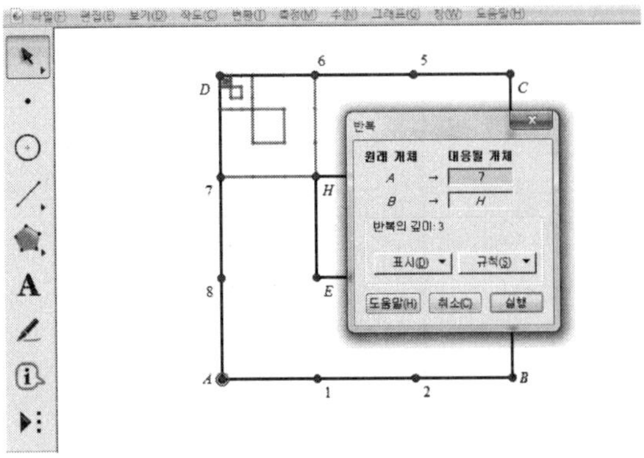

각 개체에 대응될 개체에 선택한다. 점 7, 점 H를 순서대로 선택한다.

STEP 40

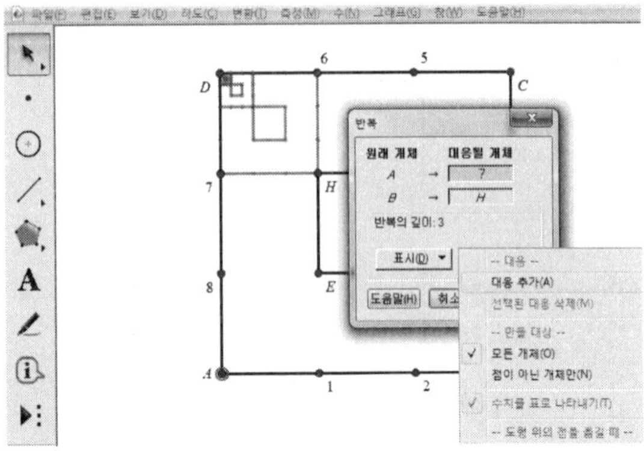

규칙(S) 을 클릭하여 대응추가(A) 를 선택한다.

STEP 41

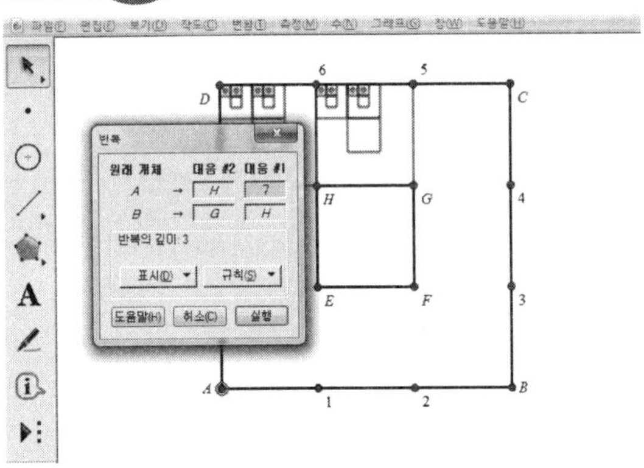

화살표 도구로 점 H, 점 G를 순서대로 선택한다.

STEP 42

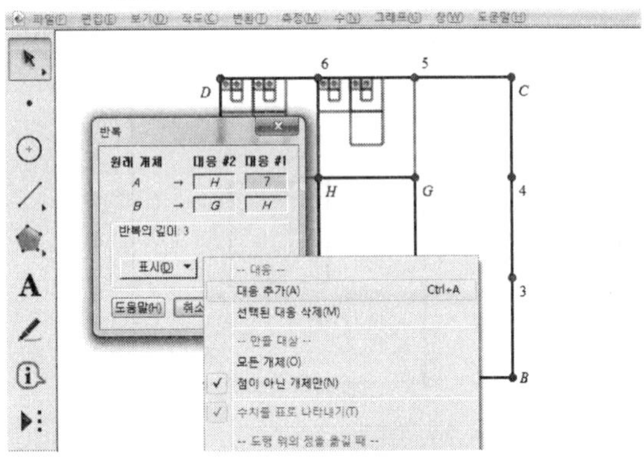

규칙(S) 을 클릭하여 대응추가(A) 를 선택한다.

STEP 43

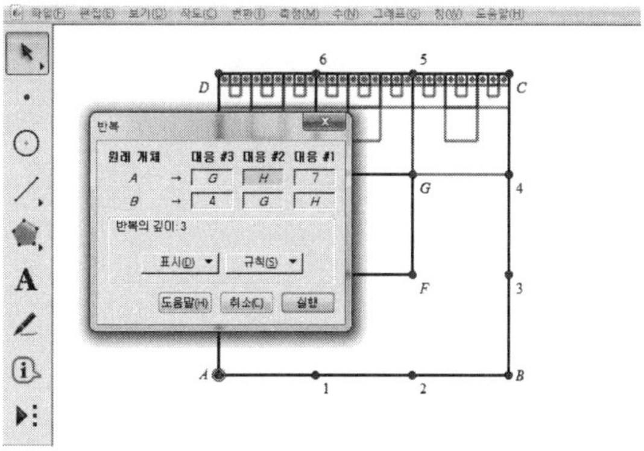

화살표 도구로 점 G, 점 4를 순서대로 선택한다.

STEP 44

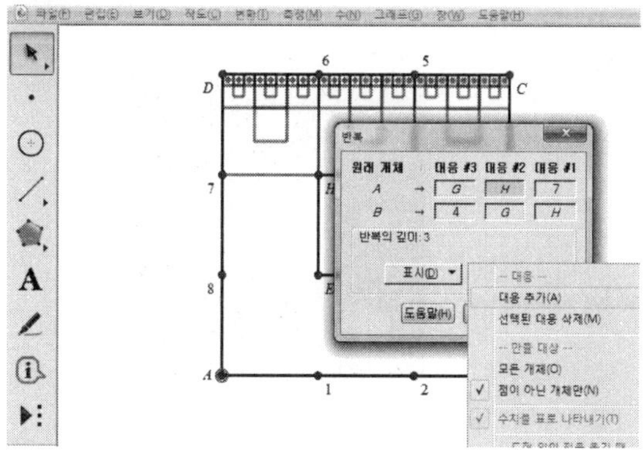

규칙(S) 을 클릭하여 **대응추가(A)** 를 선택한다.

STEP 45

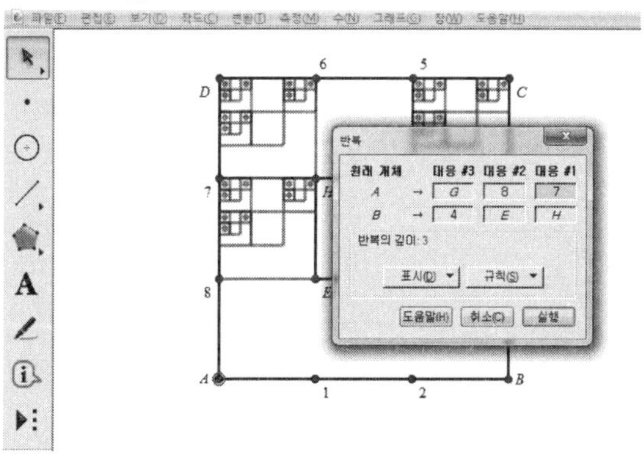

화살표 도구로 점 8, 점 E를 순서대로 선택한다.

STEP 46

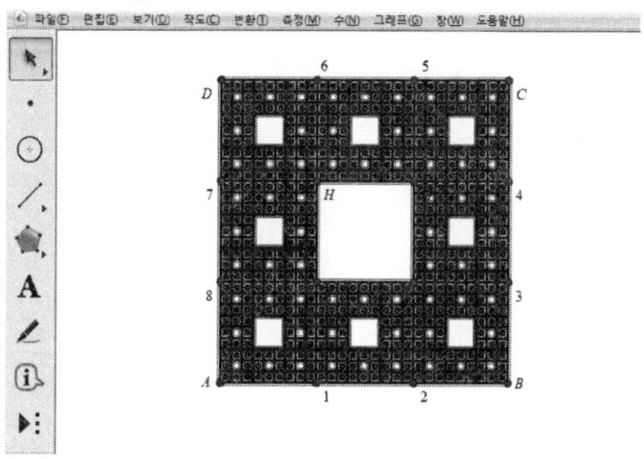

같은 방식으로 **대응 추가**하여 점 F와 점 3, 점 A와 점 1, 점 1과 점 2, 점 2와 점 B로 **대응될 개체**로 선택하고 **실행**한다.

STEP 47

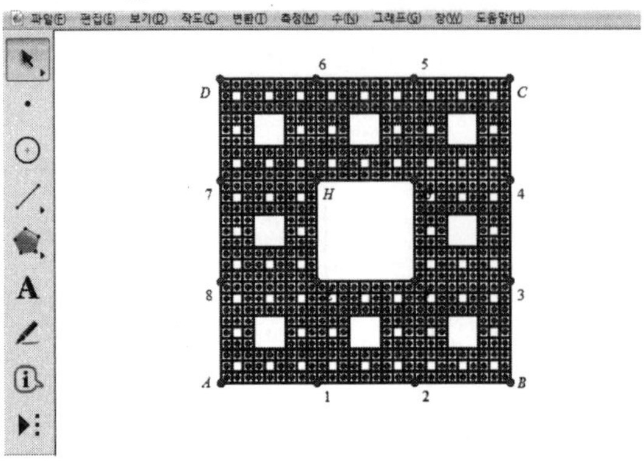

멩거 양탄자를 완성한다.

활동1

멩거 양탄자 그리는 방법을 활용해 비슷한 모습 작도하기

활용 기능

A 변환(T) 닮음변환(D) 회전이동(R)

STEP 01

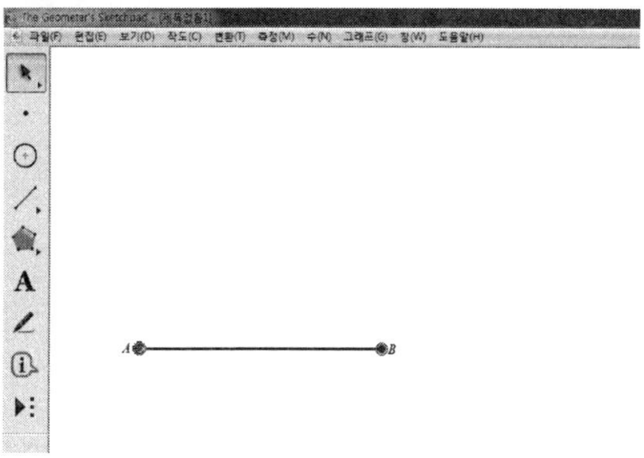

선분 도구와 A 글 도구를 이용하여 선분 AB를 그리고, 화살표 도구로 점 A를 더블클릭하여 **중심으로 지정**한다.

STEP 02

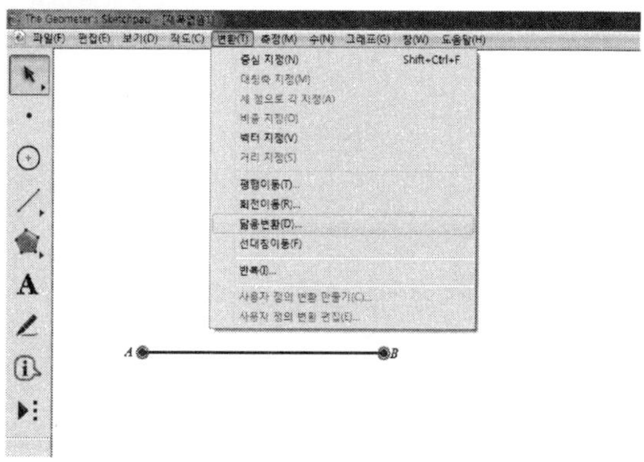

화살표 도구로 점 A와 점 B를 선택하고, **변환(T)** 메뉴의 **닮음변환(D)** 을 선택한다.

STEP 03

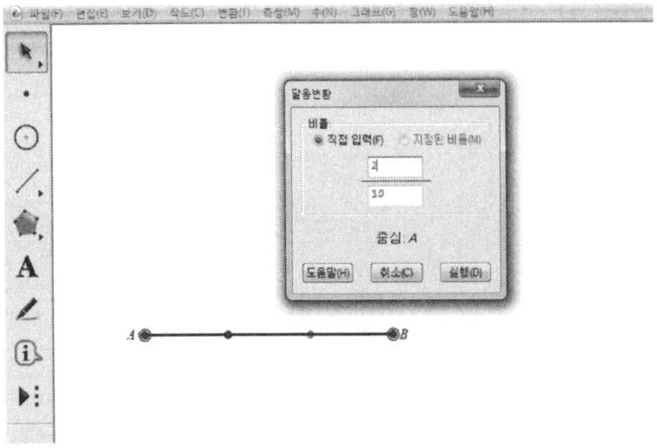

직접 입력(F) 으로 $\frac{1}{3}$을 입력하고, 같은 방법으로 $\frac{2}{3}$ 지점에도 점을 작도한다.

STEP 04

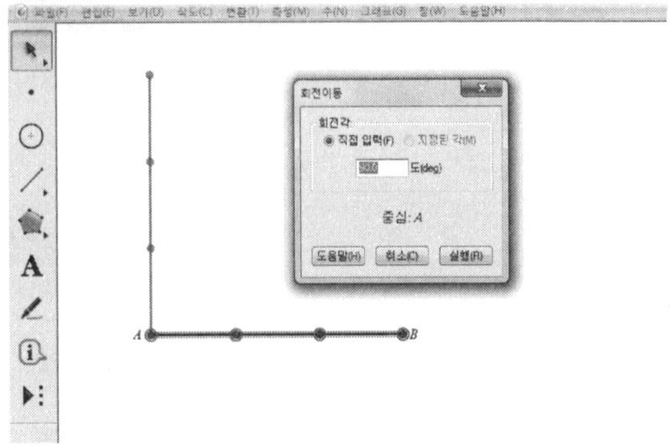

화살표 도구로 점 A를 더블클릭하여 **중심으로 지정**하고, **변환(T)** 메뉴의 **회전이동(R)**을 실행하여 90도를 입력한다.

STEP 05

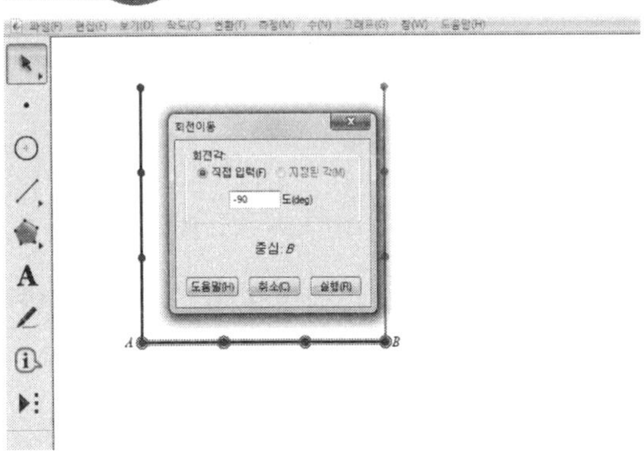

화살표 도구로 점 B를 더블클릭하여 **중심으로 지정**하고, **변환(T)** 메뉴의 **회전이동(R)**을 실행하여 –90도를 입력한다.

STEP 06

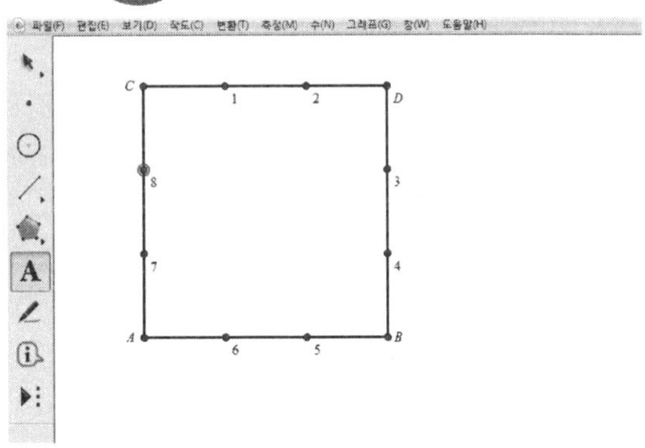

같은 방법으로 정사각형을 작도한 다음 **A** **글 도구**를 이용하여 그림과 같이 점의 이름을 붙인다.

STEP 07

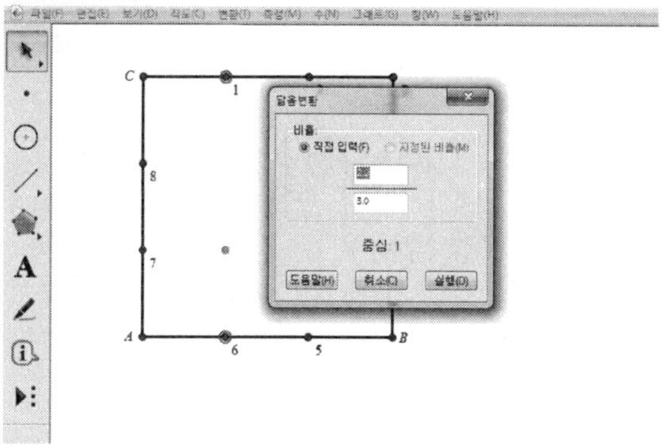

화살표 도구로 점 1을 더블클릭하여 **중심으로 지정하고,** **화살표 도구**로 점 1과 점 6을 선택한 후, **변환(T)** 메뉴의 **닮음변환(D)** 을 선택하여 $\frac{1}{3}$을 입력한다.

STEP 08

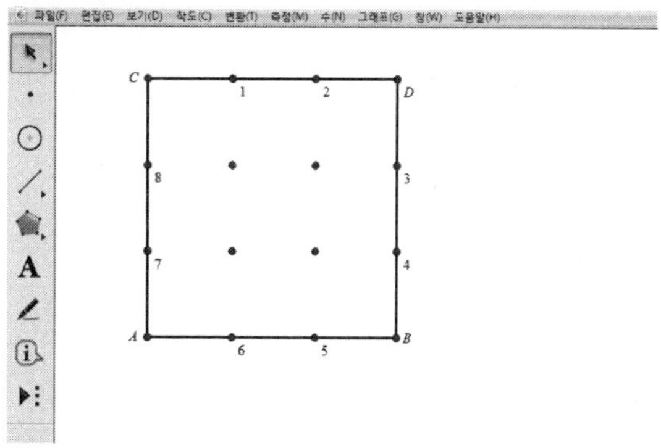

닮음변환(D) 을 이용하여 그림과 같이 점을 작도한다.

STEP 09

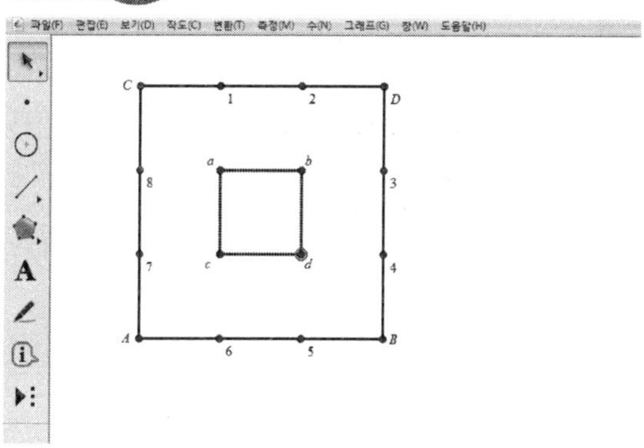

글 도구를 이용하여 점 a, 점 b, 점 c, 점 d의 이름표를 각각 붙이고, **선분 도구**로 사각형 abcd를 그린다.

STEP 10

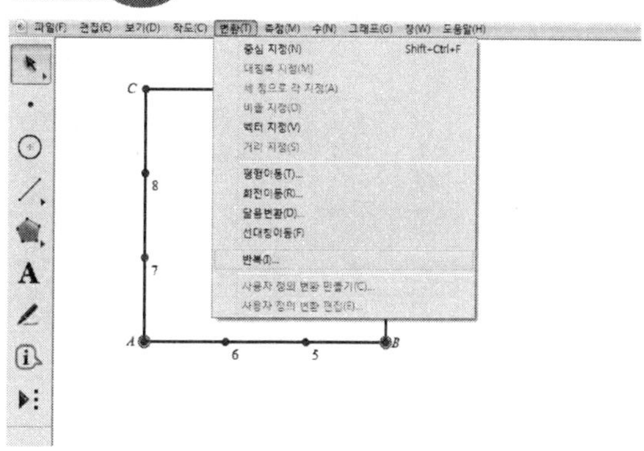

화살표 도구로 점 A와 점 B를 선택하고, **변환(T)** 메뉴의 **반복(I)** 을 클릭한다.

STEP 11

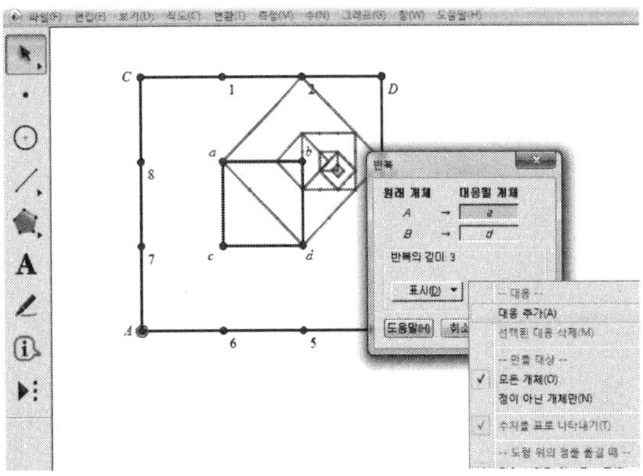

각 개체에 대응될 개체에 선택한다. 점 a, 점 d를 순서대로 선택하고, **규칙(S)** 을 클릭하여 **대응추가(A)** 를 선택한다.

STEP 12

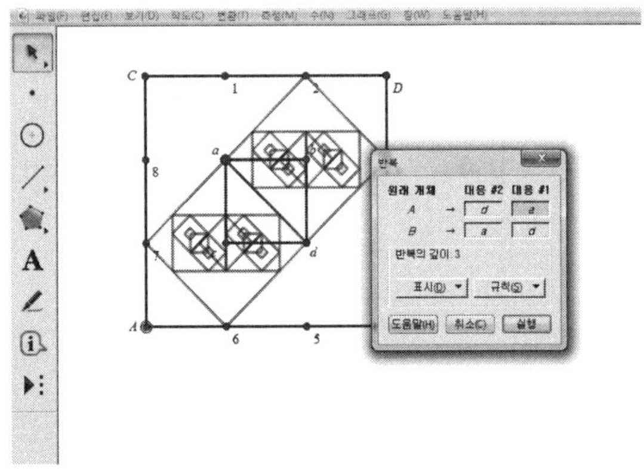

추가된 대응에 대응될 개체를 선택한다. 점 d, 점 a를 순서대로 선택하고 **규칙(S)** 을 클릭하여 **대응추가(A)** 를 선택한다.

STEP 13

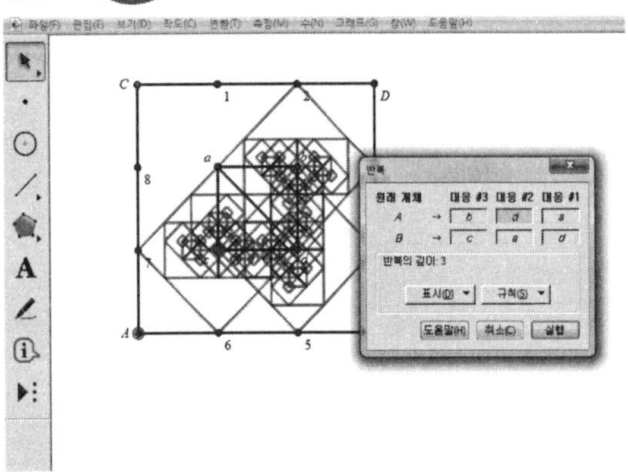

추가된 대응에 대응될 개체를 선택한다. 점 b, 점 c를 순서대로 선택하고 **규칙(S)** 을 클릭하여 **대응추가(A)** 를 선택한다.

STEP 14

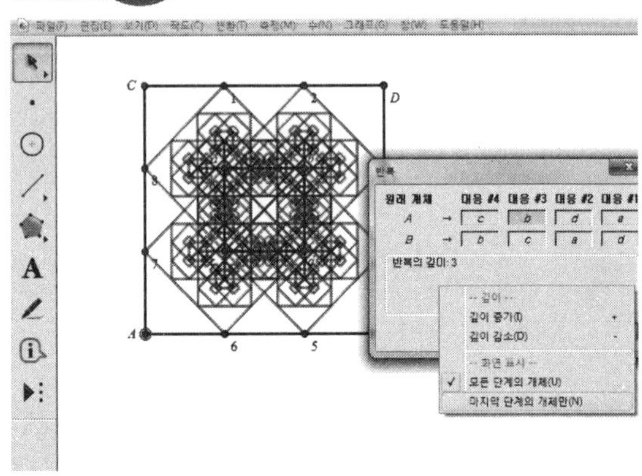

추가된 대응에 대응될 개체를 선택한다. 점 c, 점 b를 순서대로 선택하고 **표시**를 클릭하여 **'마지막 단계의 개체만(N)'**을 선택한 후 실행한다.

STEP 15

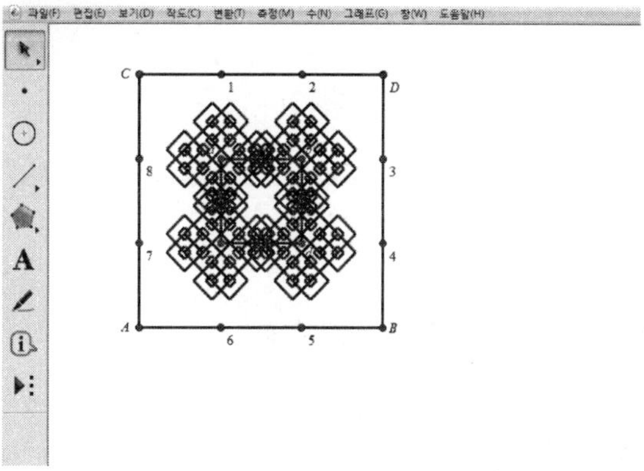

완성된 모습을 확인한다.

심화 활동

다음에 있는 도형을 어떻게 작도했는지 생각해 보고 똑같이 작도해 봅시다.

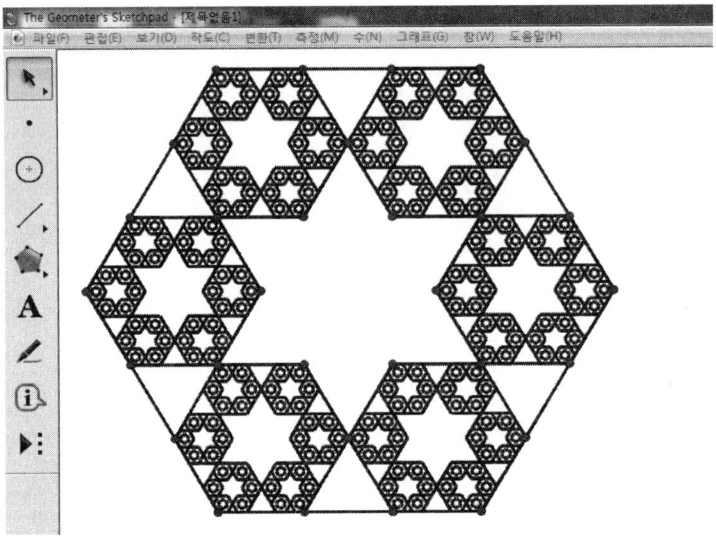

심화 활동 모범답안

STEP 01

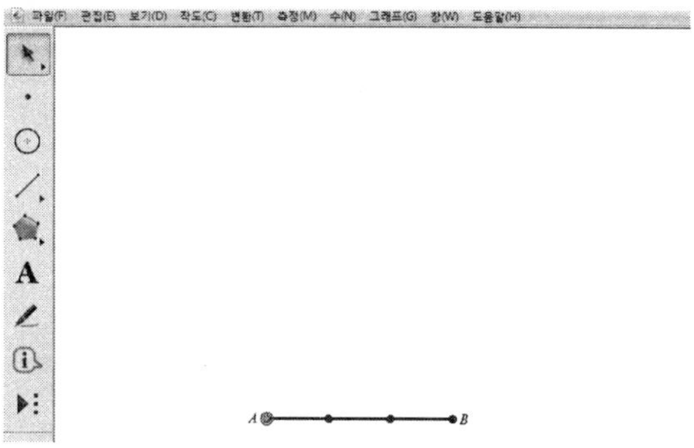

선분 도구와 A 글 도구를 이용하여 선분 AB를 그리고 화살표 도구로 점 A를 더블클릭하여 **중심으로 지정** 후, **변환(T)** 메뉴의 **닮음변환(D)** 을 선택하고 선분을 3등분 한다.

STEP 02

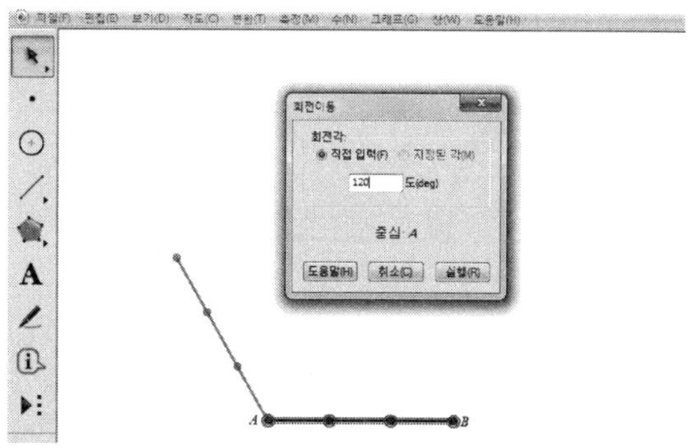

화살표 도구로 점 A를 더블클릭하여 **중심으로 지정** 후 **변환(T)** 메뉴의 **회전이동(R)** 을 실행하여 120도를 입력한다.

STEP 03

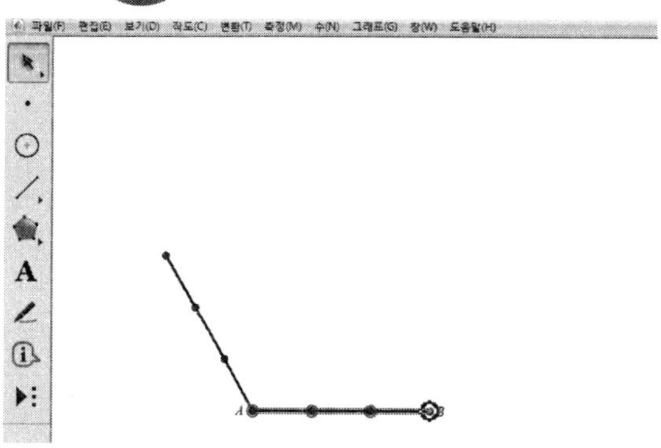

화살표 도구로 점 B를 더블클릭하여 **중심으로 지정**한다.

STEP 04

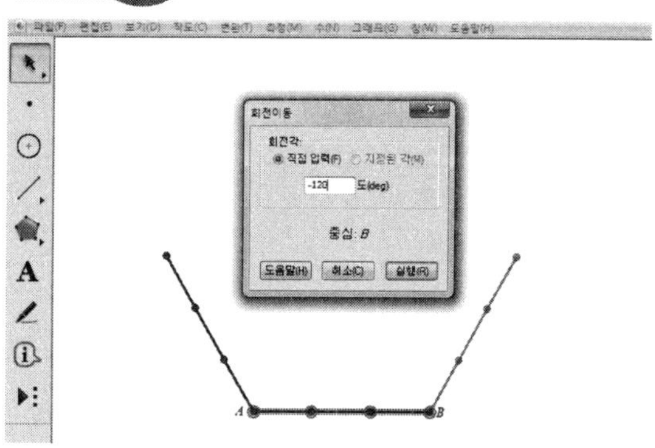

변환(T) 메뉴의 **회전이동(R)** 을 실행하여 −120도를 입력한다.

STEP 05

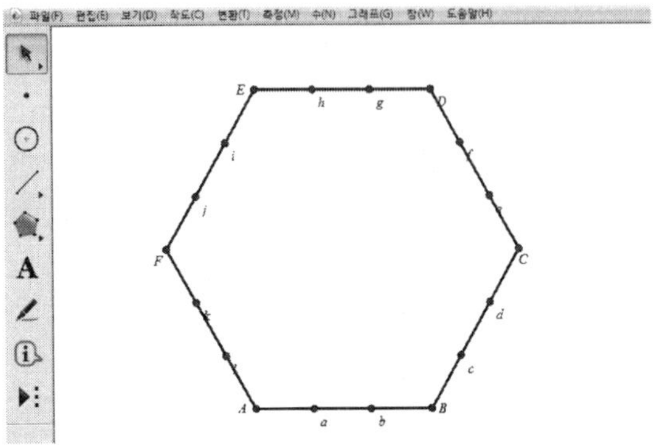

같은 방법으로 **회전이동(R)** 을 실행하여 정육각형을 작도하고 **A** **글 도구**를 이용하여 그림과 같이 점에 이름표를 붙인다.

STEP 06

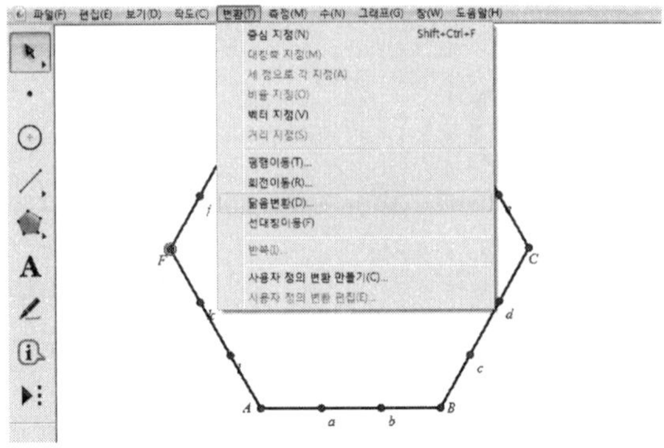

화살표 도구로 점 F를 더블클릭하여 **중심 지정**하고, 점 F와 점 D를 차례로 클릭하여 **변환(T)** 메뉴의 닮음변환을 이용하여 3등분하는 점을 작도한다.

STEP 07

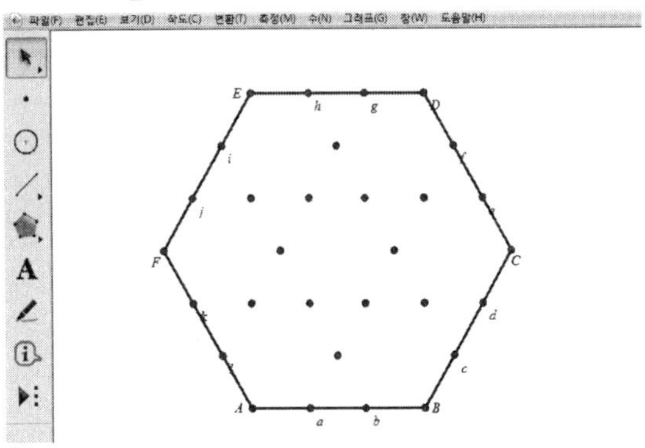

이와 같은 방법으로 **변환(T)** 메뉴의 닮음변환을 이용하여 선분 FC, 선분 FB, 선분 AE, 선분 AD, 선분 AC, 선분 BF, 선분 BE, 선분 BD, 선분 CF, 선분 CA, 선분 CE를 3등분하여 위 그림과 같이 점을 작도한다.

STEP 08

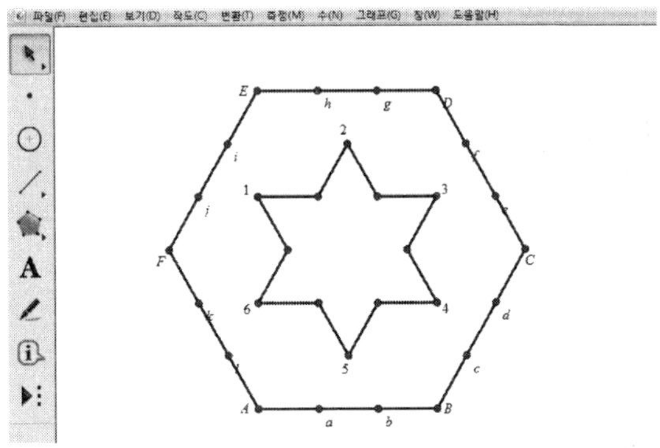

선분 도구와 **A** **글 도구**를 이용하여 정육각형 내부의 점들을 이어 별 모양을 작도하고 점에 이름표를 붙인다.

STEP 09

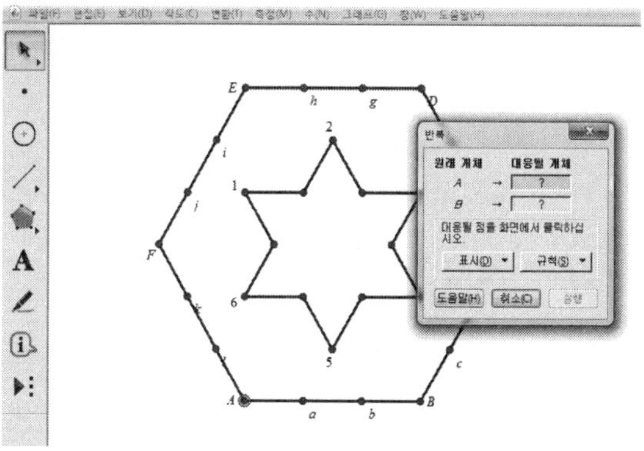

화살표 도구로 점 A와 점 B를 모두 선택한 후, **변환(T)** 메뉴의 **반복(I)** 을 클릭한다.

STEP 10

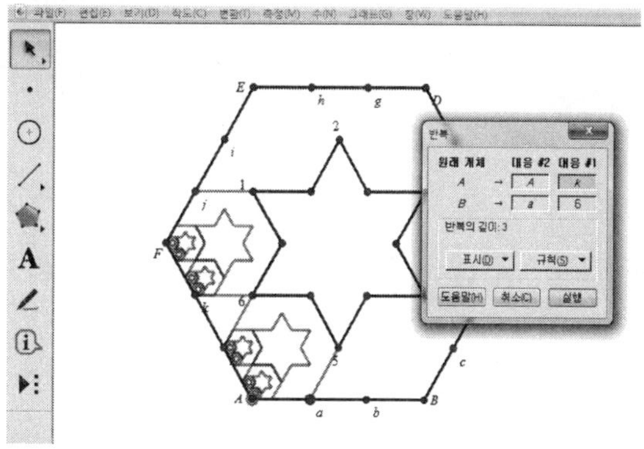

각 개체에 대응될 개체에 선택한다. 점 A, 점 a를 순서대로 선택하고, **규칙(S)** 을 클릭하여 **대응추가(A)** 를 선택하여, 점 k, 점 6을 순서대로 클릭한다.

STEP 11

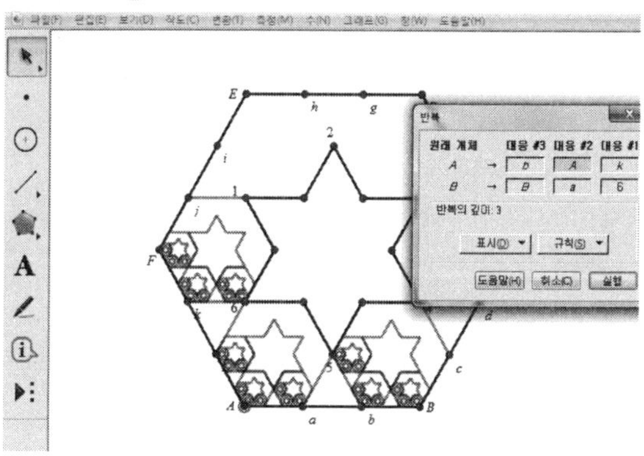

같은 방법으로 **규칙(S)** 을 클릭하여 **대응추가(A)** 를 선택하여 점 b, 점 B와 점 4, 점 d 등을 순서대로 클릭하여 실행을 클릭한다.

STEP 12

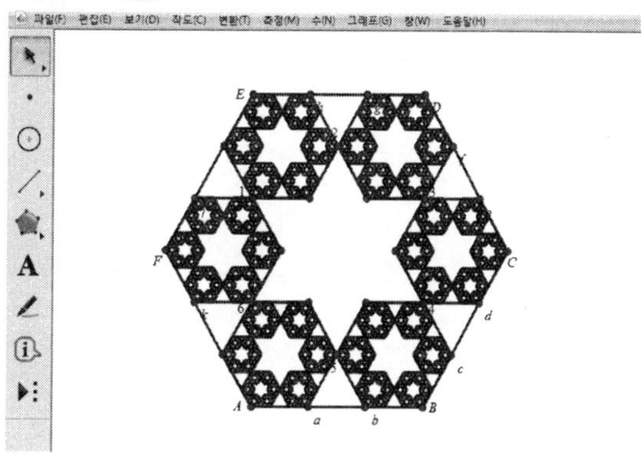

완성된 모습을 확인한다.

입체도형 작도하기

부록 입체도형 작도하기

학습목표

직육면체를 그릴 수 있다.

활동1

직육면체 그리기

방법1 평행이동을 이용하여 직육면체 그리기

활용 기능

A · 변환(T) 벡터지정(V) 평행이동(T) 작도(C) 수선(D)

STEP 01

선분 도구와 A **글 도구**를 이용하여 선분 AB를 그린다.

STEP 02

점 도구로 선분 AB의 상단에 점을 그린다.

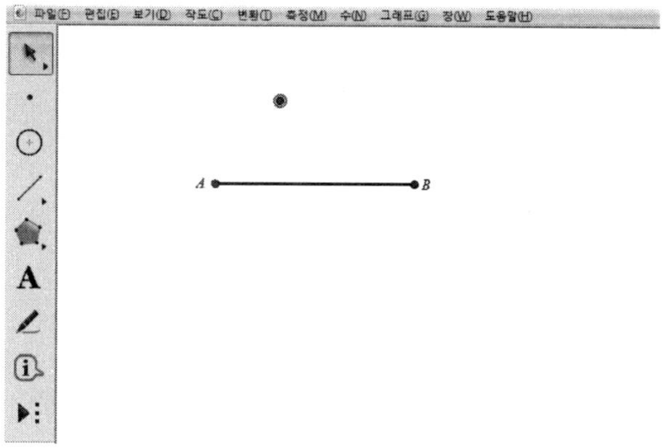

STEP 03

글 도구를 이용하여 점 C의 이름표를 붙인다.

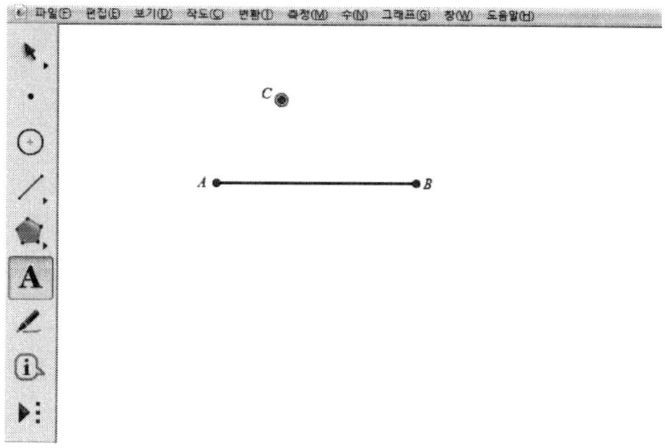

STEP 04

선분 도구로 선분 AC를 그린다.

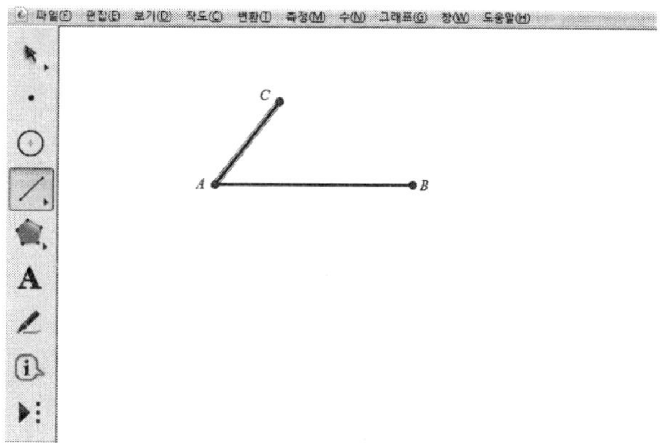

STEP 05

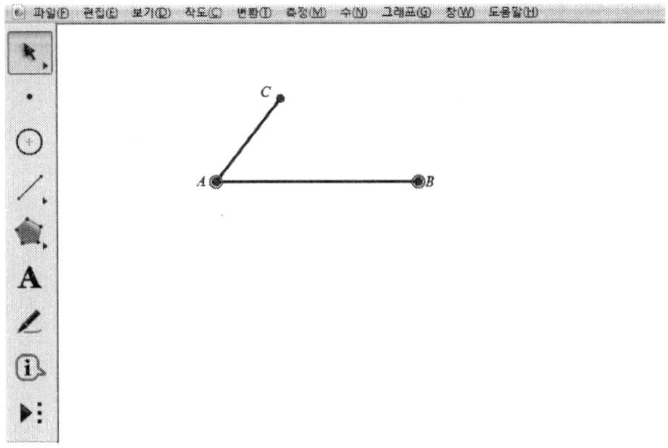

화살표 도구로 점 A, 점 B를 순서대로 선택한다.

STEP 06

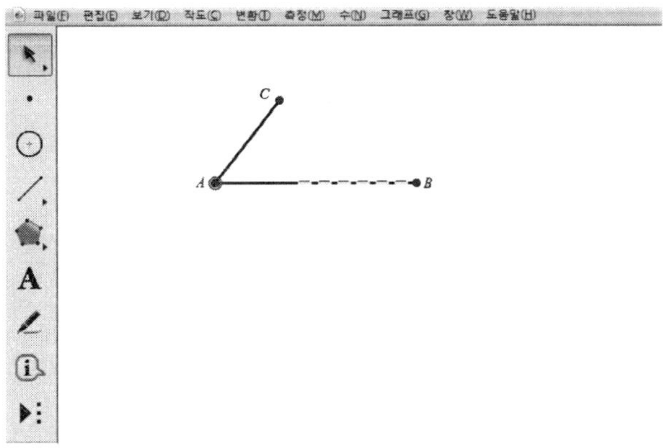

변환(T) 메뉴의 **벡터지정(V)** 을 선택한다.

STEP 07

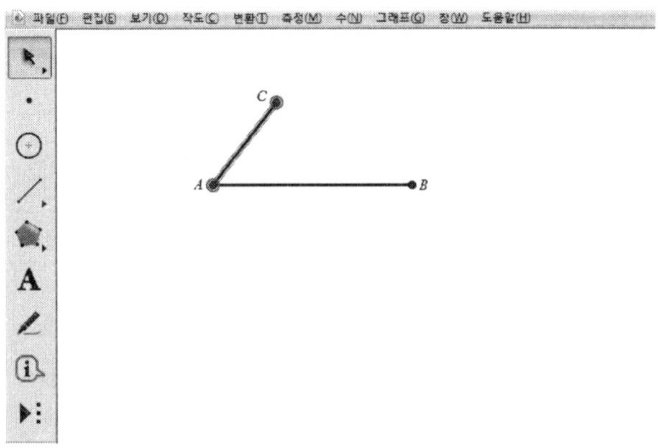

화살표 도구로 선분 AC를 모두 선택한다.

STEP 08

변환(T) 메뉴의 평행이동(T) 을 선택한다.

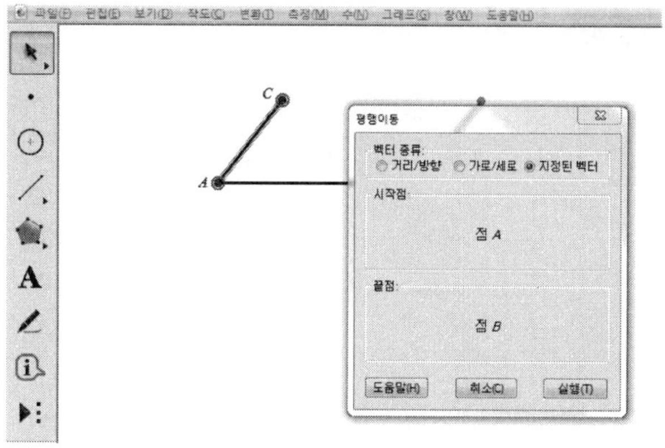

STEP 09

지정된 벡터를 선택하고 실행(R) 한다.

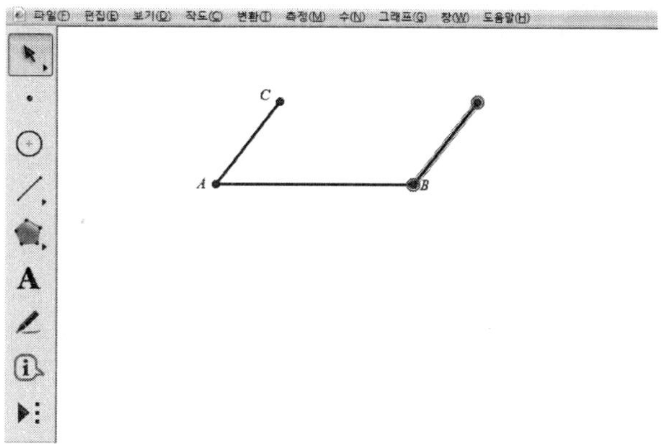

STEP 10

A **글 도구**를 이용하여 점 D의 이름표를 붙인다.

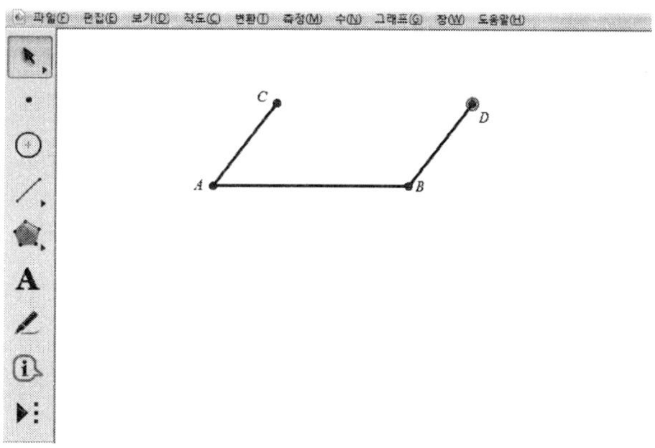

STEP 11

선분 도구로 선분 CD를 그린다.

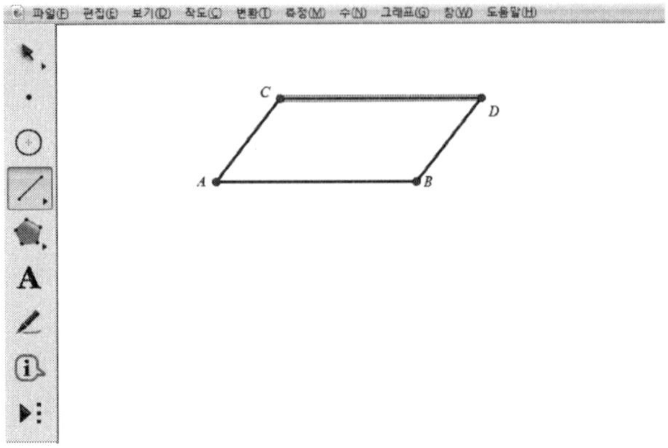

STEP 12

화살표 도구로 선분 AB와 점 A를 선택한다.

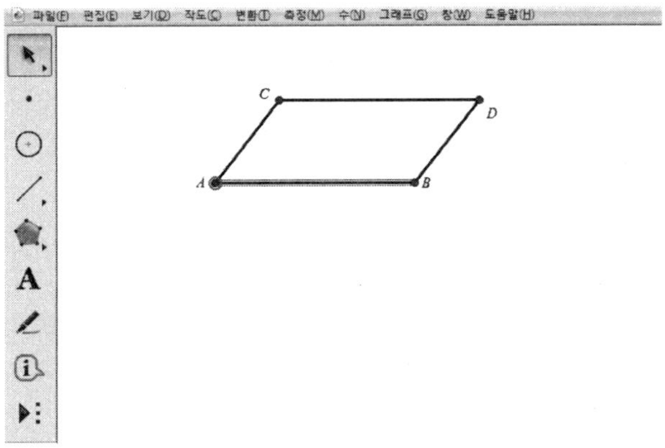

STEP 13

작도(C) 메뉴를 눌러 활성화된 수선(D) 을 선택한다.

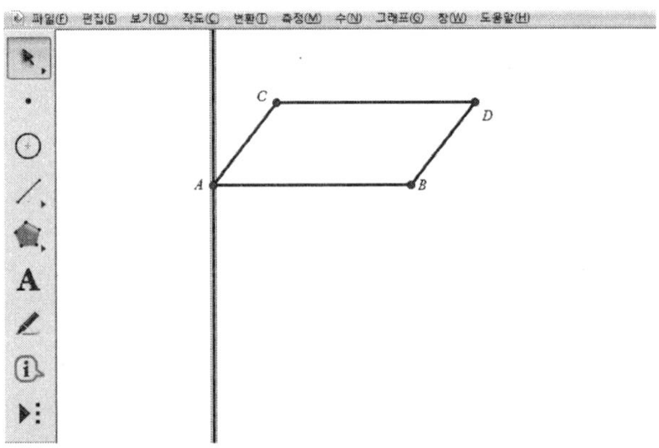

STEP 14

점 도구로 수선 위에 한 점을 그린다.

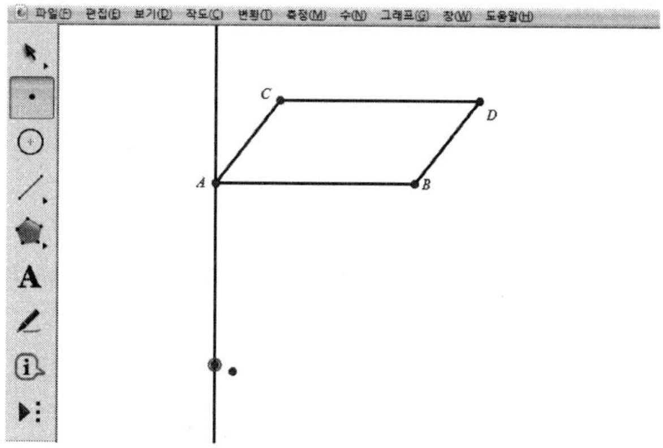

STEP 15

글 도구를 이용하여 점 E의 이름표를 붙인다.

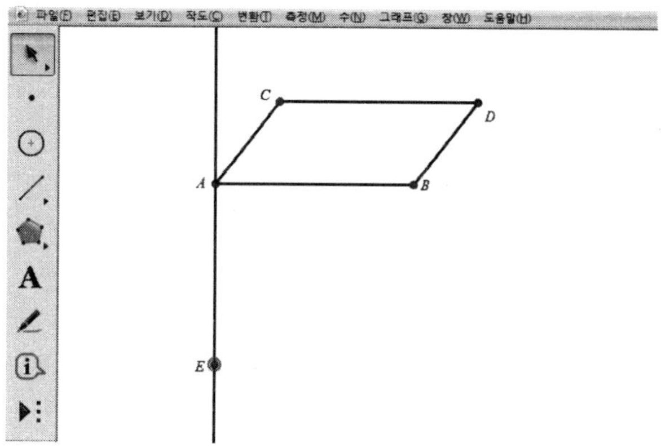

STEP 16

화살표 도구로 점 A, 점 E를 순서대로 선택한다.

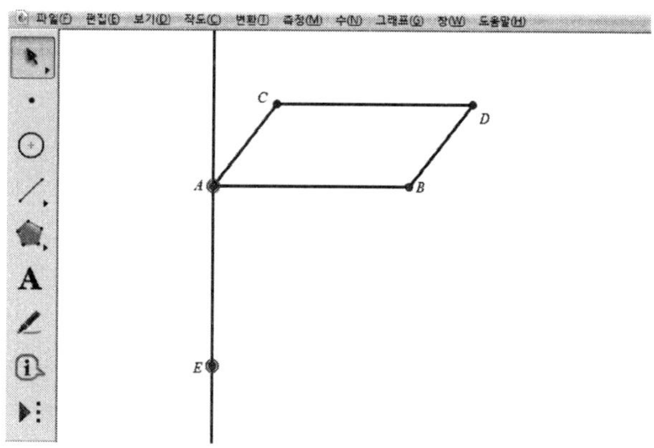

STEP 17

변환(T) 메뉴의 **벡터지정(V)** 을 선택한다.

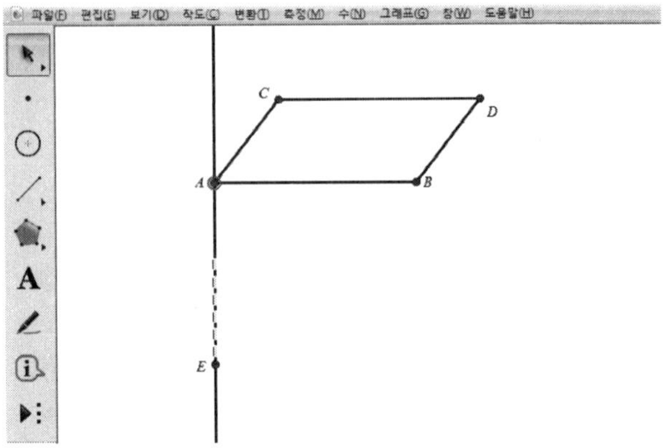

STEP 18

화살표 도구로 면 ABCD를 모두 선택한다.

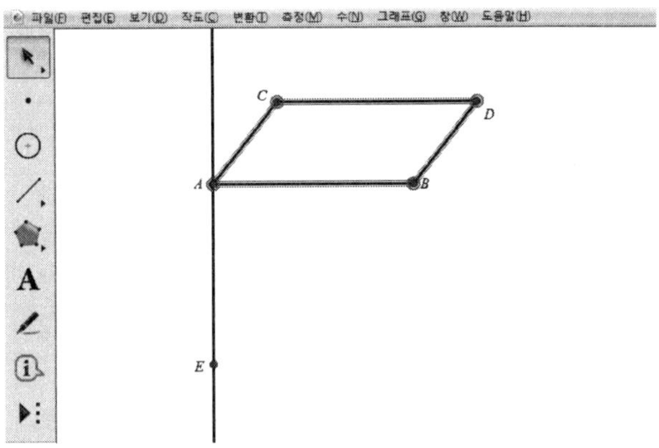

STEP 19

변환(T) 메뉴의 **평행이동(T)** 을 선택한다.

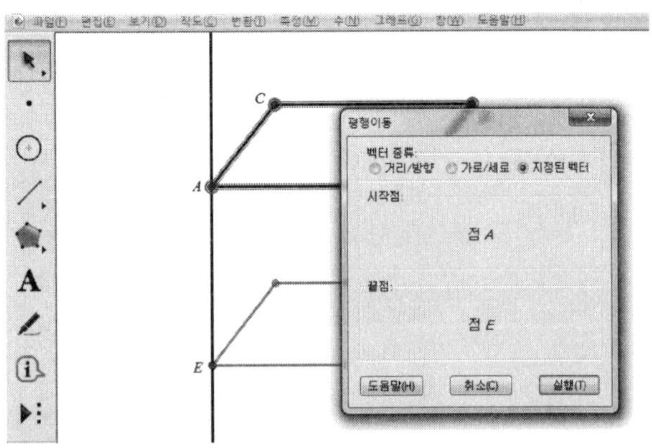

STEP 20

지정된 벡터를 선택하고 실행(R) **실행**한다.

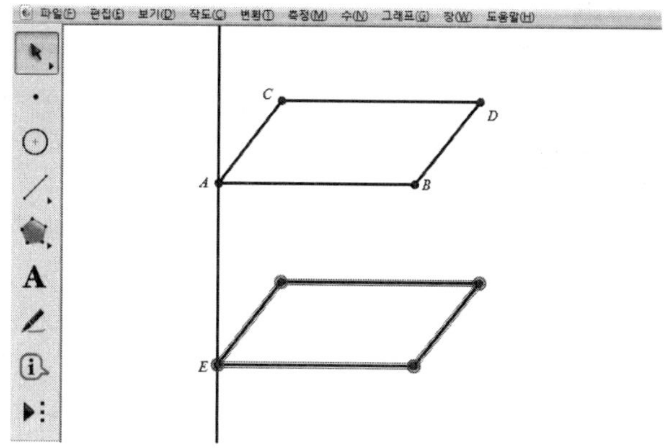

STEP 21

A **글 도구**를 이용하여 점 F, 점 G, 점 H의 이름표를 붙인다.

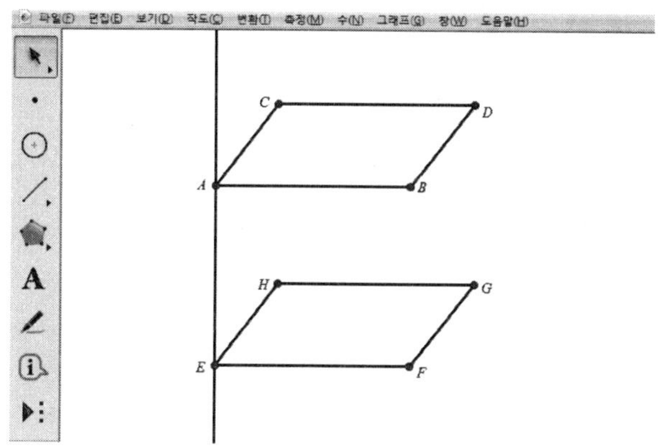

STEP 22

선분 도구로 선분 AE, 선분 BF, 선분 DG, 선분 CH를 그린다.

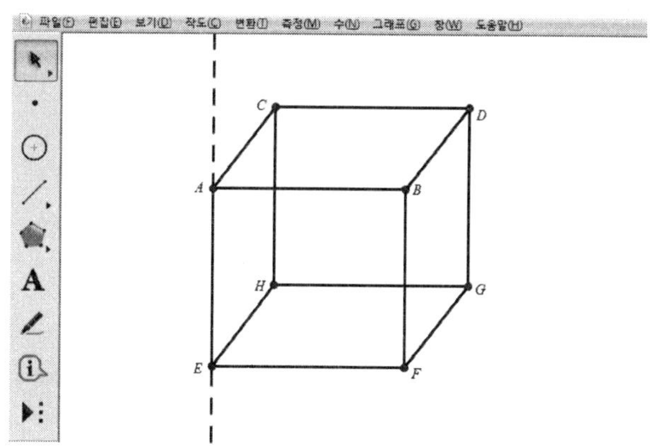

STEP 23

화살표 도구로 수선을 선택한다.

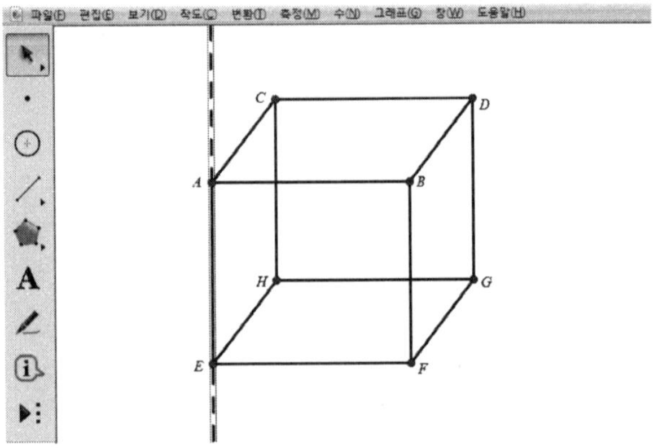

STEP 24

보기(D) 메뉴의 수선숨기기(D) 를 선택한다.

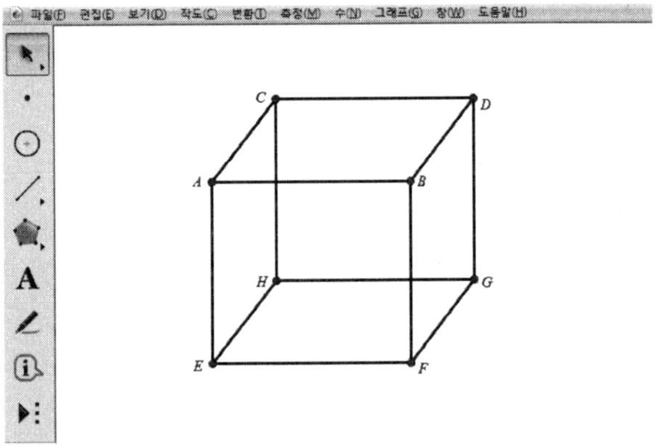

학습목표

원기둥을 그릴 수 있다.

활동1

원기둥 그리기

방법1 자취를 이용하여 원기둥 그리기

활용 기능

점 숨기기(H) 수선(D) 닮음변환(D) 자취(U) 선대칭이동(F)

STEP 01

원 도구를 이용하여 원을 그린다.

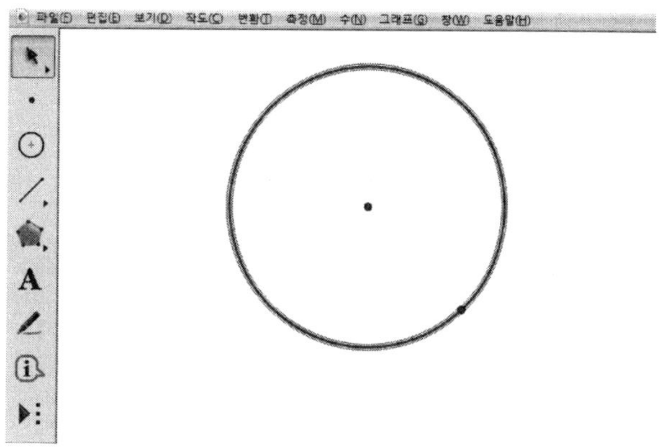

STEP 02

화살표 도구로 원 위의 점을 선택한다.

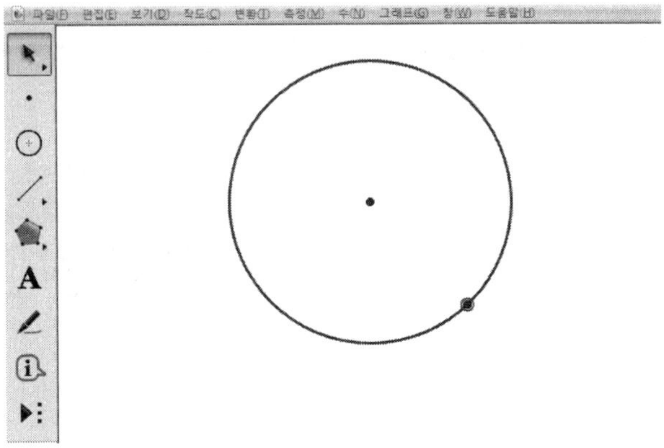

STEP 03

보기(D) 메뉴의 점 숨기기(H) 를 선택한다.

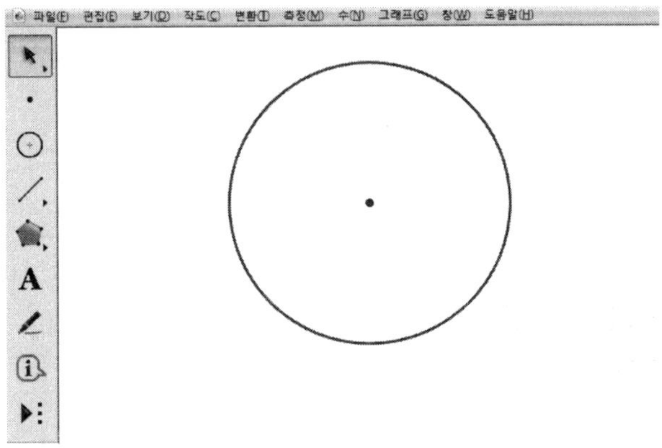

STEP 04

직선 도구를 활용하여 원의 중심을 지나는 직선을 그린다.

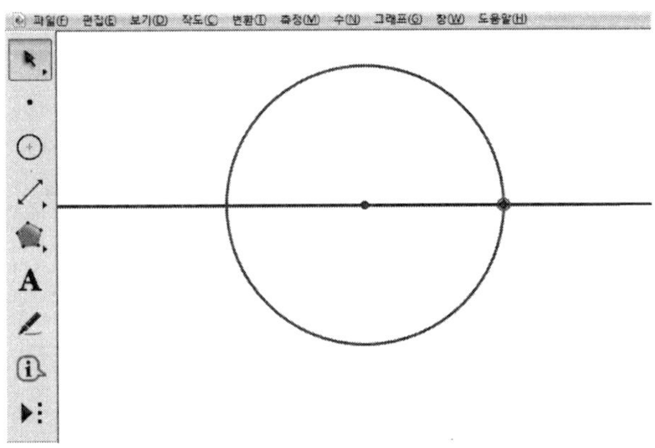

STEP 05

점 도구로 원과 직선이 만나는 위치에 점을 그린다.

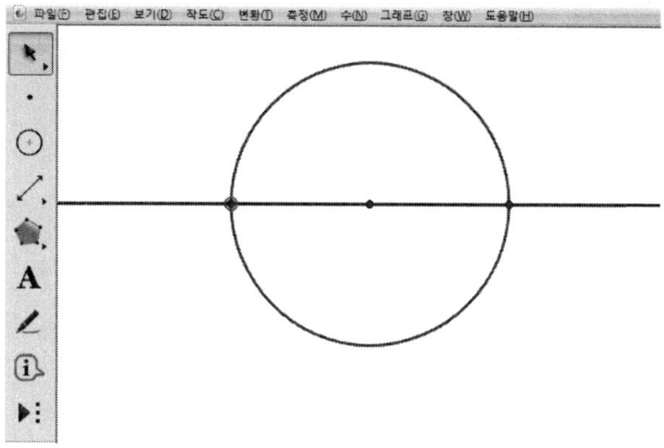

STEP 06

점 도구로 원 내부의 직선 위에 한 점을 그린다.

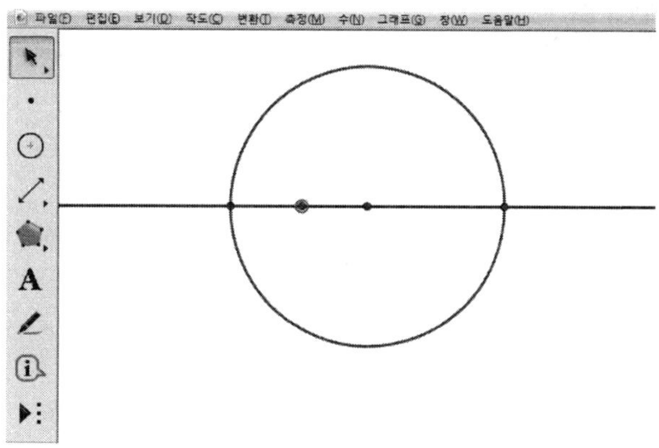

STEP 07

A **글 도구**를 이용하여 점 A의 이름표를 붙인다.

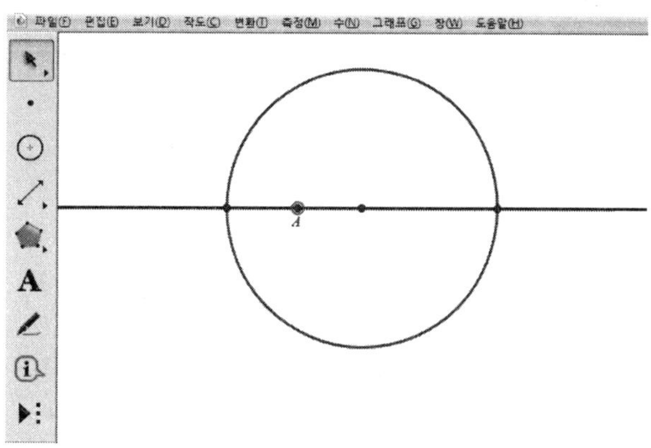

STEP 08

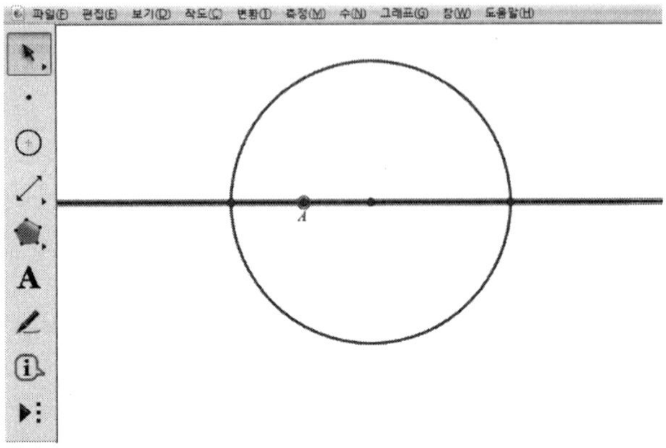

화살표 도구로 직선과 점 A를 선택한다.

STEP 09

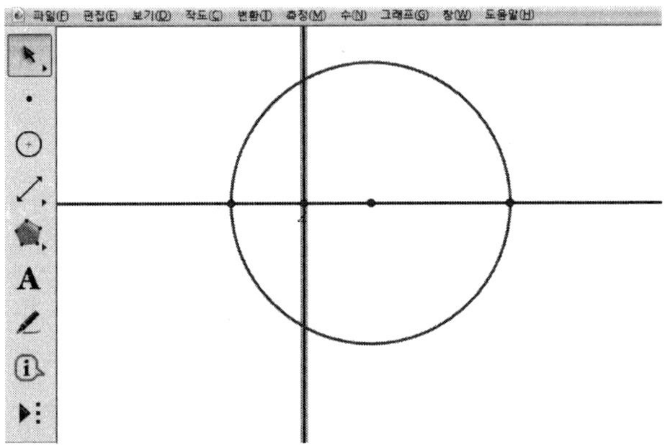

작도(C) 메뉴의 수선(D) 을 선택한다.

STEP 10

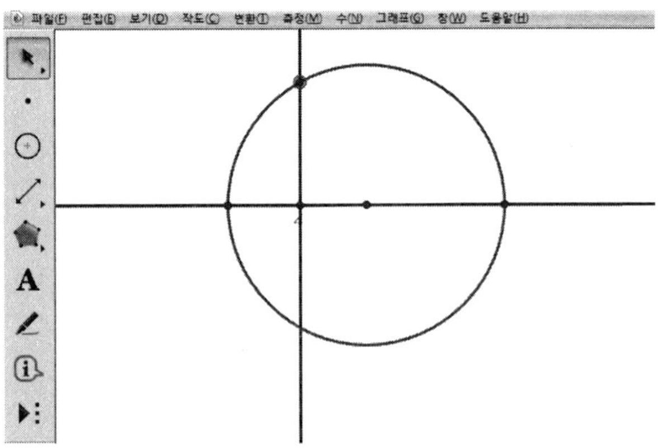

점 도구로 원과 수선이 만나는 위치에 점을 그린다.

STEP 11

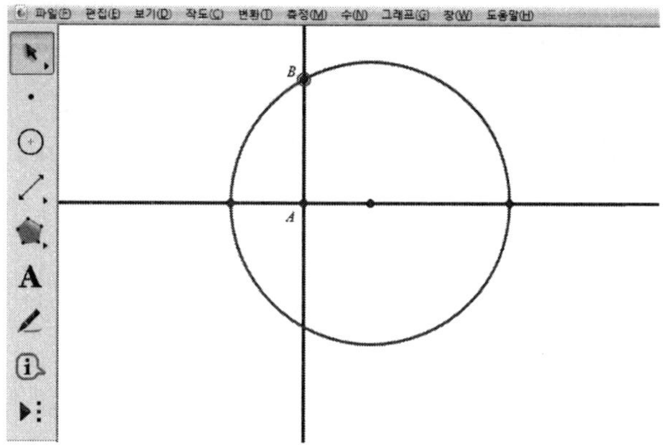

A **글 도구**를 이용하여 점 B의 이름표를 붙인다.

STEP 12

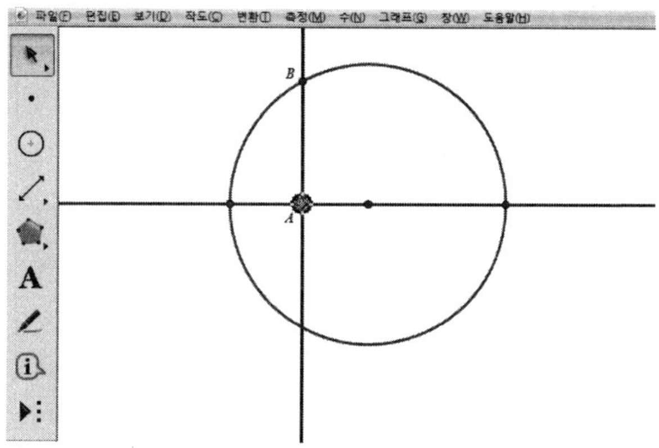

화살표 도구로 점 A를 **더블클릭**하여 중심으로 지정한다.

STEP 13

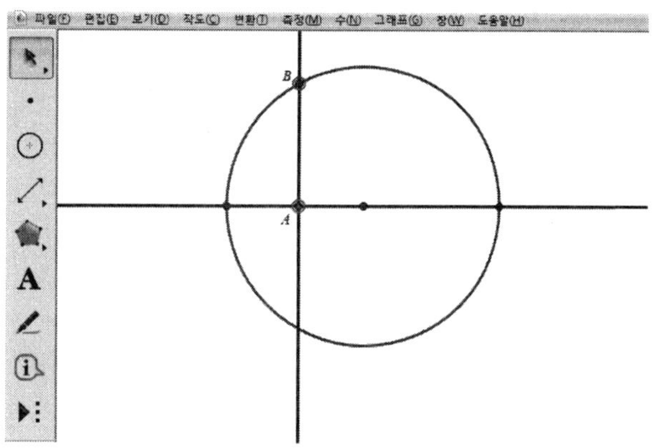

화살표 도구로 점 A와 B를 순서대로 선택한다.

STEP 14

변환(T) 메뉴의 **닮음변환(D)** 을 선택한다.

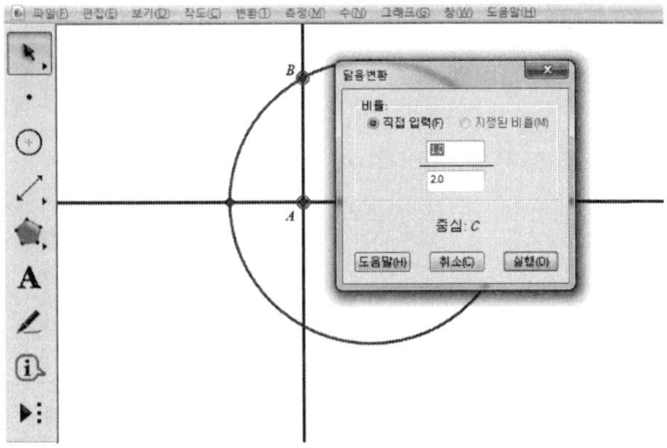

STEP 15

직접 입력(F) 으로 $\frac{1}{2}$로 입력한다.

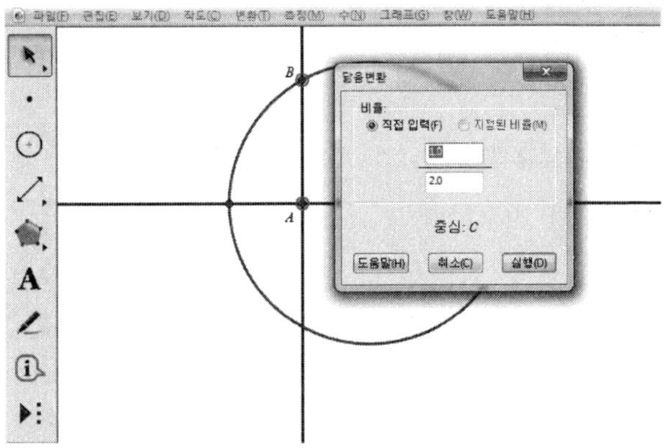

STEP 16

실행(R) 을 선택한다.

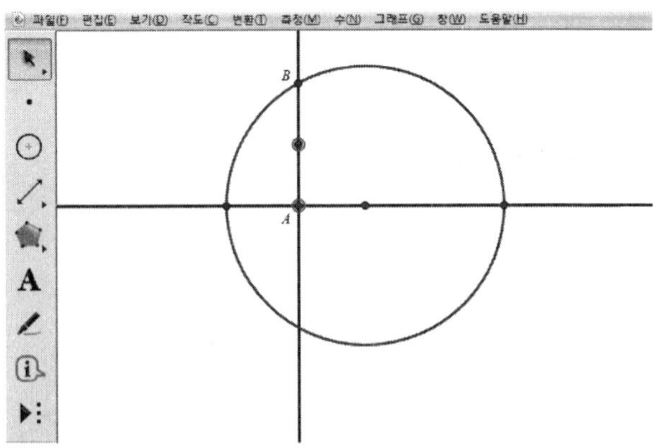

STEP 17

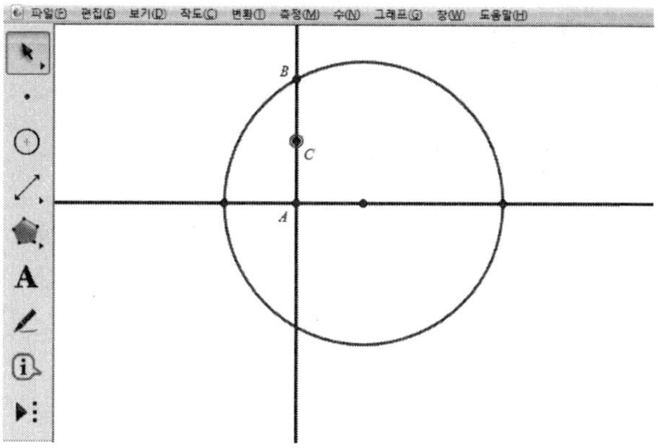

A **글 도구**를 이용하여 닮음변화점에 점 C의 이름표를 붙인다.

STEP 18

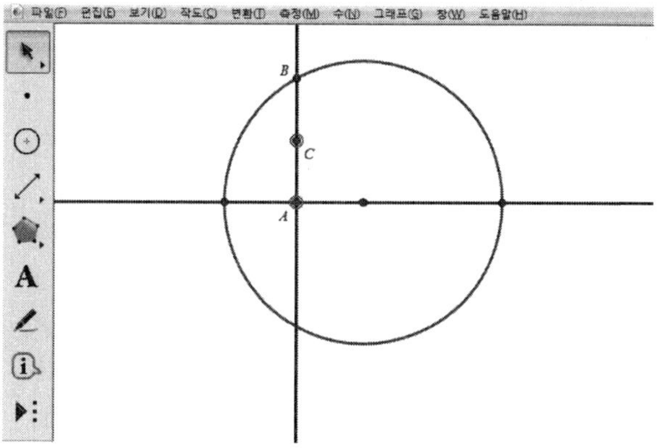

화살표 도구로 점 A와 점 C를 순서대로 선택한다.

STEP 19

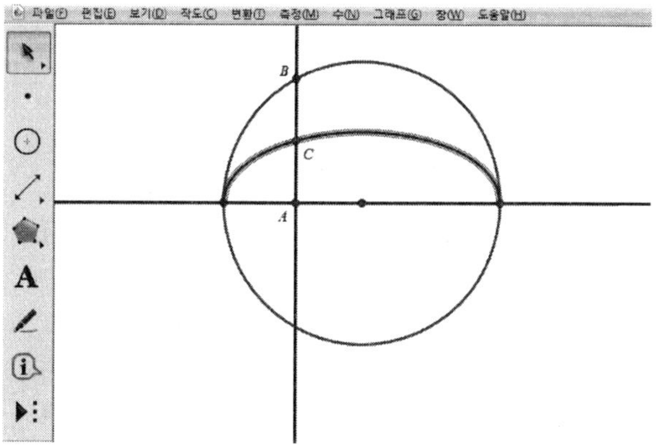

작도(C) 메뉴를 눌러 활성화된 **자취(U)** **중점**을 클릭한다.

STEP 20

화살표 도구로 원의 중심을 지나는 직선을 더블클릭하여 **대칭축으로 지정**한다.

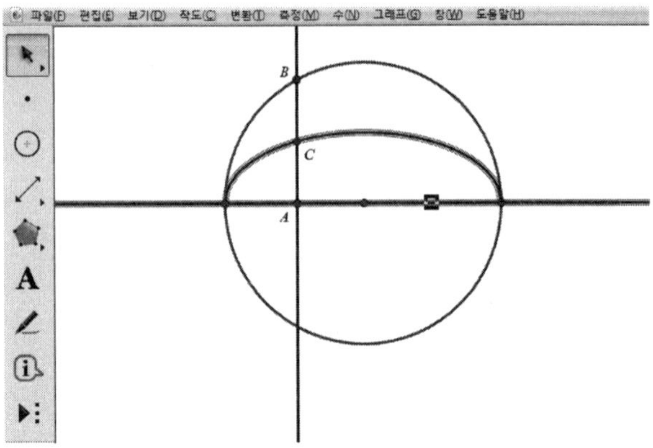

STEP 21

화살표 도구로 점 C를 선택한다.

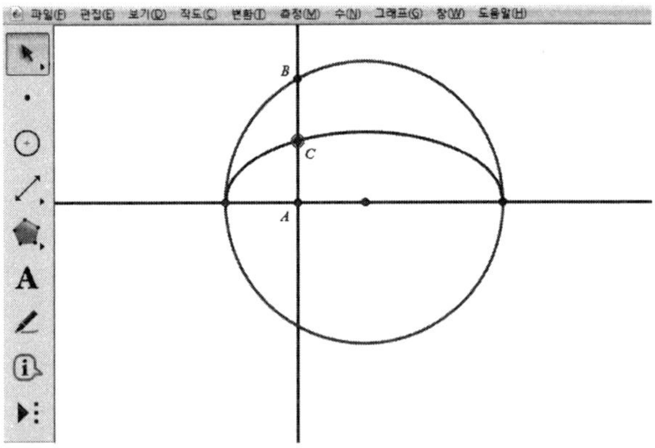

STEP 22

변환 메뉴의 선대칭이동(F) 을 선택한다.

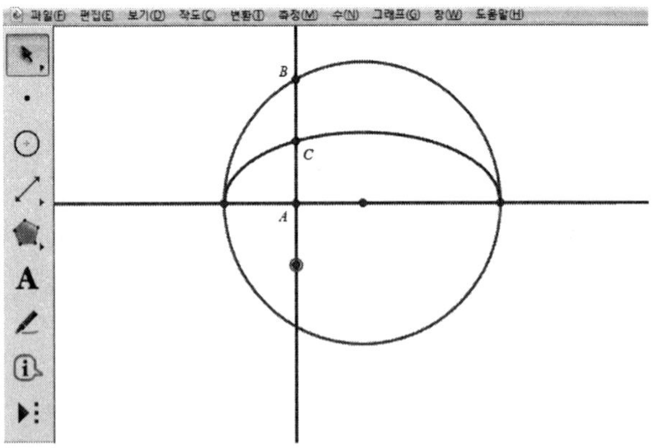

STEP 23

A **글 도구**를 이용하여 선대칭 이동된 닮음변화점에 점 D의 이름표를 붙인다.

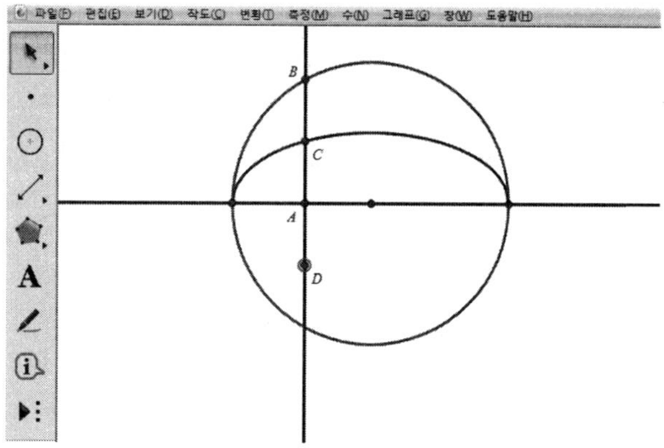

STEP 24

화살표 도구로 점 A와 점 D를 순서대로 선택한다.

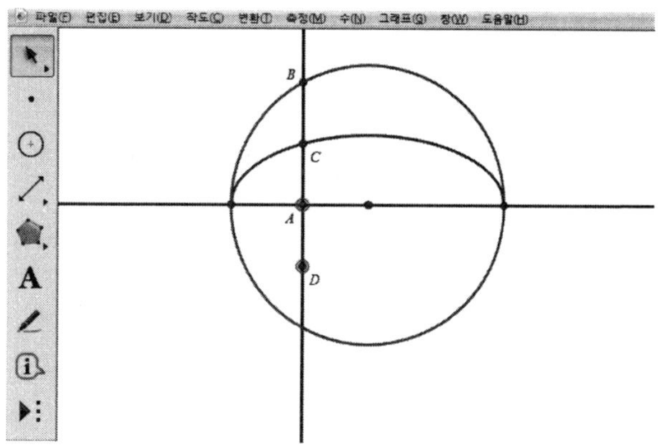

STEP 25

작도(C) 메뉴를 눌러 활성화된 **자취(U)** **중점**을 클릭한다.

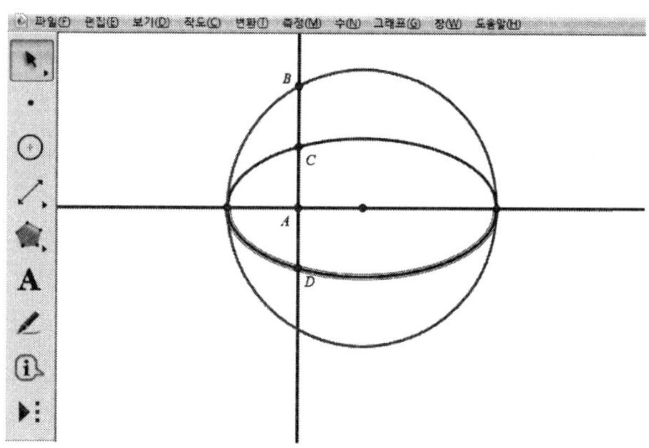

STEP 26

화살표 도구로 원을 선택한다.

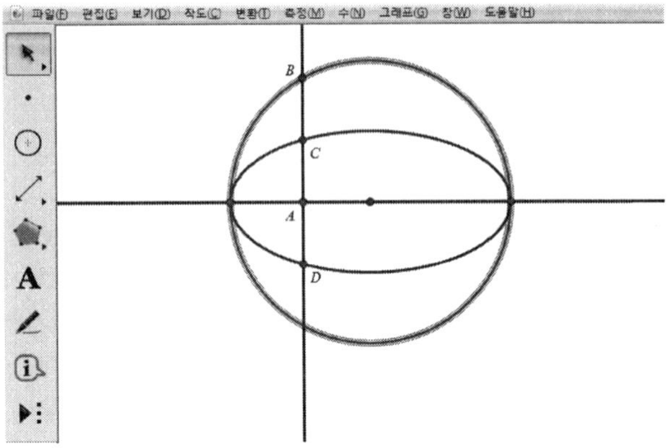

STEP 27

보기(D) 메뉴의 **원 숨기기(H)** 를 클릭하여 숨긴다.

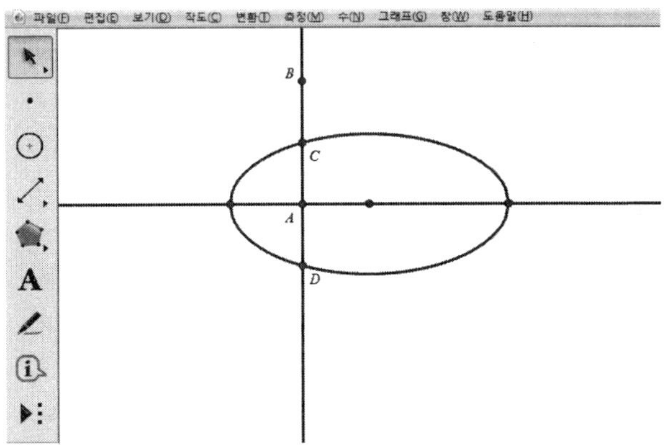

STEP 28

점 도구로 수선 위에 원기둥의 밑면과 만나게 될 위치에 점을 그리고 A **글 도구**로 점 E의 이름표를 붙인다.

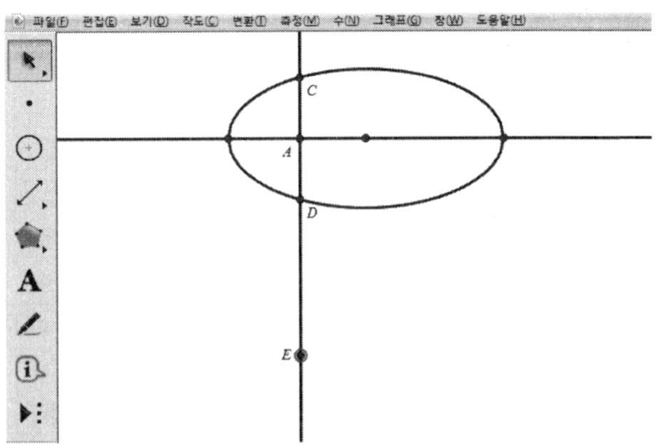

STEP 29

화살표 도구로 점 A와 점 E를 순서대로 선택한다.

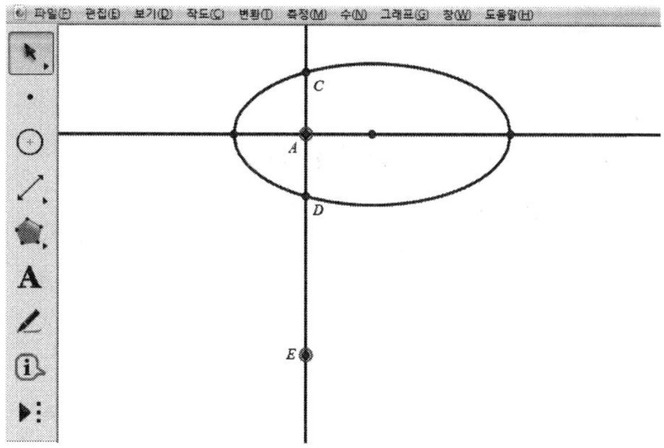

STEP 30

변환(T) 메뉴의 벡터지정(V) 을 선택한다.

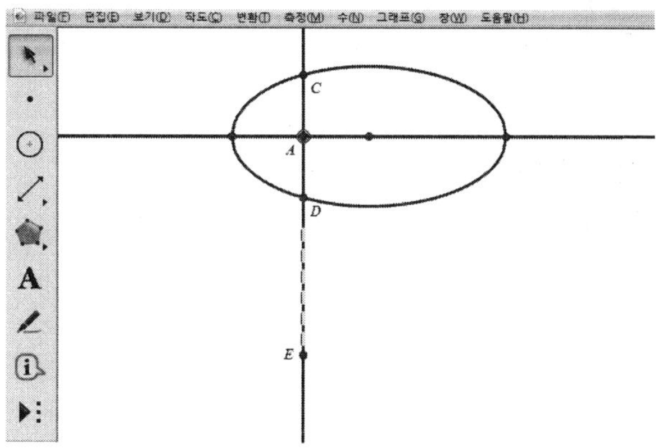

STEP 31

화살표 도구로 원기둥의 밑면 위에 있는 네 개의 점을 선택한다.

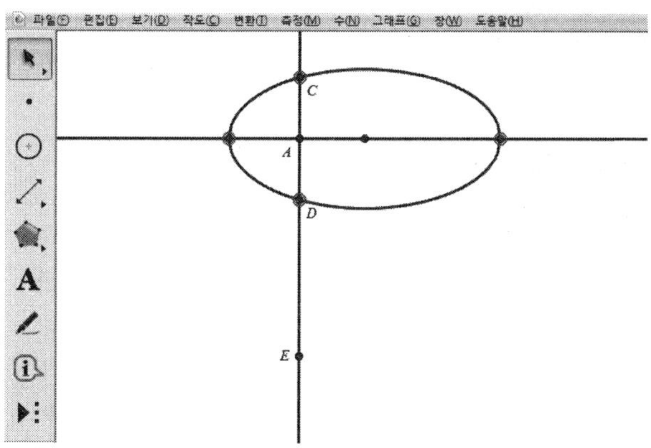

STEP 32

변환(T) 메뉴의 평행이동(T) 을 선택하고 **지정된 벡터**를 실행한다.

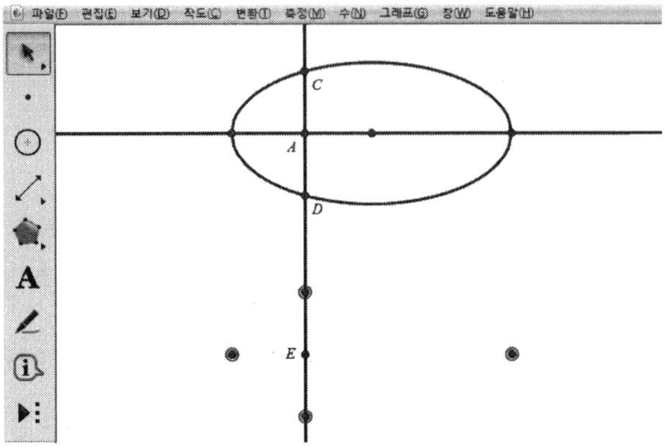

STEP 33

A **글 도구**를 이용하여 평행이동된 닮음 변화점에 점 F, 점 G의 이름표를 붙인다.

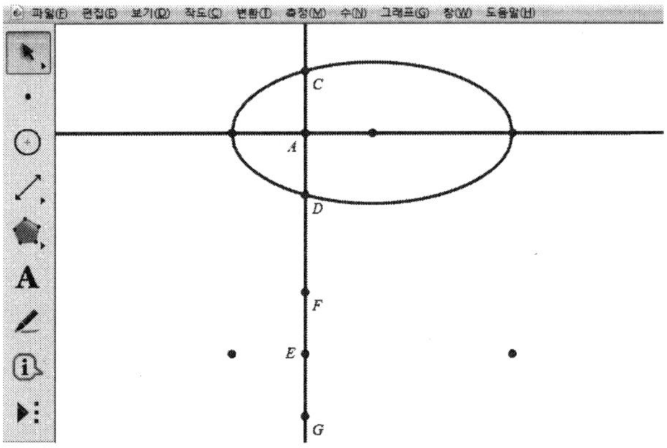

STEP 34

화살표 도구로 점 A와 점 F를 순서대로 선택한다.

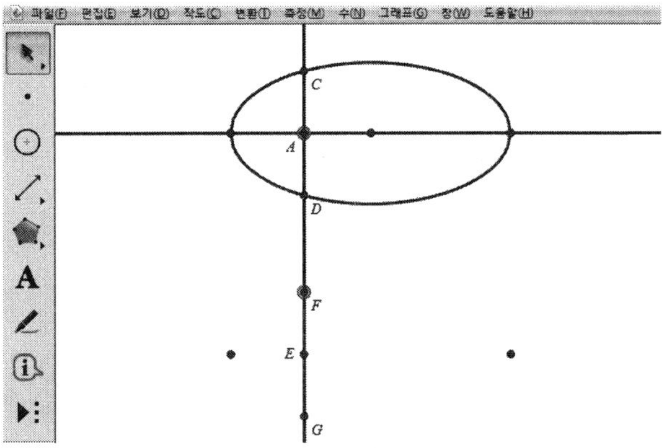

STEP 35

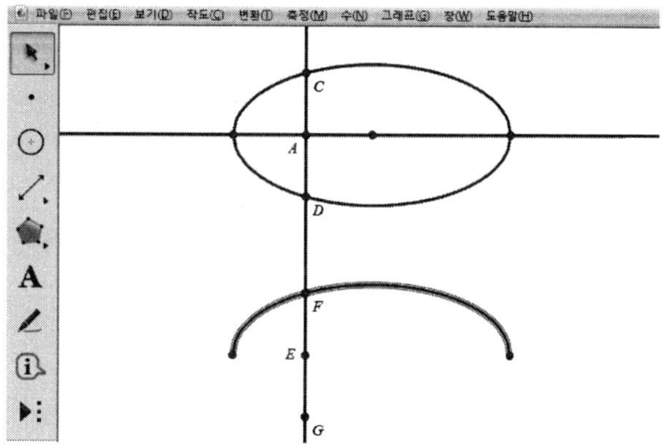

작도(C) 메뉴를 눌러 활성화된 자취(U) **중점**을 클릭한다.

STEP 36

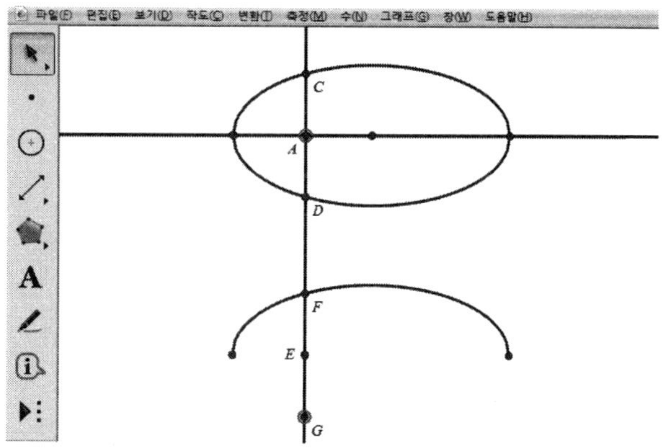

화살표 도구로 점 A와 점 G를 순서대로 선택한다.

STEP 37

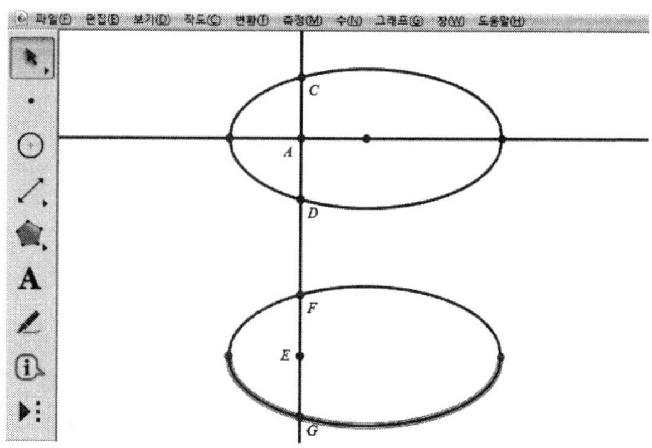

작도(C) 메뉴를 눌러 활성화된 자취(U) **중점**을 클릭한다.

STEP 38

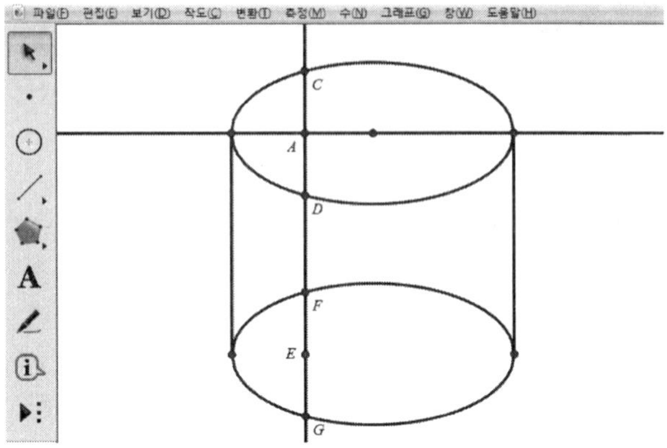

선분 도구로 밑면과 밑면을 수직으로 있는 두 선분을 그린다.

STEP 39

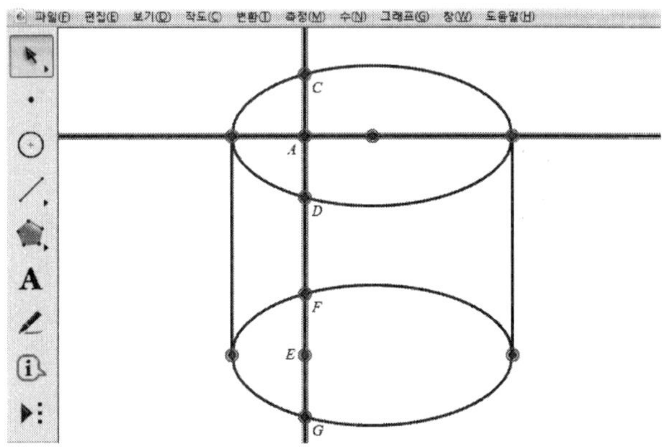

화살표 도구로 숨길 선과 점 개체들을 선택한다.

STEP 40

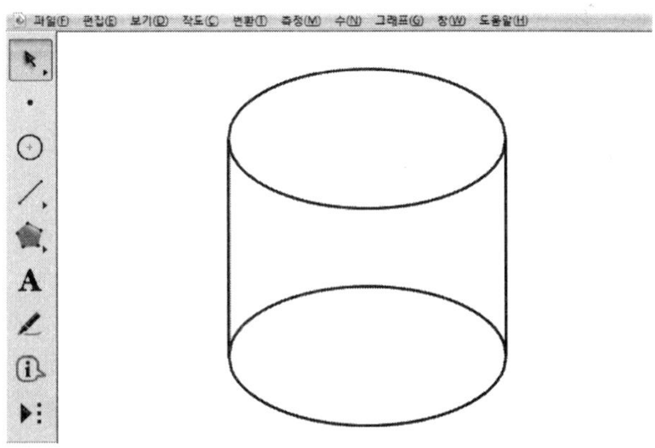

보기(D) 메뉴의 **개체 숨기기(H)** 를 클릭하여 숨긴다.

학습목표

정육면체의 전개도를 그릴 수 있다.

활동1

정육면체 전개도 그리기

방법1 거리 지정의 평행이동을 이용하여 정육면체 전개도 그리기

활용 기능

A | ↖ | 측정(M) | 길이(L) | 거리 지정(S) | 평행이동(T) | ╱

STEP 01

정사각형을 그린다.

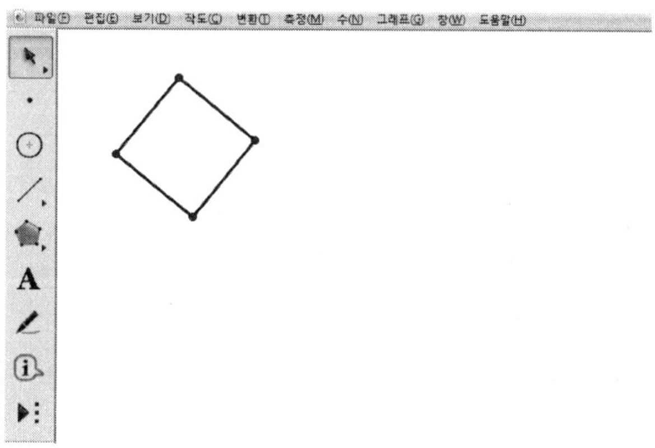

STEP 02

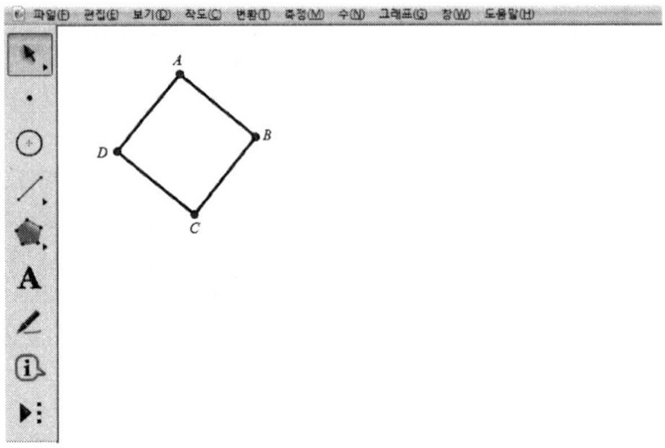

A 글 도구로 정사각형 ABCD의 이름표를 붙인다.

STEP 03

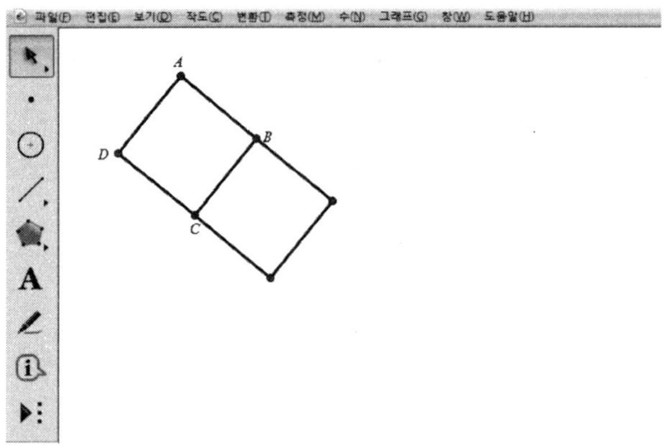

선분 BC를 이용하여 정사각형을 그린다.

STEP 04

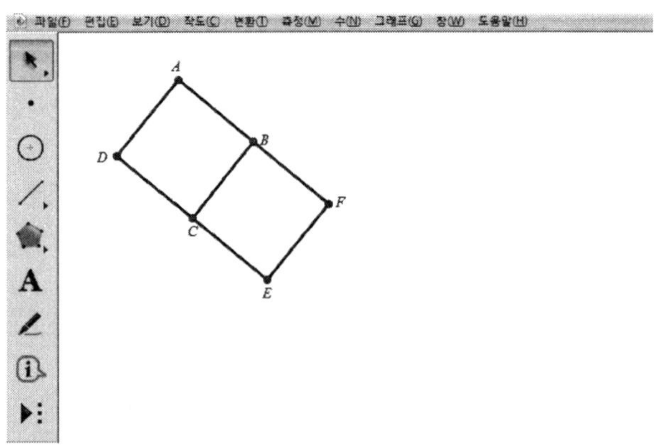

A 글 도구로 정사각형 BCEF의 이름표를 붙인다.

STEP 05

선분 BF를 이용하여 정사각형을 그린다.

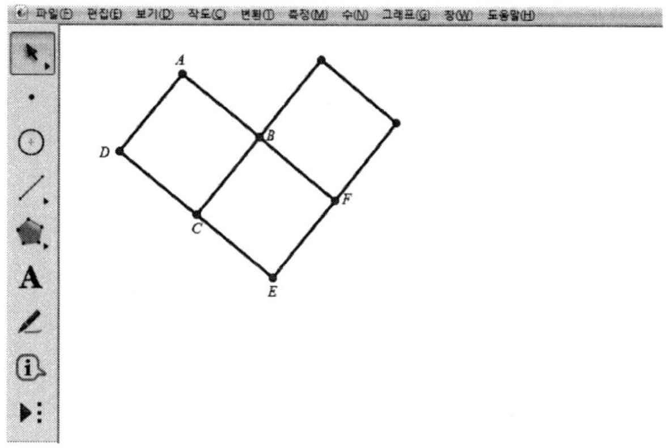

STEP 06

A 글 도구로 정사각형 BFGH의 이름표를 붙인다.

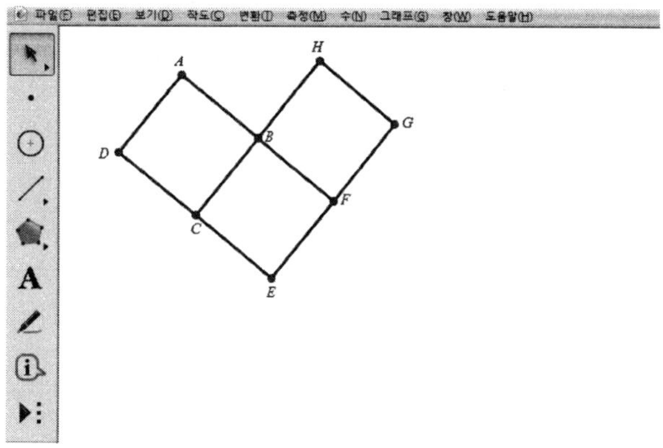

STEP 07

선분 CE를 이용하여 정사각형을 그린다.

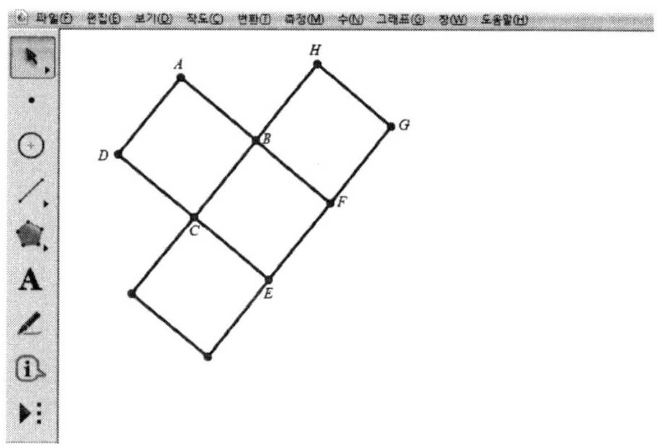

STEP 08

A 글 도구로 정사각형 CEIJ의 이름표를 붙인다.

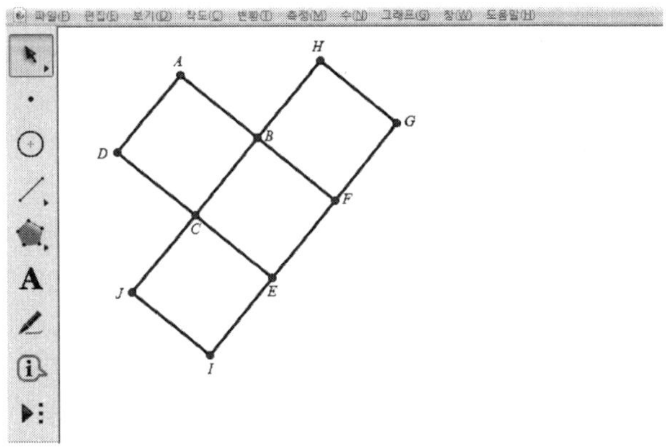

STEP 09

선분 EF를 이용하여 정사각형을 그린다.

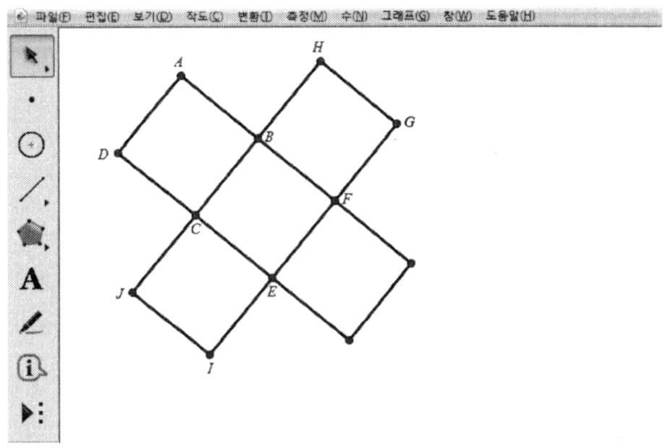

STEP 10

A 글 도구로 정사각형 EFKL의 이름표를 붙인다.

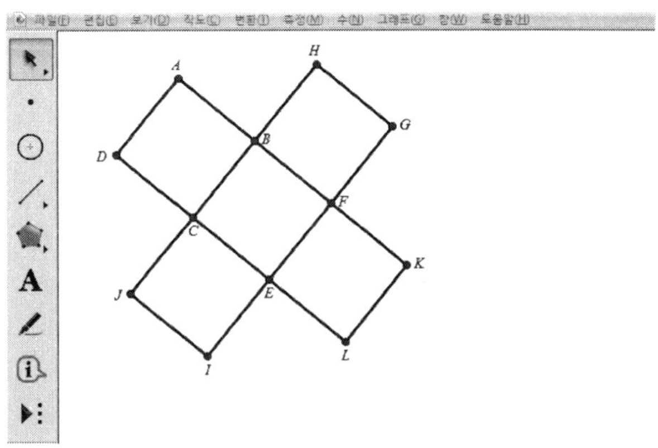

STEP 11

선분 LK를 이용하여 정사각형을 그린다.

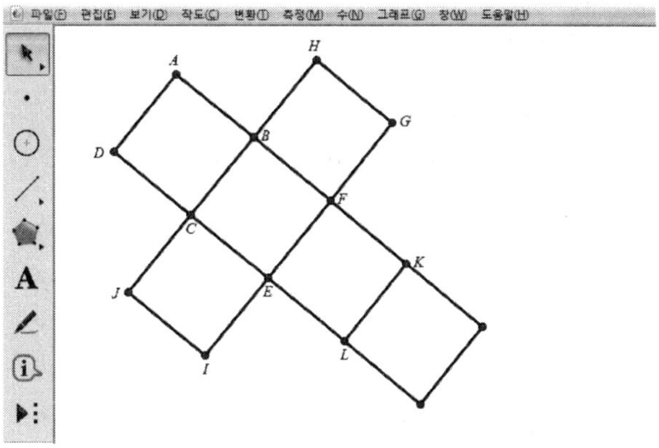

STEP 12

A 글 도구로 정사각형 KLMN의 이름표를 붙인다.

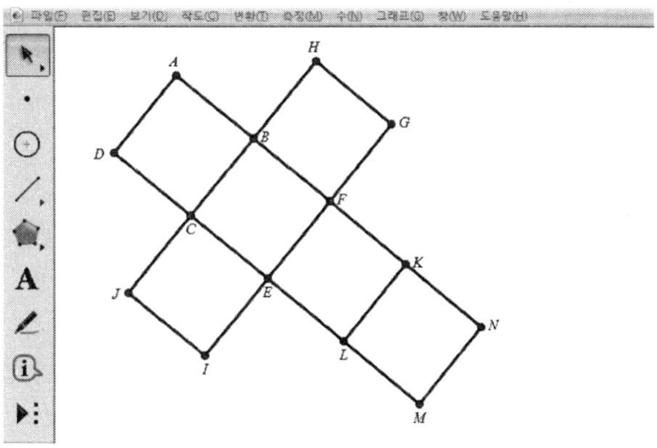

STEP 13

화살표 도구로 정사각형의 한 변을 선택한다.

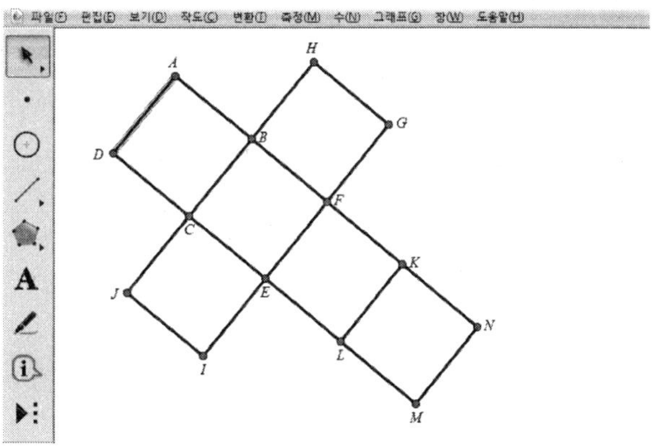

STEP 14

측정(M) 메뉴의 **길이(L)** 를 선택한다.

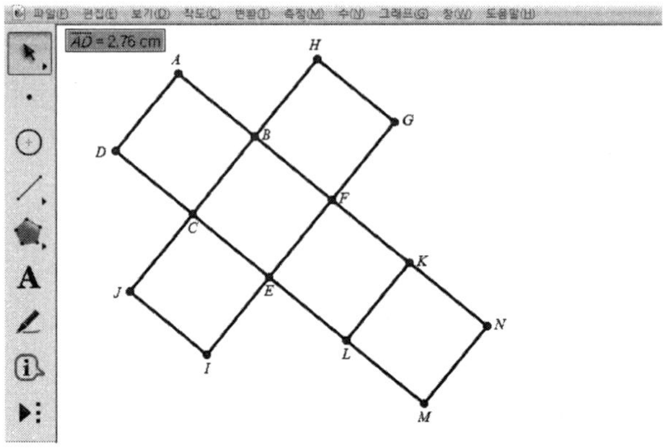

STEP 15

변환(T) 메뉴의 **거리 지정(S)** 을 선택한다.

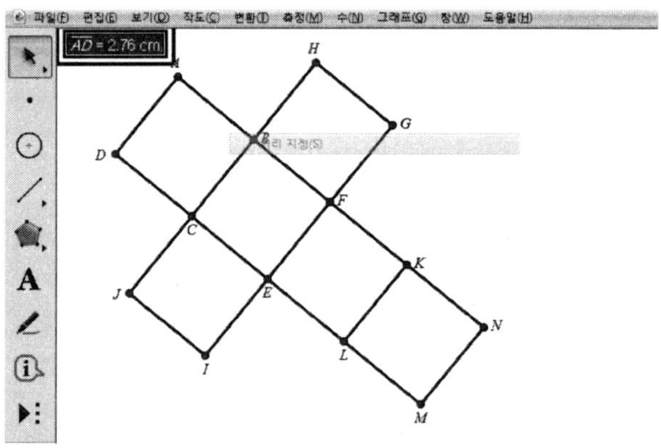

STEP 16

겨냥도를 그리기 위해 **화살표 도구**로 바닥으로 지정할 정사각형 BCEF의 점과 변을 모두 선택한다.

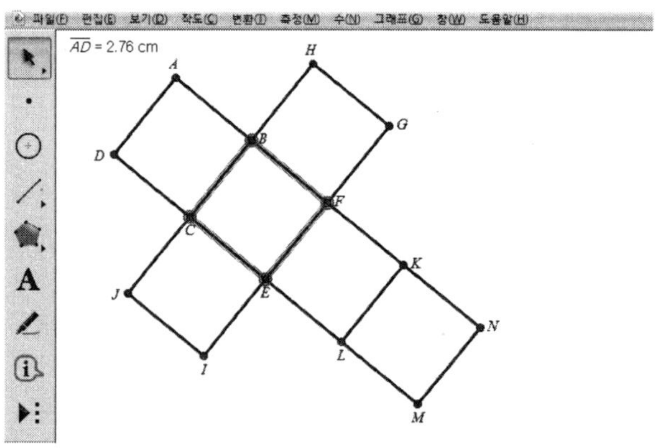

STEP 17

변환(T) 메뉴의 **평행이동(T)** 을 선택한다.

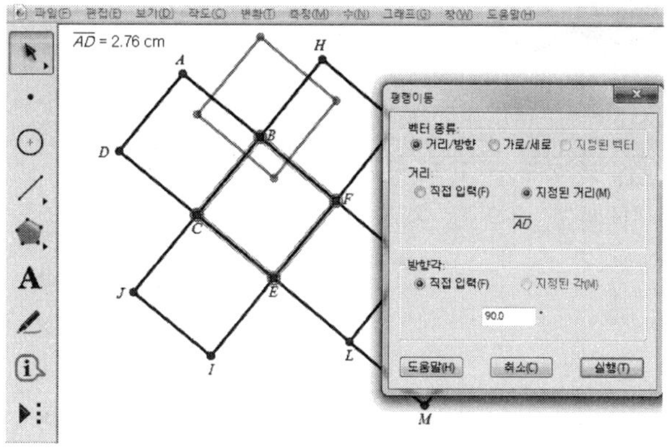

STEP 18

지정된 거리(M)를 선택하고 **직접 입력(F)** 으로 90도를 입력한 후 **실행(R)** **버튼**을 클릭한다.

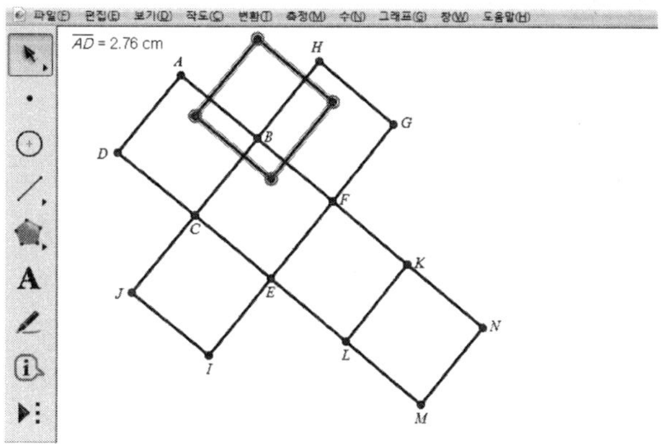

STEP 19

선분 도구로 평행이동된 정사각형과 정사각형 BCEF를 잇는다.

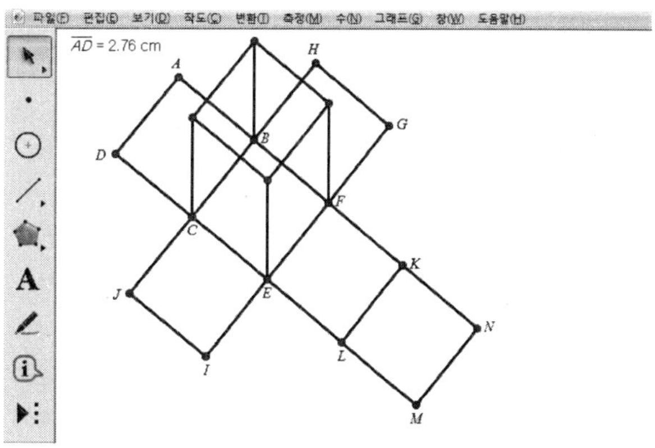

STEP 20

화살표 도구로 보이지 않는 모서리를 선택하고 마우스 오른쪽 버튼을 클릭한다.

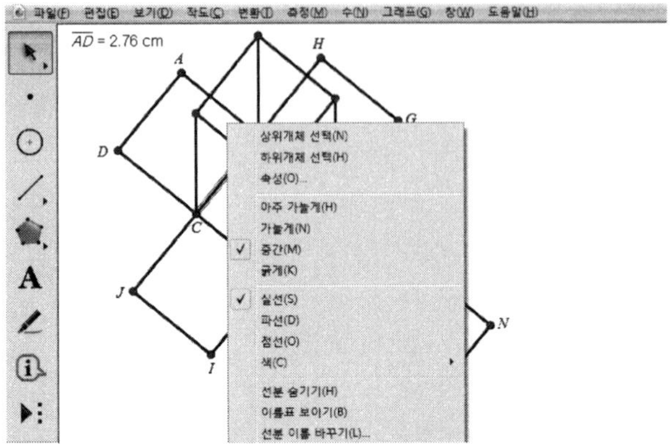

STEP 21

파선(D)을 선택한다.

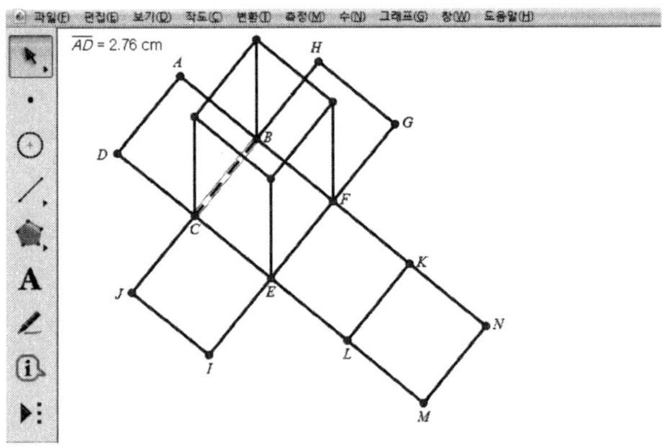

STEP 22

같은 방법으로 보이지 않는 모서리를 파선으로 바꾸어 완성한다.

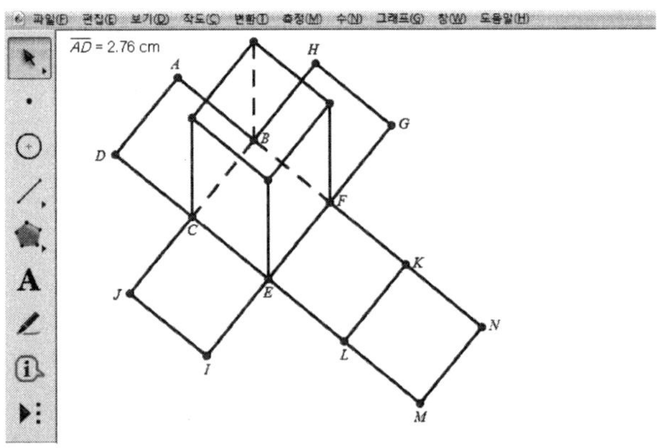

초등수학영재와
영재교사를 위한
GSP 5.0
활용법 1

지은이 류성림 · 이종학 · 윤현철 · 성연빈 · 전봉춘
펴낸이 조경희
펴낸곳 경문사
펴낸날 2018년 3월 10일 1판 1쇄
등 록 1979년 11월 9일 제 313–1979–23호
주 소 04057, 서울특별시 마포구 와우산로 174
전 화 (02)332–2004 팩스 (02)336–5193
이메일 kyungmoon@kyungmoon.com
facebook facebook.com/kyungmoonsa

값 12,000원

ISBN 979-11-6073-075-3